Springer-Lehrbuch

P. Gacesa · J. Hubble

Enzymtechnologie

Übersetzt von Dr. Barbara Vollert-Schmid

Überarbeitet von Dr. Gisela Hummel

Mit 68 Abbildungen und 19 Tabellen

Springer-Verlag
Berlin Heidelberg NewYork
London Paris Tokyo
Hong Kong Barcelona Budapest

Prof. Peter Gacesa
University College
Cardiff, U. K.

Prof. John Hubble
University of Bath
Bath, U. K.

Dr. Barbara Vollert-Schmid
Heimchenweg 82
W-6230 Frankfurt a. M. 80

Dr. Gisela Hummel
Claudiusstraße 11
W-5177 Tilz

Originalausgabe:
Gacesa/Hubble, Enzyme Technology

This edition is published by arrangement with Open University Press, Milton Keynes

ISBN-13: 978-3-540-55183-6 e-ISBN-13: 978-3-642-77314-3
DOI: 10.1007/978-3-642-77314-3

Satz: Reproduktionsfertige Vorlage der Übersetzerin
Druck: Color-Druck Dorfi GmbH, Berlin; Bindearbeiten: Lüderitz & Bauer, Berlin
02/3020-543210 – Gedruckt auf säurefreiem Papier

Für Karen, Tom, Luke und Sue

Inhalt

Vorwort

In den letzten 10 bis 15 Jahren konnten wohl die größten Fortschritte auf dem Gebiet der Biotechnologie erzielt werden. Manche der neuen Techniken und Verfahren, die sowohl in wissenschaftlichen Publikationen als auch in der Öffentlichkeit optimistisch angekündigt wurden, waren leider nicht genügend fundiert. Mittlerweile muß die Biotechnologie mit ernsten Problemen kämpfen. Die Enzymtechnologie dagegen war bereits vor dem gegenwärtigen Biotechnologie-Boom gut eingeführt und konnte noch weitere Erfolge erzielen. Sie bietet eine fundierte Basis, auch für zukünftige Entwicklungen.

Bei der Zusammenstellung dieses Buches hatten wir Studenten, die kurz vor dem Vordiplom stehen, aber auch Studenten nach dem Vordiplom, Mitarbeiter bei der Forschung und technisch interessierte Manager im Auge. Das Buch möchte zweierlei bewirken. Zum einen möchten wir Lesern mit technischem Hintergrundwissen eine Vorstellung über die Feinheiten vermitteln, die in Enzymen stecken und die Möglichkeiten nahebringen, die die neuen molekulargenetischen Techniken zur maßgeschneiderten Darstellung neuer Katalysatoren bieten. Zum anderen möchten wir denjenigen, die aus der Biochemie oder Biologie kommen und die bereits mit enzymatischen Eigenschaften vertraut sind, eine Vorstellung über biotechnologische Verfahren geben. Wir wollten nicht alle biochemischen und technischen Fragestellungen umfassend behandeln (es gibt bereits mehrere sehr gute derartige Werke auf dem Markt). Jedoch möchten wir den interessierten Leser in die Lage versetzen, sein spezielles Problem anzugehen. Wir wollten die allgemeinen Prinzipien, soweit möglich, anhand einzelner Beispiele aus der Praxis verdeutlichen und vermeiden, daß daraus lediglich eine Aufzählung enzymkatalysierter Verfahren entsteht.

Aus technischer Sicht sind Enzyme lediglich spezielle Katalysatoren. Ihre Spezifität und die milden Reaktionsbedingungen bringen Vorzüge mit sich, jedoch ist ihre Instabilität auch nachteilig. In manchen Verfahren konnten die Enzyme traditionelle Katalysatoren bereits verdrängen, und auch manche neue Anwendungen waren möglich, vor allem, wenn als hauptsächliches Kriterium die Spezifität von Bedeutung ist. Fortschritte beim Verständnis von Enzymwirkungen halfen auch bei der Weiterentwicklung konventioneller Katalysatoren. Heute können neuartige Katalysatoren entwickelt werden, die keine Enzyme sind und deren Molgewicht gering ist. Vermutlich werden Enzyme die chemischen Katalysatoren niemals vollkommen verdrängen können. Manche behaupten auch, daß dieses Forschungsgebiet nur vorübergehend interessant sei. Andererseits besitzen Enzyme heute einen festen Platz in chemischen Verfahren und die Anzahl enzymtechnologisch hergestellter Produkte nimmt noch weiter zu. Die neueren Erfolge mit Enzymen in nichtwäßrigen Lösungsmitteln eröffnen möglicherweise vollkommen neue Märkte. Es ist wahrscheinlich wesentlich vielversprechender, Enzyme zur Herstellung neuer Produkte einzusetzen als lediglich zur Kostenreduzierung bereits bestehender Verfahren.

Wir hoffen, daß dieses Buch dazu beiträgt, daß die nachfolgende Generation an Wissenschaftlern und Ingenieuren die wirtschaftlichen Möglichkeiten, die in den Enzymen stecken, erkennen mögen. Außerdem wäre es schön, wenn es zu einem kleinen Teil zu Weiterentwicklungen auf dem Gebiet der Enzymtechnologie anregen könnte.

Danksagungen

Wir möchten unseren Kollegen, sowie Dr. R. A. John, Dr. A. J. Knights, Prof. Dr. J. A.Howell und vor allem Dr. Robert Eisenthal, der unser Interesse an Enzymen während unseres Studiums an der Bath Universität förderte, Dank und Anerkennung für ihre selbstlose Unterstützung aussprechen.

Auch Prof. R. J. F. Richardson und dem verstorbenen Professor K. S. Dodgson, die dieses Unternehmen ermöglichten und die uns in der kritischen Anfangszeit unterstützten, möchten wir herzlich danken.

Quellenverzeichnis

Kapitel 1

Abb. 1.1 aus: Lilly M. D. (1977) Biotechnological Applications of Proteins and Enzymes. Bohak Z., Sharon N. (Hrsg.). Academic Press, New York (im Original: Abb. 3, S. 135)

Abb. 1.2 aus: Solomons G. (1977) Biotechnological Applications of Proteins and Enzymes. Bohak Z., Sharon N. (Hrsg.) Academic Press, New York. (im Original: Abb. 1, S. 52)

Tab. 1.1 aus: Lilly M. D. (1977) Biotechnological Applications of Proteins and Enzymes. Bohak Z., Sharon N. (Hrsg.). Academic Press, New York (im Original: Tab. 4)

Tab. 1.2 aus: Reichelt J. (1983) Industrial Enzymology Godfrey A., Reichelt J. (Hrsg.). The Nature Press, Byfleet (im Original: Tab. 3.2. 3. , S. 149)

Tab. 1.3 aus: Reichelt J. (1983) Industrial Enzymology Godfrey A., Reichelt J. (Hrsg.). The Nature Press, Byfleet. (im Original: Tab. 3.2. 2. , S. 148)

Tab. 1.4 aus: Aunstrup K. (1977) Biotechnological Application of Proteins and Enzyms. Bohak K., Sharon N. (Hrsg.). Academic Press, New York (im Original: Tab. 1, S. 40)

Tab. 1.5 aus: Poulson P. B. (1984) Proceedings of the Third European Congress on Biotechnology. V. C. H. , Weinheim (im Original: Tab. 4, S. IV-344)

Kapitel 2

Abb. 2.2 aus: de Duve C. (1985) A Guided Tour of the Living Cell. Scientific American Books, New York. (im Original: Diagramm auf S. 93)

Kapitel 3

Abb. 3.1 Amicon Corporation, Lexington, MA. Copyright 1980.

Kapitel 6

Abb. 6.3 aus: Goldstein L. (1976). In: Mosbach K. (Hrsg.) Methods in Enzymology 44. Academic Press, New York (im Original: Abb. 1, S. 403)

Abb. 6.4 aus: Horvath C. , Engasser J-M. (1974) Biotechnol. Bioengin. 16. John Wiley, New York. (im Original: Abb. 7, S. 919)

Abb. 6.5 aus: Engasser J-M. , Horvath C. (1976) Appl. Biochem. Bioengin. 1. Academic Press, New York. (im Original: Abb. 6, S. 140)

Kapitel 7

Abb. 7. 1 aus: Antrium R. L. , Kolilla W. , Schnyder B. J. (1979) Appl. Biochem. Bioeng. 2. Academic Press, New York. (im Original: Abb. 1, S. 126)

Tab. 7. 1 aus: Godfrey A. (1983). In: Godfrey A., Reichelt J. (Hrsg.) Industrial Enzymology. The Nature Press, Byfleet. (im Original: Tab. 4. 5. 3, S. 227)

Tab. 7. 2 aus: Godfrey A. (1983). Godfrey A., Reichelt, J. (Hrsg.) Industrial Enzymology. The Nature Press, Byfleet. (im Original: Tab. 4. 8. 1, S. 295)

Kapitel 8

Abb. 8. 5b aus: Mosbach K., Danielsson B. (1981) Analyt. Chem. 53, 83A-94A. (im Original: Abb. 2)

Abb. 8. 7 aus: Moss S. D., Johnson C. C., Janata J. (1978) IEE Transactions in Biomedical Engineering 25, 49–54. (im Original: Abb. 1)

Abb. 8. 8 aus: Plotkin E. V., Higgins I. J. und Hill H. A. O. (1981) Biotechnol. Let. 3, 187– 192. (im Original: Abb. 1)

Tab. 8. 1 aus: Bowers L. D., Carr P. W. (1980) Adv. Biochem. Engin. 15. Springer-Verlag, New York. (im Original: Tab. 6 und 7, S. 106–107)

Tab. 8. 2 Mosbach K., Danielsson B. (1981) Analyt. Chem. 53, 83A–94A. (im Original: Tab. 1)

Tab. 8. 3 aus: Lowe C. R., Goldfinch M. J., Lias R. J. (1984). Biotech 83. Online Publications Ltd., Northwood (im Original: Tab. 1)

Kapitel 9

Abb. 9. 2 aus: Kaiser E. T., Lawrence D. S. (1984) Science 226, 505–511, Copyright 1984 bei AAAS. (im Original: Abb. 1)

Tab.9. 2 aus: Danno G. (1970) Agricultural and Biological Chemistry 34, 1805-1814. (im Original: Tab. 1)

Tab. 9. 3 aus: Jacobsen H., Klenow H., Overgaard- Hansen K. (1974). Europ. J. Biochem. 45, 623–627. (im Original: Tab. 1)

Tab. 9. 4 aus:Kaiser E. T., Lawrence D. S. (1984) Science 226, 505–511. Copyright 1984 bei AAAS. (im Original: Tab. 3)

Kapitel 10

Abb. 10. 4 aus: Zaks A., Klibanov A. M. (1984) Science 224, 1249–1251. Copyright 1984 bei AAAS. (im Original: Abb. 2A)

Abb. 10. 6 Bender M. L., D'Souza V. T., Lu X. (1986) Trends in Biotechnol. 4, 132–135, Copyright 1986 Elsevier Science Publishers. (im Original: Abb. 1)

Symbole und Einheiten

Die in diesem Buch behandelten Aspekte betreffen mehrere Arbeitsgebiete. Die Einheitlichkeit von Symbolen und Einheiten ist daher ein potentielles Problem.

Die Enzymtechnologie, wie sie in diesem Buch behandelt wird, berührt die Enzymologie, die Fließdynamik und die Elektronik. In jedem dieser Teilbereiche gibt es Konventionen für Symbole. Es muß also mit einer gewissen Überschneidung gerechnet werden. Wir haben darauf verzichtet, alle Symbole sozusagen ‚neu' zu definieren (und uns dabei vielleicht den Zorn von Puristen zuzuziehen), sondern wir sind kapitelweise vorgegangen. So bedeutet z. B. V in Kapitel 4 „Reaktorvolumen" und in Kapitel 8 „Spannung".

Manchmal werden verschiedene Symbole für die gleiche Variable verwendet; so wird z. B. die maximale Geschwindigkeit einer Enzymreaktion sowohl mit V, als auch mit V_m oder V_{max} bezeichnet. Diese Gepflogenheit wird zwar häufig ungern gesehen, jedoch konnten wir damit Konflikte umgehen und außerdem bekannte Symbole beibehalten. An dieser Stelle möchten wir uns auch dafür entschuldigen, daß wir manchmal vom empfohlenen Symbol abweichen.

Alle Dimensionen sind in SI-Einheiten bzw. in davon abgeleiteten, häufig benutzten Einheiten angegeben. Eine vollständige Ableitung dieser SI-Einheiten ist in speziellen Datensammlungen zu finden (Perry, 1984).

Behält man die SI-Nomenklatur streng bei, so entstehen manchmal Probleme mit der Größenordnung von Ausdrücken. Wird z. B. die Geschwindigkeit in „kg mol m^{-3} s^{-1}" angegeben, so resultieren manchmal sehr kleine Zahlenwerte. Wir sind jedoch der Meinung, daß die Durchgängigkeit bei den Dimensionen beibehalten werden soll (besonders für die Leser, die aus der Biologie kommen).

Tabelle. Einheiten und Symbole

Symbol	Symbolbedeutung	Einheiten
Kapitel 4		
A	Arrheniuskonstante	Abhängig von der Reaktionsordnung
D	Verdünnungsgeschwindigkeit	s^{-1}
ε	Porenverhältnis in der Packung	–
E	Aktivierungsenergie	$kJ\,kg\,mol^{-1}$
$[E]$	Konzentration an aktivem Enzym	$kg\,mol\,m^{-3}$
$[ER]$	Konzentration des Enzym-Reaktanten-Komplexes	$kg\,mol\,m^{-3}$
$[E_0]$	Konzentration des gesamten aktiven Enzyms	$kg\,mol\,m^{-3}$
$[E^t]$	Aktive Enzymkonzentration nach der Zeit t	$kg\,mol\,m^{-3}$
$[ERR]$	Konzentration des inaktiven Enzym-Reaktanten-Komplexes	$kg\,mol\,m^{-3}$
$[EP]$	Konzentration des inaktiven Enzym-Produkt-Komplexes	$kg\,mol\,m^{-3}$
k_1	Geschwindigkeitskonstante zweiter Ordnung	$kg\,mol\,m^{-3}\,s^{-1}$
k_{-1}	Geschwindigkeitskonstante erster Ordnung	s^{-1}
k_{-2}	Geschwindigkeitskonstante zweiter Ordnung	$kg\,mol\,m^{-3}\,s^{-1}$
k_2	Geschwindigkeitskonstante erster Ordnung	s^{-1}
k_d	Zerfallskonstante erster Ordnung	s^{-1}
K_m	Michaelis-Konstante	$kg\,mol\,m^{-3}$
$K_{\dot{m}}$	Effektive Michaelis-Konstante	$kg\,mol\,m^{-3}$
K_i	Inhibierungskonstante	$kg\,mol\,m^{-3}$
K_{eq}	Gleichgewichtskonstante	–
$[P]$	Produktkonzentration	$kg\,mol\,m^{-3}$
Q	Volumetrische Fließrate	$m^3\,s^{-1}$
R	Gaskonstante	$kJ\,K^{-1}\,kg\,mol^{-1}$
$[R]$	Reaktantenkonzentration (= Substratkonzentration)	$kg\,mol\,m^{-3}$
T	Temperatur	K
v	Beobachtete Reaktionsgeschwindigkeit	$kg\,mol\,m^{-3}\,s^{-1}$
V	Reaktorvolumen	m^3
V_l	Flüssigkeitsvolumen	m^3
V_{tot}	Gesamtvolumen	m^3
V_{max}	Theoretische Maximalgeschwindigkeit einer Reaktion	$kg\,mol\,m^{-3}\,s^{-1}$
$V_{ma\dot{x}}$	Effektive Maximalgeschwindigkeit (V_{max})	$kg\,mol\,m^{-3}\,s^{-1}$
X	Anteilige Umsetzung	–
Kapitel 6		
a, b, c	Konstanten	–
C_b	Konzentration in der Lösung	$kg\,mol\,m^{-3}$
C_s	Konzentration an der Oberfläche	$kg\,mol\,m^{-3}$
d_i	Rührerdurchmesser	m
d_p	Partikeldurchmesser	m
D_c	Diffusivität eines gelösten Partikels durch die immobilisierte Matrix hindurch	$m^2\,s^{-1}$
D_s	Diffusivität eines gelösten Partikels in Lösung	$m^2\,s^{-1}$

e	Elektrische Ladung	–
E	Konzentration des aktiven Enzyms	kg mol m^{-3}
E_0	Konzentration des aktiven Enzyms zur Zeit „null"	kg mol m^{-3}
E^t	Konzentration des aktiven Enzyms zum Zeitpunkt t	kg mol m^{-3}
H_b^+	Wasserstoffionenkonzentration in der gesamten Lösung	kg mol m^{-3}
H_s^+	Wasserstoffionenkonzentration an der Oberfläche	kg mol m^{-3}
k	Boltzmann-Konstante	J K^{-1}
k_d	Zerfallsrate des Enzyms	s^{-1}
$K_{\dot{m}}$	Effektive Michaelis-Konstante	kg mol m^{-3}
K_s	Massentransferkoeffizient	m s^{-1}
L	Partikeldicke	m
n	Rührergeschwindigkeit	Umdrehungen s^{-1}
P	Verteilungskoeffizient	–
$[R]$	Reaktantenkonzentration	kg mol m^{-3}
Re	Reynolds-Zahl	–
Re_i	Reynolds-Zahl in gerührten Systemen	–
Sh	Sherwood-Zahl	–
Sc	Schmidt-Zahl	–
t	Zeit	s
T	Absolute Temperatur	K
V_{max}	Theoretische Maximalgeschwindigkeit einer enzymkatalysierten Reaktion	kg mol m^{-3} s^{-1}
$V\dot{max}$	Effektive Maximalgeschwindigkeit (V_{max})	kg mol m^{-3} s^{-1}
δ	Dicke der Grenzschicht	m
ψ	Elektrisches Potential	Volt
ρ	Dichte	kg m^{-3}
ν	Dynamische Viskosität	m^2 s^{-1}
ϕ	Thiele-Modul	–
χ	Porosität	–
τ	Ungeradlinige/effektive Wegstrecke	m
μ	Geschwindigkeit der Flüssigkeit	m s^{-1}

Kapitel 8

B	Temperaturkonstante des Thermistors	K
E_G	Standardpotential des Meßfühlers	Volt
$E_{\dot{G}}$	Beobachtetes Potential des Meßfühlers	Volt
E_{ref}	Referenzpotential des inneren Meßfühlers	Volt
E_{asym}	Asymmetrisches Potential	Volt
F	Faraday-Konstante	C mol^{-1}
$[R]$	Reaktantenkonzentration	kg mol m^{-3}
R_1	Widerstand am Thermistor 1	Ohm
R_2	Widerstand am Thermistor 2	Ohm
δR	Widerstandsänderung am Thermistor	Ohm
T	Absolute Temperatur	K
V	Anregungsspannung der Brücke	Volt
v	Austrittsspannung an der Brücke	Volt

1 Einleitung

1.1 Historisches

In Abhandlungen über Biotechnologie stellen die Verfasser im allgemeinen die lange Tradition heraus, mit der biologische Systeme zur Durchführung wünschenswerter chemischer Umwandlungen eingesetzt werden. Am häufigsten werden die Umwandlung von Milch zu Käse und die Vergärung zuckerhaltiger Lösungen zu alkoholischen Getränken genannt. Seitdem diese einfachen Prozesse zum erstenmal eingesetzt wurden, hat sich das Konzept der Biotechnologie deutlich gewandelt, obwohl die Herstellung von Brot, Käse und Alkohol immer noch große Bedeutung besitzen. Atkinson (1974) teilt in seiner Arbeit über biologische Reaktoren die Entwicklung der Biotechnologie in drei chronologische Abschnitte:

Vor 1800	Anwendung einiger biologischer Prozesse, jedoch Unkenntnis über deren Mechanismen
1800–1900	Entdeckungen, die zu größerem Verständnis der biologischen und biochemischen Grundlagen bei den biologischen Umwandlungen führten
Nach 1900	Industrielle Entwicklungen

Heute ist es sinnvoll, eine weitere bedeutende Ära, nämlich die der Gentechnik, einzuführen.

Nach 1970	Direkte und spezifische biologische Modifikationen

Der historische Beginn der Enzymtechnologie geht auf die Fortschritte zurück, die auf Grund der Entdeckungen zwischen 1800 und 1900 erzielt wurden. Während dieses Zeitraumes konnte eine Anzahl spezifischer chemischer Umwandlungen unter Zuhilfenahme biologischer Gewebe durchgeführt werden. Dazu zählen die Zersetzung von Wasserstoffperoxid, Abbau von Stärke zu Zuckern sowie die Verdauung von Proteinen. Die im Jahre 1836 bekannten Fakten ermutigten Jakob Berzelius zu der Vorhersage, daß in bezug auf noch unerklärte biologische Reaktionsmechanismen, „die Zukunft sie wohl mit der katalytischen Leistungsfähigkeit der Gewebe, aus denen die Organe des lebenden Organismus bestehen, preisgeben wird.“

Der Begriff „Enzym“ wurde erstmals 1878 eingeführt. Frühe Versuche, eine systematische Nomenklatur aufzubauen, führten dazu, das Suffix „ase“

an den Substratnamen anzuhängen. Bei diesem Wissensstand wurden auch die Konzepte der Spezifität, der Notwendigkeit von Coenzymen und der Existenz von Enzymen in zellfreien Systemen eingeführt. Diese Erkenntnisse ebneten den Weg zu einer kinetischen Beschreibung der Enzymaktivität, wie sie 1913 von Michaelis und Menten durchgeführt wurde. Außerdem führten sie zur ersten Darstellung eines reinen kristallinen Enzyms – Urease – von Sumner im Jahre 1926. Die Bedeutung dieser hochreinen und äußerst spezifischen Enzymkatalysatoren wurde erstmals auf dem Gebiet der chemischen Analytik deutlich. In den 30er Jahren wurde eine Anzahl von Analysen beschrieben, die auf dem Einsatz von Enzymen beruhten.

Obwohl ein Enzym mit dem Suffix „ase“ gekennzeichnet werden kann, wird diese Art von Nomenklatur bei der heute bekannten großen Anzahl von Enzymen unpräzise. Um die Nomenklatur systematisch zu standardisieren, wurde unter Aufsicht der „International Union of Biochemistry“ eine Kommission eingerichtet. Deren Anweisungen werden heute allgemein als Grundlage für die Enzymklassifizierung akzeptiert. Bei diesem System werden die Enzyme, je nach katalysierter Reaktion, in sechs große Hauptkategorien eingeteilt. Diesen Klassen werden EC (Enzyme Commission) Nummern zugeordnet. Es erfolgt eine weitere Unterteilung zu Kategorien, die den Substrattyp und die Erfordernis von Coenzymen beschreiben. Letztendlich wird noch eine Ziffer zugeteilt, die die spezielle katalysierte Reaktion angibt. Diese untergeordneten Kategorien sind eindeutig definiert und mit der entsprechenden Hauptkategorie verbunden. Mit Hilfe dieses flexiblen Systems kann jedes neue Enzym, nachdem seine katalytischen Fähigkeiten bekannt sind, eingeordnet werden. Im alltäglichen Gebrauch werden Enzyme noch häufig unter dem nicht-systematischen Namen benutzt, z.B. wird L-Lactat: NAD^+ Oxidoreductase (EC 1.1.1.27) im allgemeinen als Lactatdehydrogenase bezeichnet.

In wissenschaftlichen Veröffentlichungen werden die Enzyme im allgemeinen beim ersten Auftreten vollständig benannt, anschließend aber mit der von der International Union of Biochemistry vorgeschlagenen Bezeichnung angesprochen.

In diesem Werk wurden im Text so weit wie möglich die empfohlenen Bezeichnungen verwendet. Jedoch sind im Anhang 1 alle im Text erscheinenden Enzyme sowohl mit ihrer ausführlichen Bezeichnung als auch ihrer EC-Nummer aufgelistet.

Der Einsatz gereinigter Enzyme bei großtechnischen Verfahren entwickelte sich vergleichbar langsam und hing eng mit den Fortschritten bei den Immobilisierungstechniken zusammen. Immobilisierung brachte Vorteile bei der Stabilität (s. Kap. 6) und ermöglichte es, was noch viel wichtiger war, die teuren, reinen Enzyme unter Verbleib im Reaktor wieder zu verwenden.

Enzymimmobilisierung wurde erstmals in den frühen Jahren des 20. Jahrhunderts mit der Adsorption von Hefeextrakten an Aktivkohle durchgeführt. Jedoch wurde die Bedeutung dieser Technik erst im Jahre 1953 klar, als Techniken für die kovalente Bindung von Enzymen an Polystyrol- Harz entwickelt wurden. Im Laufe der 60er und 70er Jahre dieses Jahrhunderts wuchs der Umfang an Literatur, in der der Nutzen immobilisierter Enzyme für eine Reihe von Anwendungen beschrieben wurde, stark an. Einen Versuch zur Zusammenfassung und Erklärung stellen die nachfolgenden Kapitel dar. Es soll jedoch betont werden, daß es Alternativen zum Einsatz gereinigter Enzyme als biologische Katalysatoren gibt. Historisch gesehen waren es Fermentationen mit intakten Zellen, die den bedeutendsten Anstoß für die Entwicklung der Biotechnologie gegeben haben. Die Technologie zur Immobilisierung von Zellen wurde parallel zur Arbeit an Enzymen entwickelt und immobilisierte Zellen spielen auch eine Rolle bei der angewandten Biokatalyse (Klibanov, 1983). Unlängst wurde gezeigt, daß sich Pflanzengewebe und rohe Gewebehomogenisate aus allen möglichen Quellen alternativ sowohl zu Mikrobenzellen als auch zu gereinigten Enzymen einsetzen lassen. So kann für jede Anwendung unter mehreren unterschiedlichen Herstellungsarten des Biokatalysators ausgewählt werden. Daher sollte man überlegen, welche Kriterien die Auswahl eines Biokatalysators voraussichtlich beeinflussen.

1.2 Auswahl von Biokatalysatoren

Auch mit tierischem oder pflanzlichem Gewebe lassen sich biologische Umwandlungen hervorrufen kann. Im Hinblick auf dieses Buch ist es jedoch angebracht, die Diskussion auf einen Vergleich zwischen Fermentation durch Mikroorganismen, immobilisierte Zellen und immobilisierte Enzyme zu beschränken. Die hervorstechendste Eigenschaft eines Enzyms beim Einsatz als Katalysator ist seine ausgeprägte Aktivität und Spezifität. Bei technologischen Anwendungen ist der geringe Raumbedarf und die mögliche Reaktion mit nur einer Komponente der Reaktionsmischung von Vorteil. Das Reaktorvolumen kann also klein sein und die Bildung unerwünschter Nebenprodukte ist minimiert. Nachteilig wirken sich die hohen Kosten für die Aufreinigung eines Enzyms und die nur begrenzte Haltbarkeit im gereinigten Zustand aus. Für die einzelnen Enzyme sind auch unterschiedliche pH-Bereiche optimal; außerdem gelten unterschiedliche thermische Stabilitätsbereiche. Plant man eine mehrstufige Synthese mit unterschiedlichen Enzymen, so multiplizieren sich diese Probleme.

Fermentationen sowohl mit freien Zellen als auch mit immobilisierten Zellen sind eine potentielle Konkurrenz für Prozesse, die auf Enzymen basieren. Die Vor- und Nachteile der verschiedenen Methoden wirken sich auf ihre Eignung für die vorgesehene Anwendung aus.

Fermentationen mit isolierten Zellen stehen für biotechnologische Prozesse im großen Maßstab immer noch an erster Stelle. Diese Reaktionen sind leicht handzuhaben und teilweise kann sogar auf steriles Einsatzmaterial verzichtet werden. Da sich die Zellen genauso schnell nachbilden, wie sie aus dem Reaktor ausgewaschen werden, kann man von einer konstanten Bildung von neuem ‚Katalysator' ausgehen. Unter der Voraussetzung, daß im Reaktor Zellwachstum möglich ist, kann die Fermentation unter quasistationären Bedingungen so gefahren werden, daß die Wirksamkeit des Katalysators unverändert bleibt. Der Einsatz von sich aktiv vermehrenden Zellen läßt die Fermentation als ideal zur Herstellung komplexer Verbindungen mit vielstufigen Synthesen erscheinen. Die sich vermehrenden Zellen können die für die Synthese nötige Energie über den katabolischen Abbau der Nährstoffe bereitstellen. Jedoch wird die Bildung unerwünschter Nebenprodukte infolge der vielen möglichen Stoffwechselreaktionen wahrscheinlicher. Dabei bildet sich zusätzlich Biomasse. Diese Faktoren begrenzen die Leistungsfähigkeit dieser Methode und damit deren Wirtschaftlichkeit. Die zusätzliche Biomasse und die unerwünschten Nebenprodukte führen auch zu Problemen bei der Aufarbeitung (downstream processing) der Produkte. Das Hauptprodukt muß abgetrennt und gereinigt werden, die unerwünschten Nebenprodukte müssen entsorgt werden. Dies alles verteuert die Prozeßkosten.

Immobilisierte Zellen können als ein Zwischenstadium zwischen Fermentation und immobilisierten Enzymen betrachtet werden. Manchmal werden Zellen vor der Immobilisierung abgetötet und nur eine einzige Enzymkomponente benutzt. Hier ist die Unterscheidung zwischen dem Einsatz immobilisierter Zellen oder Enzymen eine Frage der Auslegung. Allgemeiner betrachtet, werden immobilisierte Zellen dann eingesetzt, wenn zahlreiche enzymatische Schritte beteiligt sind. Synthesen, die unter Energieverbrauch ablaufen, können mit immobilisierten Zellen zwar durchgeführt werden, jedoch ist die Produktionsdauer durch die in den Zellen gespeicherte chemische Energie begrenzt. Obwohl eine Regenerierung möglich ist, stellt dieses Problem noch eine größere technische Schwierigkeit dar.

Einflüsse auf die Enzymstabilität werden in Kap. 6 näher diskutiert. Die Stabilität spielt aber auch bei der Auswahl der Enzyme eine Rolle. Läßt man Einzelheiten bei der Inaktivierung außer acht und wird die Katalyse der gleichen Reaktion unter vergleichbaren Bedingungen betrachtet, so können die wirksamen Halbwertszeiten unter Betriebsbedingungen von immobilisierten Zellen einerseits und Enzymen andererseits verglichen werden. Im allgemeinen geht man davon aus, daß die immobilisierten Zellen im Vergleich zu den Enzymen stabiler sind, da sie durch die dichte Zellstruktur besser geschützt sind. Dies gilt jedoch nicht immer. In Tabelle 1.1 sind die Halbwertszeiten in Tagen für einige immobilisierte Enzyme und Zellen aufgelistet. Die Ergebnisse zeigen, daß sowohl die Art der Immobilisierung als auch die Arbeitstemperatur die Betriebsstabilität deutlich beeinflussen.

Sowohl Aktivität als auch Stabilität des Katalysators beeinflussen die Betriebskosten des Prozesses wesentlich. Weiterhin müssen die Herstellungskosten für den Katalysator berücksichtigt werden. Als erstes stellt sich die

Tabelle 1.1. Arbeitsstabilitäten immobilisierter Zellen und Enzyme (aus Lilly, 1977)

Enzym	Form	Halbwerts-zeit Tage	Tempe-ratur °C
Aminoacylase	Adsorbiertes Enzym	40	50
Aspartase	Eingeschlossener *Escherichia coli*	120	37
	Eingeschlossenes Enzym	20–25	37
β-Galactosidase	Kovalent gebundenes Enzym	54	40
Glucoamylase	Kovalent gebundenes Enzym	24	55
Glucose-Isomerase	Wärmebehandelter *Streptomyces*	10–15	70
	Adsorbiertes Enzym	5–6	70
	Kovalent gebundenes Enzym	240	50
	Immobilisiertes Enzym	21–25	65
Histidin-Ammoniaklyase	Eingeschlossener *Achromobacter*	180	37
Penicillin-Amidase	Eingeschlossener *E. coli*	17	40
	Kovalent gebundenes Enzym	15–25	37

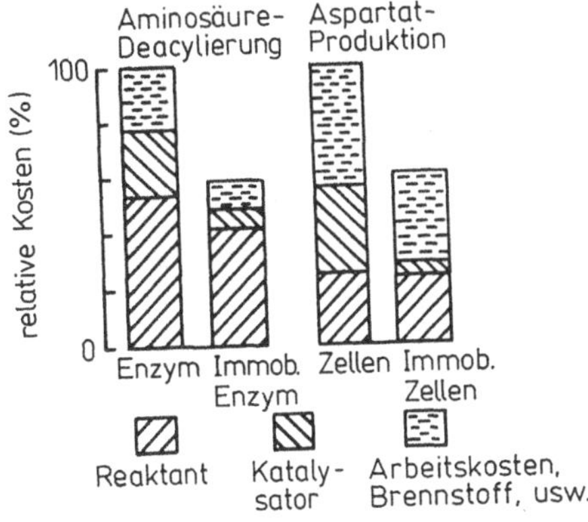

Abb. 1.1. Relative Betriebskosten zweier Prozesse. Einfluß der Katalysatorimmobilisierung auf die einzelnen Kostenanteile (aus Lilly, 1977).

Frage, ob der Katalysator immobilisiert werden soll oder nicht. Falls man sich dafür entscheidet, stellen die Kosten für diesen Schritt, in Verbindung mit den daraus resultierenden Betriebskosten, einen wichtigen Faktor dar (Abb. 1.1). Es zeigt sich, daß immobilisierte Katalysatoren im Vergleich zum diskontinuierlichen Verfahren bedeutende Einsparungen sowohl bei den Arbeits- als auch bei den Materialkosten mit sich bringen. Entscheidet man sich für einen immobilisierten Katalysator, so muß, basierend auf den relativen Herstellungskosten, zwischen Zellen und Enzymen entschieden werden (Lilly, 1977). Vereinfacht angenommen, sind die laufenden Kosten und die Kosten für die entsprechenden Immobilisierungsverfahren in etwa vergleichbar. Ausschlaggebend sind also vor allem die zusätzlichen Kosten für die Enzymextraktion und -reinigung.

Der Einsatz von Enzymen wird hauptsächlich durch technische Schwierigkeiten, die sich bei der Planung von Mehr-Enzym-Systemen ergeben, und durch die Schwierigkeit, bei thermodynamisch ungünstigen Synthesen die nötige Energie zur Verfügung zu stellen, beschränkt. Beide Problemfelder konnten zwar im Labor näherungsweise gelöst werden, jedoch sind gegenwärtig nur Pilotanlagen in Betrieb. In der Zelle wird die zur Synthese nötige Energie von Coenzymen, die als Überträger wirken, zur Verfügung gestellt. Bei einem normalen Reaktionsverlauf werden sie regeneriert. Aus technologischer Sicht ist einer der wichtigsten Überträger Nicotinsäureamid-Adenin-Dinucleotid. Es kann sowohl in oxidiertem als auch in reduziertem Zustand (NAD^+/NADH) vorkommen. Dieses Coenzym sorgt bei vielen Reaktionen für ein oxidierendes bzw. reduzierendes Potential. Prozesse in großem Maßstab, die eine Regenerierung von NAD einschließen, müssen erst noch entwickelt werden. Das Enzym kann jedoch durch einen Redoxfarbstoff oder durch eine Elektrodenoberfläche ersetzt werden. Damit wurde die Entwicklung bioelektronischer Sensoren ermöglicht, bei denen das elektrische Signal eine Funktion der Substratkonzentration ist.

Einige Anwendungen im kleinen Maßstab, wie z.B. Enzymsensoren, ausgenommen, muß man ehrlicherweise zugeben, daß die meisten gängigen industriellen Prozesse auf Reaktionen ohne Coenzyme beschränkt sind. Allerdings sollte man diese Tatsache eher technisch bedingt und nicht als ein grundsätzliches Problem sehen. Weitere Entwicklungen können sehr wohl zu Verfahren für Mehr-Enzym-Synthesen mit einer *in situ* Regenerierung der Coenzyme führen. Die Auswahl der Prozeßführung und des Katalysators unterliegt vor allem wirtschaftlichen Kriterien. Manche der oben genannten Nachteile verschwinden wohl mit den sich verbessernden Technologien. Damit werden sich auch die Auswahlkriterien ändern (Katchalski-Katzir und Freeman, 1982).

1.3 Gesetzliche Auswirkungen beim Einsatz von Enzymen

Die Wirtschaftlichkeit eines Prozesses hängt eng mit den gesetzlichen Richtlinien zusammen, die sich auf das Verfahren und die Produktreinheit beziehen (Reichelt, 1983). Die meisten gesetzlichen Beschränkungen beziehen sich auf Sicherheitsfragen sowohl im Betriebsablauf als auch bei der Produktspe zifikation. Bei der Prozeßkostenberechnung müssen die Aufwendungen zur Einhaltung der gesetzlichen Auflagen mit einbezogen werden. Risiken bei biologischen Substanzen sind:

(1) Mikrobiologische Gefahren
(2) Chemische Toxizität

(3) Aktivitätsbegleitende Toxizität
(4) Entstehung von Allergenen

Probleme mit der mikrobiologischen Aktivität beziehen sich auf die als Rohmaterial eingesetzten Organismen und spiegeln sich in den Sicherheitsmaßnahmen beim Produktionsprozeß wider. Produkte für den Konsumgütermarkt müssen Reinheitskriterien erfüllen, die ausschließen, daß diese Produkte Anlaß für chemische oder mikrobielle Verseuchungen werden könnten.

Die chemische Toxizität beruht auf Verunreinigungen durch mikrobiell entstandene sekundäre Metaboliten, wie z.B. Mycotoxine oder Aflatoxine. Diese Stoffe können als Folge mikrobieller Verunreinigung in vielen Lebensmitteln entstehen. Eine bessere Kenntnis der Langzeitfolgen dieser Toxine zieht verschärfte gesetzliche Kontrollen nach sich.

Die aktivitätsbegleitende Toxizität läßt sich am besten am Beispiel der proteolytischen Enzyme (sie werden bei der Herstellung biologischer Waschpulver eingesetzt) illustrieren. Atmet man diese Enzyme als Staub ein, so kann das Lungengewebe angegriffen werden. Die Folge sind Reizungen und Atmungsstörungen. Hochaktive Proteinasen besitzen nämlich ähnliche Eigenschaften wie stark ätzende Lösungen. Daher ist speziell beim Umgang mit Pulvern, bevor sie in den letzten Produktionsschritten verdünnt werden, große Vorsicht geboten.

In den Anfängen der Enzymproduktion wurden Proteine häufig als feine, staubende Pulver eingesetzt. Die Produktionsarbeiter waren Inhalation und Hautkontakt ausgesetzt. Zusätzlich zu den aktivitätsbegleitenden Problemen führte dies bei einem Teil der Belegschaft zu allergischen Reaktionen. Ähnlich wie beim Heuschnupfen reagiert der Körper auf einen fremden biologischen Stoff mit einer Immunreaktion. Bei wiederholtem Kontakt tendiert diese Reaktion dazu, stärker zu werden und kann gefährliche, in extremen Fällen sogar tödliche Folgen haben.

Im folgenden soll nun in groben Zügen der Weg, der zur Kontrolle über den Einsatz von Enzymen eingeschlagen wurde, angesprochen werden. Die Gesetzgebung entwickelt sich immer weiter. Im vorliegenden Rahmen erscheint es sinnvoll, nur einen allgemeinen Abriß der zugrundeliegenden Philosphie zu geben. Wir berücksichtigen auch nur die Lage, wie sie sich in Großbritannien darstellt. In anderen Ländern gelten oft ähnliche politische Richtlinien.

1982 veröffentlichte die HMSO (Britische Staatsdruckerei) einen Bericht (*Review of Enzyme Preparation*) des Arbeitsausschusses (eingerichtet vom Ministerium für Landwirtschaft, Fischereiwesen und Nahrungsmittel) „Zusätze und Verunreinigungen in Lebensmitteln". Darin werden die Enzyme, unter Einbeziehung der verschiedenen denkbaren Toxizitäten (s. oben), entsprechend ihrer Eignung für den Einsatz in der Nahrungsmittelindustrie, in fünf Gruppen eingeteilt:

Gruppe A: Substanzen, die sich erfahrungsgemäß für die Verwendung in Lebensmitteln eignen.

Gruppe B: Substanzen, die nach den bisherigen Erfahrungen vorläufig für die Verwendung in Lebensmitteln herangezogen werden können, über die jedoch innerhalb eines festgesetzten Zeitraumes noch weitergehende Kenntnisse erworben werden müssen.

Gruppe C: Substanzen, die nach dem bisherigen Kenntnisstand möglicherweise toxisch sein könnten und deren Verwendung in Lebensmitteln solange nicht erlaubt werden sollte, bis Sicherheit über ihre mögliche Verwendungsfähigkeit herrscht.

Gruppe D: Substanzen, die nach dem bisherigen Erkenntnisstand sicher oder wahrscheinlich toxisch sind und nicht bei Lebensmitteln eingesetzt werden sollen.

Gruppe E: Substanzen, von denen unzulängliche oder keine toxikologischen Daten zur Verfügung stehen und über deren Akzeptanz in Lebensmitteln keine Aussage gemacht werden kann.

Im Versuch, mit den Regelungen zurechtzukommen, haben einige Industrieverbände ihre eigenen Richtlinien entwickelt. Der Verband der „Hersteller von tierischen und pflanzlichen Nahrungsmitteln“ teilt die Lebensmittelenzyme unter dem Gesichtspunkt in drei Gruppen ein, in welchem Ausmaß das Ausgangsmaterial bereits in der Nahrungsmittelindustrie eingesetzt worden ist (Tabelle 1.2). In Tabelle 1.3. sind die für Enzymproduktionen am häufigsten eingesetzten Organismen zusammengestellt und zugeordnet. In der pharmazeutischen Industrie ist das Problem der Toxizität naturgemäß weitaus größer, auch gelten andere Regeln. Produkte, die weder zum Einnehmen noch zur Injektion gedacht sind, unterliegen wesentlich weniger strengen toxikologischen Kriterien. Jedoch bestehen bei allen Enzymproduktionen Probleme in der Frage der sicheren Handhabung.

Erweiterte Kenntnisse über die von Enzympulvern hervorgerufenen allergischen Reaktionen bei Produktionsmitarbeitern führten zu Veränderungen bei den Produktformulierungen. So haben die meisten Hersteller, um die Probleme mit dem Staub zu umgehen, auf flüssige Formulierungen umgestellt. Sind pulvrige Produkte unumgänglich, so wurden, um die Staubbildung zu minimieren, Techniken, wie z.B. Verkapselung oder Granulierung, entwickelt. Auch der vermehrte Einsatz von immobilisierten Enzymen trug zur Verringerung dieses Problems bei.

In Großbritannien wird die Produktion durch das Gesetz über „Gesundheit und Sicherheit am Arbeitsplatz“ aus dem Jahre 1974 geregelt. Dieses Gesetz soll die Gesundheit, Sicherheit und das Wohlergehen von Arbeitnehmern sicherstellen. Als Ergebnis dieser Gesetzgebung sind heute einwandfreie Verfahren weit verbreitet. Die Kriterien für Qualitätskontrollen, sowohl für die Rohmaterialien als auch für die Produkte, sind heute in der Nahrungsmittelenzym-Industrie üblicherweise ebenso streng anzusehen wie in der pharmazeutischen Industrie.

Tabelle 1.2. Tests zur Sicherheit von Enzymen bei der Anwendung in Lebensmitteln (basierend auf der AMFEP-Klassifizierung) (aus Reichelt, 1983).

Gruppe / Test (× = muß noch durchgeführt werden)	A: Mikroorganismen, die traditionell zur Verwendung in Lebensmitteln oder bei der Nahrungsmittelherstellung Eingang gefunden haben	B: Mikroorganismen, die als unbedenkliche Begleitstoffe in Lebensmittel eingestuft sind	C: Mikroorganismen, die weder unter Kategorie A noch unter Kategorie B fallen
Pathogenität	Normalerweise kein Test erforderlich		×
Akute orale Toxizität, Maus und Ratte		×	×
Subakute orale Toxizität, Ratte vier Wochen		×	×
Orale Toxizität (drei Monate), Ratte		×	×
In vitro-Mutagenität		×	×
Teratogenität, Ratte			(×)*
In vivo-Mutagenität, Maus und Hamster			(×)*
Studien über Toxizität am fertigen Lebensmittel			(×)*
Carcinogene Wirkung, Ratte			(×)*
Fruchtbarkeit und Reproduktion			(×)*

* Nur unter Ausnahmebedingungen durchzuführen.

Tabelle 1.3. Mikroorganismen in der Enzymproduktion

Kategorie A	Mikroorganismen, die traditionell zur Verwendung in Lebensmitteln oder bei der Nahrungsmittelherstellung Eingang gefunden haben
	Bacillus subtilis (einschließlich den Stämmen *mesentericus*, *natto* und *amyloliquefaciens*)
	Aspergillus niger (einschließlich den Stämmen *awamori*, *foetidus*, *phoenicis*, *saitoi* und *usamii*)
	Aspergillus oryzae (einschließlich den Stämmen *sojae* und *effesus*)
	Mucor javanicus
	Rhizopus arrhizus
	Rhizopus oligosporus
	Rhizopus oryzae
	Saccharomyces cerevisiae
	Kluyveromyces fragilis
	Kluyveromyces lactis
	Leuconostoc oenos
Kategorie B	Mikroorganismen, die als unbedenkliche Begleitstoffe in Lebensmitteln eingestuft sind
	Bacillus stearothermophilus
	Bacillus licheniformis
	Bacillus coagulans
	Bacillus megaterium
	Bacillus circulans
	Klebsiella aerogenes
Kategorie C	Mikroorganismen, die weder unter Kategorie A noch unter Kategorie B fallen
	Mucor miehei
	Mucor pusillus
	Endothia parasitica
	Actinoplanes missouriensis
	Streptomyces albus
	Bacillus cereus
	Trichoderma reesei (T. viride)
	Penicillium lilacinum
	Penicillium emersonii
	Sporotrichum dimorphosporum
	Streptomyces olivaceus
	Penicillium simplicissium
	Penicillium funiculosum

1.4 Das Wachstum der Enzymindustrie

In gewissem Sinne spiegelt die Expansion der Enzymindustrie die Weiterentwicklung unseres wissenschaftlichen Verständnisses über Enzyme wider. Der Beginn der Enzymtechnologie kann auf Christian Hansen zurückgeführt werden, der 1874 das erste standardisierte Enzym (Rennin) für eine technologische Anwendung (Käseherstellung) vermarktete. Weitere Entwicklungen schlugen sich 1894 in der Zuerkennung eines US-Patentes über den Einsatz von diastatischen Enzymen und 1907 in einem Patent nieder, das für den Einsatz von Pankreasproteinasen beim Beizen von Häuten vergeben wurde. Darauf folgten Patente für Kaltbrauen von Bier unter Einsatz von proteolytischen Enzymen (1911) und für Entschlichten von Textilien mit Hilfe bakterieller Enzyme (1917). Die Situation, wie sie sich bis 1977 darstellt, ist in Tabelle 1.4 zusammengefaßt. Die Produktionszahlen sind allerdings nicht direkt vergleichbar, da sich die einzelnen Enzymdarstellungen in bezug auf Reinheit und Aktivitätsgrad unterscheiden. Mit Beginn der 70er Jahre hielt die Enzymtechnologie in die Entwicklung industrieller Prozesse Einzug, so basierte z.B. die Produktion von Aminosäuren und Süßungsmitteln auf isomerisierter Glucose. Zu dieser Zeit wurde sowohl der amerikanische als auch der europäische Markt von Proteinase-Enzymen beherrscht. Vor allem die Reinigungsmittelindustrie war hierfür der Hauptabnehmer (Abb. 1.2). Es wurde jedoch bereits spekuliert, daß sich der Enzymmarkt für die Nahrungsmittelindustrie stark ausdehnen könnte (Dunnill, 1980; Lewis und Kristiansen, 1985).

Tabelle 1.4. Wirtschaftlich bedeutende Enzympräparate. (aus Aunstrup, 1077)

Herkunft	Bezeichnung	Im Handel erhältlich vor			Gegenwärtige Produktionsmenge
		1900	1950	1976	Enzymprotein Tonnen pro Jahr
Tier	Rennin	×			2
	Trypsin		×		15
	Pepsin		×		5
Pflanze	Malz-Amylase	×			10 000
	Papain		×		100
Mikroorganismen	Koji	×			?
	Bacillus Proteinase		×		500
	Amyloglucosidase			×	300
	Bacillus Amylase		×		300
	Glucoseisomerase			×	50
	Mikrobielles Rennin			×	10
	Amylase aus Pilzen	×			10
	Pectinase		×		10
	Proteinase aus Pilzen	×			<10

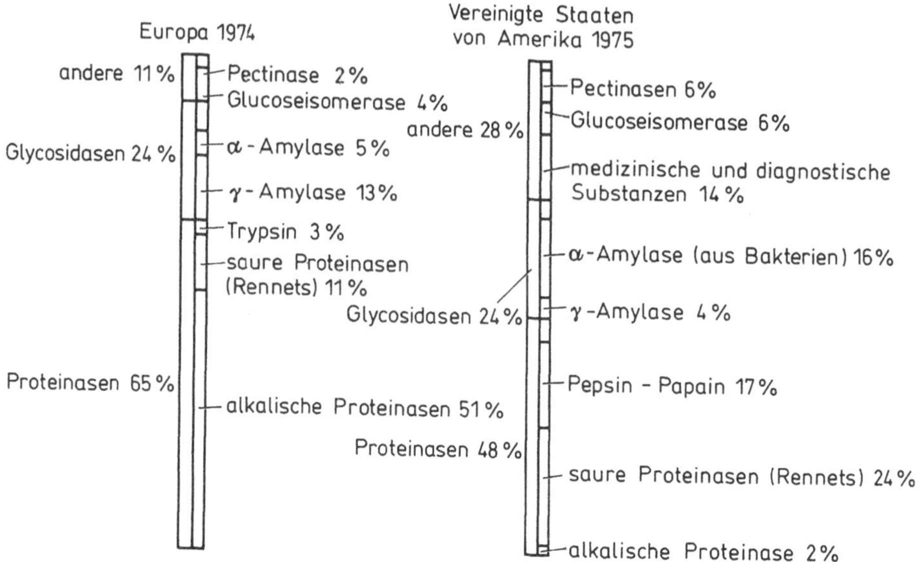

Abb. 1.2. Der Enzymmarkt in Europa und den Vereinigten Staaten Mitte der 70er Jahre (aus: Solomons, 1977).

Die von Aunstrup (1977) für den Weltenzymmarkt 1982 zusammengestellten Zahlen (Tabelle 1.5) zeigen, daß die Annahme korrekt war. Die jährliche Produktionszahl für Glucoseisomerase weitete sich zwischen 1977 und 1982 von 50 auf 1500 Tonnen aus. Diese Zahlen lassen verstehen, daß die EG zum Schutz des Zuckermarktes Zoll auf HFCS (high fructose corn syrup – ein Sirup mit einen hohen Fructosegehalt) erhob.

1981 betrug der Weltmarktpreis für Enzyme ca. 200 Millionen Dollar; 1985 bezifferte das amerikanische ,,Office of Technology" den Weltmarkt auf 250 Millionen Dollar. Die Zahlen variieren sicherlich mit den Quellen, jedoch läßt sich dies wohl so interpretieren, daß der Markt für industrielle Enzyme während der 70er Jahre dramatisch anwuchs. Im Zuge dessen kristallisierten sich einige Großabnehmer aus der Nahrungsmittelindustrie heraus. Diese Expansion hat sich nun verlangsamt; das gegenwärtige Wachstum stützt sich wahrscheinlich auf teure, jedoch nur in geringem Umfang benötigte Produkte für medizinische und ähnliche Anwendungen. Wenn in der Zukunft Enzyme bei industriellen chemischen Prozessen eingesetzt werden, könnte der Markt noch weiter expandieren (Bjurstrom, 1985; Harnisch und Wöhner, 1985).

Tabelle 1.5. Immobilisierte Enzyme – jährlicher Weltverbrauch 1982 (aus Poulson, 1984).

Immobilisiertes Produkt (alphabetisch angeordnet)	Produktionsumfang
Aminoacylase	Produktion: vermutlich weniger als 250 t L-Aminosäure pro Jahr Geschätzte Enzymmenge: weniger als 5 t/Jahr Größter Produzent: Amano, Japan (?)
Amyloglucosidase/ Glucoamylase	Produktion: vermutlich weniger als 5000 t Sirup pro Jahr Geschätzte Enzymmenge: weniger als 1 t/Jahr Größter Produzent: Tate & Lyle, UK
Glucose-Isomerase	Produktion: ca. 2 150 000 t 42 % HFCS und 1 450 000 t 55 % HFCS pro Jahr (Poulsen 1981–82) Geschätzte Enzymmenge: 1500–1750 t/Jahr Größte Produzenten: Novo Industri, DK und Gist Brocades, NL
Hydantoinase	Produktion: vermutlich weniger als 50 t *p*-Phenylglycin pro Jahr Geschätzte Enzymmenge: weniger als 1 t/Jahr Größter Produzent: ?
Lactase	Produktion: vermutlich weniger als 1000 t d.s. Lactosehydrolysat/Jahr Geschätzte Enzymmenge: weniger als 5 t/Jahr Größter Produzent: Valio, SF
Nitrilase	Produktion: weniger als 5 t Acrylamid/Jahr Geschätzte Enzymmenge: weniger als 0,1 t/Jahr Größter Produzent: Nitto, Japan
Penicillin G-Acylase	Produktion: ca. 4000 t 6-APA pro Jahr Geschätzte Enzymmenge: 3–4 t/Jahr (Godfrey & Reichelt) Größte Produzenten: Gist Brocades, NL; Beecham, UK und Toyo Jozo, Japan
Penicillin V-Acylase	Produktion: ca. 500 t 6-APA/Jahr Geschätzte Enzymmenge: ca. 1 t/Jahr Größte Produzenten: Biochemie, Austria und Novo Industri, DK

Zum Vergleich: Die größte Menge eines Enzyms für den einmaligen Gebrauch ist mit einer Jahresproduktion von 15 000 t Amyloglucosidase (Trockensubstanz des Substrates ca. 20×10^6 t). Amyloglucosidase wird in der Sirup-, Ethanol- und Bierherstellung eingesetzt.

2 Industriell genutzte Rohmaterialien für Enzyme

2.1 Einleitung

In der neuesten Ausgabe des „*International Union of Biochemistry Handbook of Enzyme Nomenclature*" (Webb, 1984) sind annähernd 2500 verschiedene, aus der Literatur bekannte, enzymkatalysierte Reaktionen aufgelistet. Diese Zahl erfaßt nicht einmal alle entdeckten Enzyme, denn häufig katalysieren mehrere Proteine, die sich in ihren Eigenschaften nur geringfügig unterscheiden, eine Reaktion. Ca. 15% dieser 2500 Enzym-„Typen" werden in Produktionsmengen von Mikrogramm bis Kilogramm vertrieben. Sie dienen im wesentlichen wissenschaftlichen Zwecken. Lediglich 40 bis 50 Enzyme werden in industriellem Maßstab, d. h. im Umfang von mehreren Kilogramm bis Tonnen pro Jahr, produziert. Diese ca. 40 Enzyme werden aus mikrobiellen, pflanzlichen oder tierischen Ausgangsstoffen gewonnen. Im allgemeinen katalysieren diese Enzyme einfache hydrolytische Reaktionen (Godfrey und Reichelt, 1983). Für die Industrie bleibt es eine große Herausforderung, den Einsatz von biosynthetischen Enzymen, die Coenzyme benötigen, zu ermöglichen. Bei einem Erfolg könnte dies jedoch finanziell äußerst lohnend sein.

2.2 Rohstoffquellen für Enzyme

Die meisten der wirtschaftlich bedeutenden Enzyme stammen aus nur wenigen Mikroorganismen. Die Auswahl der eingesetzten Organismen wurde hauptsächlich durch Präzedenzfälle diktiert und war weitgehend auf die Organismen beschränkt, die in der Nahrungsmittelindustrie bereits eingesetzt oder als harmlose Begleitstoffe in Lebensmitteln erkannt worden waren (s. Kap. 1). Die Industrie ist zu dieser zurückhaltenden Politik gezwungen, da die Entwicklung neuartiger Organismen aufgrund der auferlegten Durchführungsbestimmungen immense Kosten verschlingt.

Traditionell werden einige Enzyme aus tierischem Gewebe gewonnen, wie z. B. die Pankreaslipase oder Trypsin. Die so gewonnenen Enzyme ließen sich auch durch ähnliche Enzyme aus Mikroorganismen ersetzen. Allerdings können sich Enzyme aus Mikroorganismen, obwohl katalytisch gesehen wirksam, in ihren Eigenschaften leicht von den aus den tierischen Geweben erhaltenen Enzymen unterscheiden. Dies kann möglicherweise Folgen in bezug auf ihre Anwendung in einem Verfahren haben. Ein Beispiel hierfür sind die proteolytischen Enzyme bei der Käseherstellung (Kap. 7). Daher beschäftigen sich neuere Arbeiten auf diesem Gebiet damit, den Einsatz von DNA- Rekombinationstechniken (s. weiter unten in diesem Kapitel) zu ermöglichen. Hierbei werden Gene aus Säugetieren in passende Bakterien oder Hefen geklont, um die Herstellung tierischer Enzyme mittels konventioneller Fermentationstechniken zu erleichtern.

Pflanzen sind traditionsgemäß für eine beschränkte Anzahl von Enzymen ebenfalls ein Rohstoff. Speziell die Cysteinproteasen werden aus dem Latex, das aus Papayas, Feigen, Ananas und in geringerem Maße auch aus anderen Pflanzen gewonnen wird, isoliert. Der Latex aus diesen Pflanzen, vor allem aus den Früchten, ist leicht zu gewinnen und es werden keine gelernten Arbeitskräfte benötigt. Er wird normalerweise sonnengetrocknet und kann, falls notwendig, direkt zur Produktion des Roh-Enzyms herangezogen werden. Der so gewonnene Latex enthält häufig sehr hohe Enzymanteile. So bestehen z. B. ca. 90% des Proteins im aus dem *Ficus glabrata*-Latex erhaltenen Gummi aus zehn sich sehr ähnlichen proteolytischen Enzymen. Dieser Rohstoff zählt damit zu der ergiebigsten Quelle für einen speziellen Typ von Enzymaktivität. Der frische Latex der Papayafrucht *Carica papaya* weist eine Anzahl an proteolytischen Enzymaktivitäten auf, wobei eines, das Papain, 7% des gesamten löslichen Materials darstellt. Hier handelt es sich eindeutig um hervorragende Enzymquellen. Außerdem erhält man die Enzyme, ohne die Pflanzen oder die sehr schmackhaften Früchte zu beschädigen.

Ein weitere bedeutende Quelle für Enzyme pflanzlichen Ursprungs ist gemälzte Gerste. Traditionell benutzen sie Brauereien als Rohstoff für verschiedene Proteasen und Glycohydrolasen. In bezug auf die eingesetzte Menge spielt gemälzte Gerste auf dem Enzymmarkt eine wichtige Rolle.

Die Bedeutung von Enzymen sowohl pflanzlichen als auch tierischen Ursprungs für den Enzymmarkt nimmt wegen unterschiedlicher Gründe ab. Die Pflanzen, die proteolytische Enzyme produzieren, gedeihen am besten in tropischen oder subtropischen Gebieten und werden daher hauptsächlich von Ländern der Dritten Welt angebaut. Obwohl hier preiswerte Arbeitskräfte zur Verfügung stehen, wird dieser Vorteil häufig von einer schlecht organisierten Infrastruktur und der dort häufig herrschenden politischen und wirtschaftlichen Instabilität aufgehoben. Dagegen gelten für Enzyme tierischen Ursprungs andere wirtschaftliche Probleme. Die Produktion der Enzyme, gewöhnlich aus Fleischabfällen, hängt eng mit der Fleischindustrie zusammen. Daher finden sich die Hersteller von Enzymen häufig in der Situation, daß sie für Rohmaterialien Preise akzeptieren müssen, die nicht zu beeinflussenden Faktoren unterworfen sind. Zudem entstehen Probleme daraus, daß Tiere zu anderen als zu Lebensmittelzwecken verwendet werden. Solche Problematiken stecken der Verwendung von Tieren als Enzymlieferanten enge Grenzen.

Es wurde erwogen, Enzyme aus Kulturen pflanzlicher und tierischer Zellen herzustellen. Technisch ist es mittlerweile möglich, tierische oder pflanzliche Zellen in großem Maßstab zu züchten. Jedoch erscheint es aus wirtschaftlichen Gründen unwahrscheinlich, daß hier in näherer Zukunft eine bedeutende Enzymquelle vorliegt. Die Zellen in den Kulturen wachsen langsam, so daß die Sterilität Probleme aufwirft. Derzeit besteht die Meinung, daß ein Enzym aus Zellkulturen, um wirtschaftlich wettbewerbsfähig zu sein, einen etwa tausendmal höheren Produktwert liefern muß, als ein gleichwertiges Produkt, das über die traditionelle mikrobielle Fermentation hergestellt wird.

Die Probleme mit den Rohmaterialien pflanzlichen oder tierischen Ursprungs führen dazu, daß sich Mikroorganismen als Hauptquelle für industriell eingesetzte Enzyme durchsetzen.

2.3 Mikrobielle Enzyme

Mikroorganismen produzieren eine enorme Spannweite potentiell nutzbarer Enzyme, von denen viele darüberhinaus von der Zelle durch Sekretion nach außen abgesondert werden. Außerdem können Mikroorganismen in Kultur schnell und einfach gezüchtet werden. Des weiteren sind die Technologien zum Scale-up (Maßstabvergrößerung) eingeführt.

Extrazelluläre Enzyme bieten mehrere Vorteile: Erstens wird das Enzym von der Zelle ausgeschieden. Die Zellen müssen nicht zerstört werden, zumal hierbei, wenn in großem Maßstab gearbeitet wird, häufig Probleme auftreten. Weiterhin scheidet der Mikroorganismus nur eine begrenzte Anzahl an Proteinen aus und somit kann das gewünschte Enzym aus der Mischung relativ einfach isoliert werden. Im Vergleich dazu müssen intrazelluläre Enzyme von den gesamten anderen Proteinen und Verunreinigungen, wie z. B. Nucleinsäuren, abgetrennt werden. Drittens neigen extrazelluläre Enzyme im Vergleich zu ihren intrazellulären Gegenstücken zu widerstandsfähigeren Strukturen und sind auch weniger anfällig für Denaturierung. Daher werden bevorzugt Mikroorganismen, vor allem diejenigen, die Enzyme absondern, als „Rohmaterial" eingesetzt (Holland et al. , 1986).

Traditionell versteht man unter extrazellulären Enzymen solche, die die Zellwand durchdrungen haben. Diese Eigenschaft ist wichtig. Mikroorganismen besitzen eine Vielzahl von Zellwandstrukturen. Das extrazelluläre Enzym liegt häufig daran assoziiert vor und wird nicht in das Kulturmedium abgegeben.

Während der Synthese innerhalb der Bakterienzelle werden Proteine, die nach außen transportiert werden sollen, an dem Vorhandensein von N-

a Bildung des Startkomplexes Ribosom/mRNA

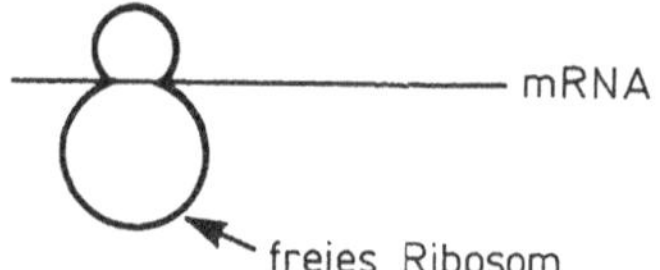

b Beginn der Protein-Biosynthese

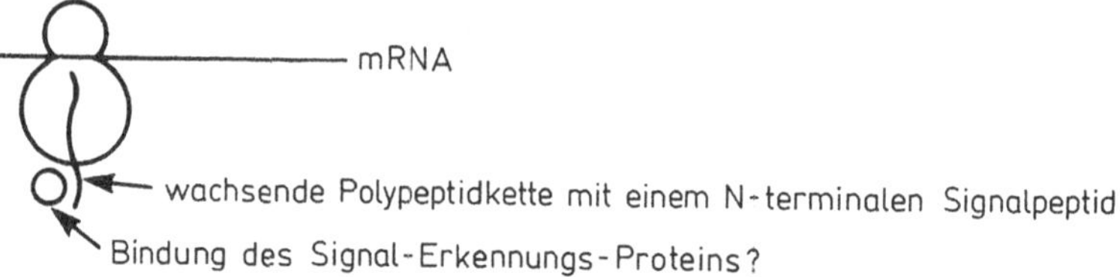

c Anlagerung des Ribosoms mit der Seite des Signalpeptids an die Plasma-Membran

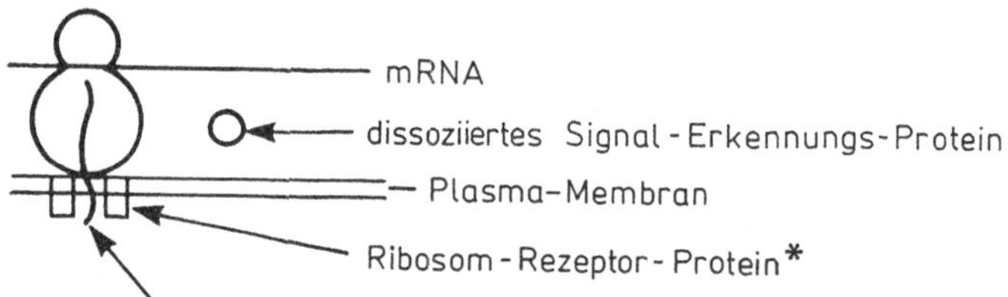

fortgesetzte Synthese der Peptidkette unter gleichzeitiger Sekretion durch die Membran

d Entfernung des Signalpeptids

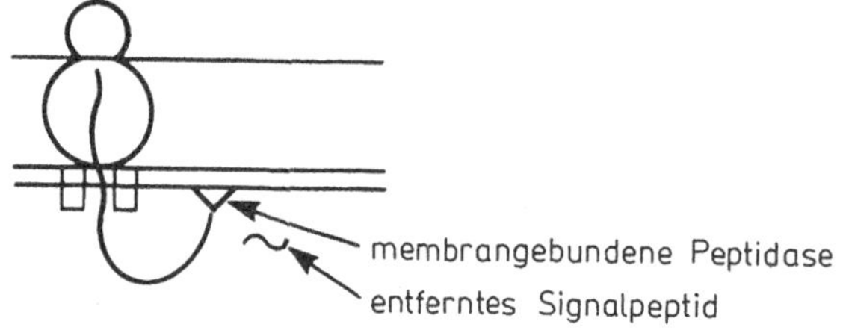

e Beendigung der Protein-Biosynthese

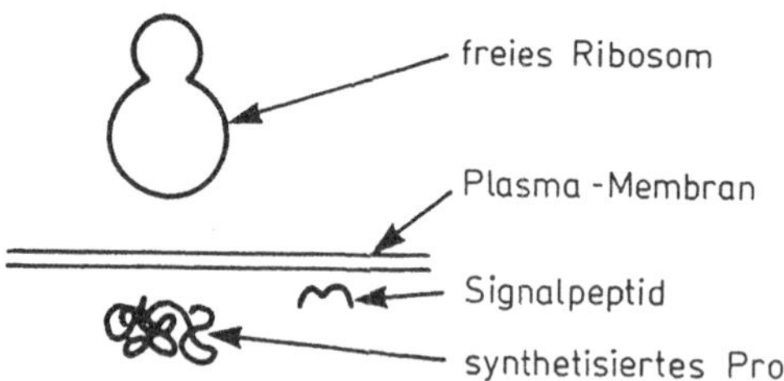

* Signal-Erkennungs- und ribosomale Rezeptor-Proteine konnten in Eukaryonten nachgewiesen werden. Ihre Existenz in Prokaryonten wurde nur aus genetischen Studien abgeleitet.

Abb. 2.1. Cotranslationale Sekretion von Proteinen in Bakterien

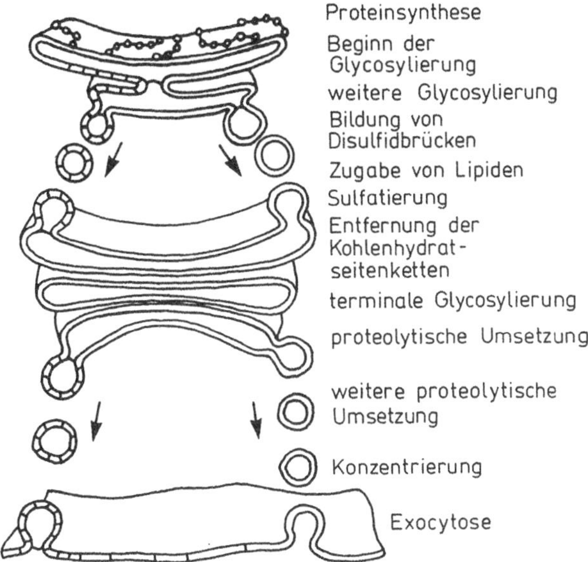

Abb. 2.2. Sekretion und Enzymumsetzung in Eukaryonten. Rechts ist der Weg und die dabei ablaufende Umsetzung eines Sekretionsproteins dargestellt, beginnend mit dessen Aufbau durch die membrangebundenen Ribosomen und endend mit der Exocytose. Links durchläuft ein im endoplasmatischen Reticulum hergestelltes Protein den gleichen Weg (aus de Duve, 1985).

terminalen Signalproteinen erkannt. Der erste Teil der Enzymsynthese für die extrazellulären Enzyme erfolgt auf den freien Ribosomen im Cytosol. Anschließend wird der Komplex (durch das N-terminale Signalpeptid gekennzeichnet) an die Zellmembran angelagert (Davis und Tai, 1980). Die weitere Biosynthese des Enzyms erfolgt dann unter gleichzeitiger Sekretion der anwachsenden Polypeptidkette (Cotranslationale Sekretion). Während dieses Ausscheidungsprozesses wird das N-terminale Peptid durch eine an die Membran gebundene Protease entfernt (Abb. 2.1).

Bei Pilzen und anderen Eukaryonten verläuft die Sekretion ähnlich wie bei den Bakterien, jedoch wird die Peptidkette während der Synthese in das Lumen des endoplasmatischen Reticulums hineingeschoben und nicht direkt durch die Cytoplasmamembran hindurch (Walter et. al., 1984). Vom Lumen des endoplasmatischen Reticulums aus durchläuft das Enzym den Golgiapparat und wird schließlich in Vesikeln zur Zellmembran transportiert. Diese zusätzliche Komplexität bei den Eukaryontenzellen ermöglicht es, die sekretierten Enzyme während der Passage durch das endoplasmatische Reticulum und den Golgiapparat noch umfassend zu modifizieren (Abb. 2.2). Solche Posttranslations-Modifikationen (Freedman und Hawkins, 1980) können in Glykosylierung, Entfernung von kleinen Peptidfragmenten, Einführung von Disulfidbrücken und vielen anderen Reaktionen bestehen und beeinflussen normalerweise Enzymstabilität und -eigenschaften. Zu erwähnen ist noch,

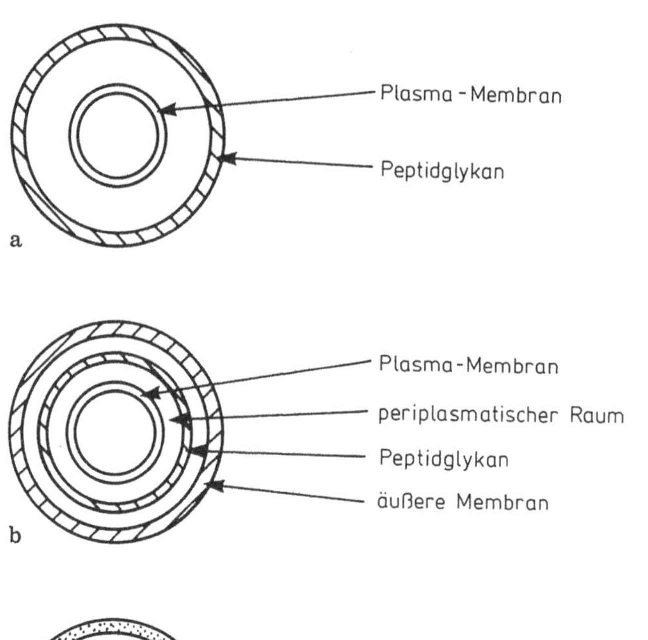

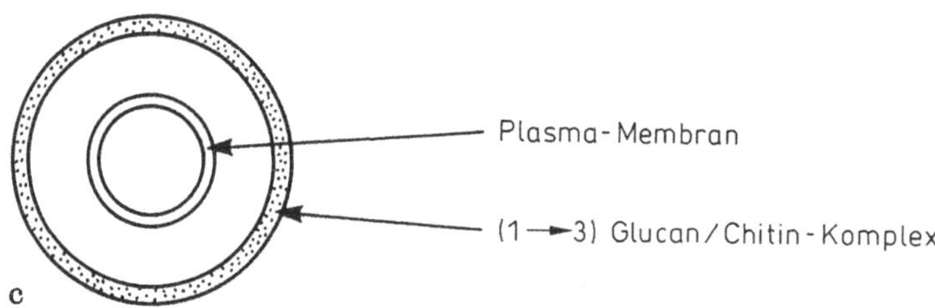

Abb. 2.3. Schematische Darstellung typischer Zellwandstrukturen: (a) grampositives Bakterium; (b) gramnegatives Bakterium; (c) Pilzzelle.

daß es sich hierbei um einen bei den Eukaryonten üblichen Vorgang handelt. Der Sekretionsmechanismus in speziellen Pilzen, die keinen herkömmlichen Golgiapparat besitzen, ist unbekannt.

Bakterien und Pilze sind von Zellwänden aus Peptidoglykan bzw. (1 →3)-gebundenen Glucan/Chitin-Komplexen umgeben. Ist das Enzym einmal ausgeschieden, so kann es normalerweise frei durch die Zellwand hindurchtreten und bei Pilzen und grampositiven Bakterien in das externe Medium hineindiffundieren. In anderen Fällen bleibt das Enzym entweder an die Zellmembran oder die Zellwandstruktur assoziiert. Bei gramnegativen Bakterien verläuft die Enzymsekretion wegen der äußeren Membran komplexer (Abb. 2.3). Hier bleiben ausgeschiedene Enzyme häufig im periplasmatischen Raum (der Bereich zwischen der Zellwand und der inneren Membran), und werden nicht in das Kulturmedium abgegeben. Die zusätzliche Membran und die unterschiedliche Lokalisierung der Proteine schränkt den Einsatz von gramnegativen Organismen zur Produktion extrazellulärer Enzyme ein. Derzeit wird lediglich von dem gramnegativen Bakterium *Klebsiella pneumoniae* ein bedeutenderes Enzym, Pullulanase, gewonnen.

2.4 Kontrolle der mikrobiellen Enzymproduktion

Die Optimierung der Enzymproduktion durch Mikroorganismen hängt von vielen Faktoren ab. In der Praxis bedeutet dies, daß ein Enzym möglicherweise nur während eines bestimmten Abschnittes im Wachstumszyklus synthetisiert wird. So werden z. B. manche Proteine während der aktiven Wachstumsphase des Organismus (exponentielles Wachstum) gebildet und ausgeschieden, während andere nicht vor der stationären Phase auftreten (Abb. 2.4). Weiterhin können manche Enzyme nur dann synthetisiert werden, wenn die Bakterien in einem Medium mit geeigneter Zusammensetzung gezüchtet werden. So können einfache Kohlenstoffverbindungen, wie z. B. D-Glucose, die Synthese eines Enzyms unterdrücken. Um zu verstehen, warum Beginn und Ausmaß der Enzymsynthese variabel sind, muß ein gewisses Grundverständnis über die genetische Kontrolle der Enzymproduktion vorhanden sein (Booth und Higgins, 1986). Es gibt zwei unterschiedliche Enzymklassen. Die eine Gruppe wird von den konstitutiven Enzymen gebildet. Zahlenmäßig sind sie in der Minderheit, jedoch handelt es sich hierbei meist um Enzyme, die an zentralen Punkten des Metabolismus beteiligt sind. Ein konstitutives Enzym wird, unabhängig davon, ob Substrat vorhanden ist oder nicht, kontinuierlich gebildet. Die andere, viel größere Gruppe, umfaßt die induzierbaren Enzyme. Diese Enzyme werden, solange für den Organismus noch kein passendes Substrat zur Verfügung steht, nur in sehr geringer, jedoch meßbarer, Konzentration gebildet. Entweder das Substrat selbst oder dessen Abbauprodukte können dann eine wesentlich erhöhte Syntheserate dieses Enzyms induzieren. Eine Steigerung der Syntheserate des induzierten Enzyms um das Tausendfache oder mehr ist nicht ungewöhnlich. Das Phänomen der Induktion kann experimentell schwierig zu verfolgen sein, da der Induktor häufig vom induzierten Enzym metabolisiert wird. Am besten läßt sich die Induktion mit Hilfe von künstlichen Induktoren untersuchen. Darunter versteht man Verbindungen, die bestimmte Enzyme induzieren, jedoch ihrerseits nicht metabolisiert werden. So induziert z. B. das Disaccharid Sophorose ($\beta 1 \rightarrow 2$-Glucobiose) in bestimmten Pilzen die Bildung celluloseabbauender Enzyme, wird jedoch selbst nicht metabolisiert.

Unabhängig davon, ob ein konstitutives oder ein induzierbares Enzym vorliegt, kann noch ein weiterer Kontrollmechanismus wirksam sein. So können leicht umsetzbare Kohlenstoffquellen, wie z. B. D-Glucose, die Bildung vieler Enzyme unterdrücken. Dies läßt sich so erklären, daß der Organismus die Glucose direkt verwenden kann und somit nicht, unter Energieaufwand, Enzyme für den Abbau kompliziert gebauter Kohlenstoffquellen

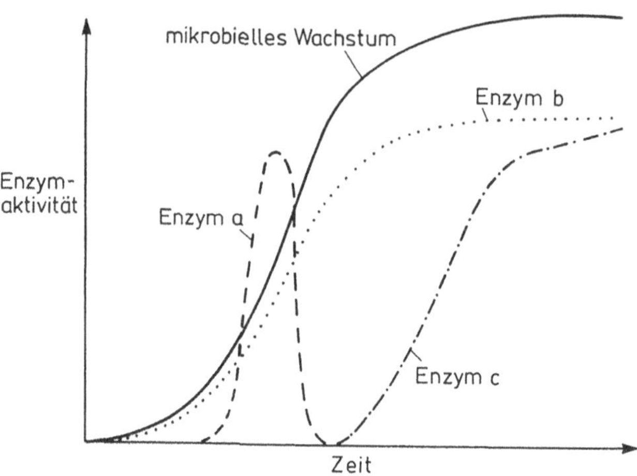

Abb. 2.4. Enzymsynthese in Abhängigkeit vom mikrobiellen Wachstum. Es sind drei typische Beispiele der Enzymproduktion durch Mikroorganismen dargestellt, jedoch können auch alle Zwischenstufen auftreten.

herstellen muß. Diese Katabolit-Repression ist bei Mikroorganismen häufig zu beobachten und viele konstitutive und induzierbare Enzyme sind davon betroffen. So ist schwer zu entscheiden, ob die vorübergehende Produktion eines Enzyms das Ergebnis einer Induktion, Repression oder einer Kombination beider Vorgänge darstellt. Auch stickstoffhaltige, schwefelhaltige oder andere Verbindungen können die Synthese von Enzymen unterdrücken. Allgemein gilt, daß ein spezieller Repressionstyp am wahrscheinlichsten diejenigen Enzyme betrifft, die am Metabolismus von Verbindungen, die das einschlägige Element enthalten, beteiligt sind. So wird z. B. die Synthese der extrazellulären Protease im *Bacillus subtilis* durch die Anwesenheit spezieller stickstoffhaltiger Verbindungen, wie Glutamat oder Aspartat, unterdrückt.

Der Rahmen dieser Abhandlung würde durch eine detaillierte Behandlung von Induktion und Repression gesprengt, jedoch ist es sinnvoll, ein einfaches Modell zu betrachten. Einer der einfachsten und am besten verstandenen Mechanismen stellt die Induktion und Repression der Enzyme dar, die in *Escherichia coli* beim Lactose-Metabolismus beteiligt sind. Die Gene für die drei Proteine β-Galactosidase, Galactosidpermease und Thiogalactosid-Transacetylase, *lac z*, *lac y* und *lac a*, sind auf dem Bakterienchromosom nebeneinander angeordnet und bilden das *lac*-Operon. Die Transcription dieser drei Gene wird vom Kontrollabschnitt für das Operon, der aus dem *lac i*- und den Promotor- und Operator-Genen besteht, kontrolliert (Abb. 2.5).

Die Wirksamkeit, mit der das Enzym DNA-abhängige RNA-Polymerase an den Promotor ankoppeln kann, bestimmt die Wirksamkeit der Transcription. Das *lac i*-Gen codiert das *lac*-Repressorprotein, das seinerseits konstitutiv in ganz geringem Ausmaß gebildet wird. Dieses tetramere Protein

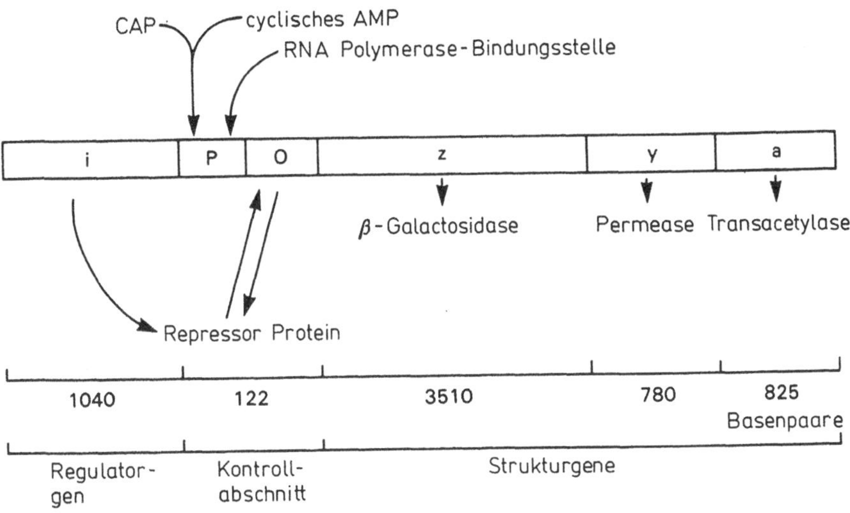

Abb. 2.5. Das *lac*-Operon von *Escherichia coli*. CAP = Catabolit-Aktivator-Protein.

kann fest an den Operatorabschnitt binden und somit die RNA-Polymerase davon abhalten, die Gene *lac z,y* und *a* zu transcribieren. Lactose und andere β-Galactoside wirken auf die Enzymsynthese induzierend, indem sie an jede der vier Untereinheiten des *lac*-Repressorproteins ankoppeln können und damit eine Konformationsänderung bewirken. In Folge davon wird dessen Bindung an den Operator verhindert (bei solchen Experimenten wird häufig der künstliche Induktor Isopropylthiogalactosid eingesetzt). Die RNA-Polymerase kann nun die Gene, die die Strukturproteine codieren, transcribieren. Mit anderen Worten wurden durch die Gegenwart von β-Galactosiden die Enzyme des Lactose-Metabolismus induziert (genauer: de-reprimiert).

Das *lac*-Operon ist auch der C-Katabolitrepression unterworfen. In Gegenwart von D-Glucose ist das *lac*-Operon ausgeschaltet, ganz gleich ob im Wachstumsmedium Lactose vorhanden ist oder nicht. Diese Repression verläuft unter Beteiligung von cyclischem AMP (cAMP) und dem Catabolit-Aktivator-Protein (CAP). Die Bindung der RNA-Polymerase an das Operon wird durch die Anfügung des cAMP·CAP-Komplexes an einen Abschnitt des Promotors erhöht. In Gegenwart von D-Glucose ist der cAMP-Spiegel in der Zelle stark erniedrigt und das CAP-Protein dissoziiert von der DNA weg. Daraus ergibt sich eine deutlich verminderte Bindungsfestigkeit zwischen der RNA-Polymerase und dem Promotor und dies führt zu einer verminderten Transcription der drei Strukturgene. Es ist noch unklar, wie die Gegenwart von D-Glucose den cAMP- Spiegel in der Zelle senkt; jedoch ist bekannt, daß es sich um einen indirekten Effekt, abhängig von einem Metaboliten des Zuckers, handelt.

Das *lac*-Operon ist ein nützliches Modell für eine Kontrolle der Enzymsynthese. Es kann jedoch nicht allgemein auf alle Mikroorganismen angewendet werden. So ist z. B. in vielen Bakterien kein cAMP nachzuweisen, so daß hier vermutlich ein anderer Mechanismus ablaufen muß. Zudem können Gene, die die Enzyme für einen einzigen Stoffwechselweg verschlüsseln, auf dem Bakterien-Chromosom weit voneinander entfernt liegen. Dann muß eine andere Form der Koordination erfolgen. Trotzdem bietet das *lac*-Operon einen nützlichen Hinweis, wie die Enzymsynthese in Bakterien kontrolliert werden kann.

2.5 Genmanipulationstechniken

Die neuesten Fortschritte in den Technologien zur DNA- Rekombination eröffnen der industriellen Enzymologie viele Vorteile. So ist es z. B. jetzt möglich, ein Gen tierischen oder pflanzlichen Ursprungs in einen Mikroorganismus einzuschleusen. Enzyme, die auf konventionellem Weg schwer zu erhalten sind, können so aus dem rekombinierten Mikroorganismus unter Einsatz herkömmlicher Fermentationstechnologien relativ leicht erhalten werden. Entsprechend lassen sich Gene aus pathogenen oder anderweitig unerwünschten Mikroorganismen in einen akzeptableren Wirtsorganismus überführen.

Die grundsätzlichen Techniken zur DNA-Rekombination sind gut eingeführt, jedoch müssen vor allem dann einige praktische Schwierigkeiten in Erwägung gezogen werden, wenn Enzyme aus eukaryontischen Genen (s. weiter unten in diesem Abschnitt) hergestellt werden sollen. Weiterhin sind Experimente zur Genmanipulation in den meisten Staaten strengen gesetzlichen Regelungen unterworfen, so daß jedes einzelne Klonierungsvorhaben vor dem Beginn der Arbeiten von einem dazu berufenen Kommittee genehmigt werden muß. Sogar völlig unkomplizierte Klonierungsexperimente, die im Labormaßstab akzeptabel sind, werden beim Scale-up einer strengeren Bewertung unterworfen.

Das Klonen von Genen setzt die Beherrschung mehrerer relativ einfacher Techniken voraus (Old und Primrose, 1985). Hierbei handelt es sich um a) Schneiden und Wiedervereinigung von DNA- Molekülen, b) Einschleusen von rekombinierter DNA unter Einsatz entsprechender Klonierungsvektoren, wie z. B. Plasmiden, Cosmiden oder λ-Phagen Derivaten in einen Wirtsorganismus und c) Identifizierung der gewünschten Klone. Die tatsächlich durchgeführte Strategie hängt von vielen Faktoren ab. Einige davon sollen im folgenden behandelt werden.

Eine der einfachsten Strategien zum Transfer eines Gens von einer Bakterienart in eine andere ist die sogenannte „Schrotschuß"-Klonierung („shotgun cloning') (Abb. 2.6). Dabei wird die DNA des Donor-Organismus isoliert

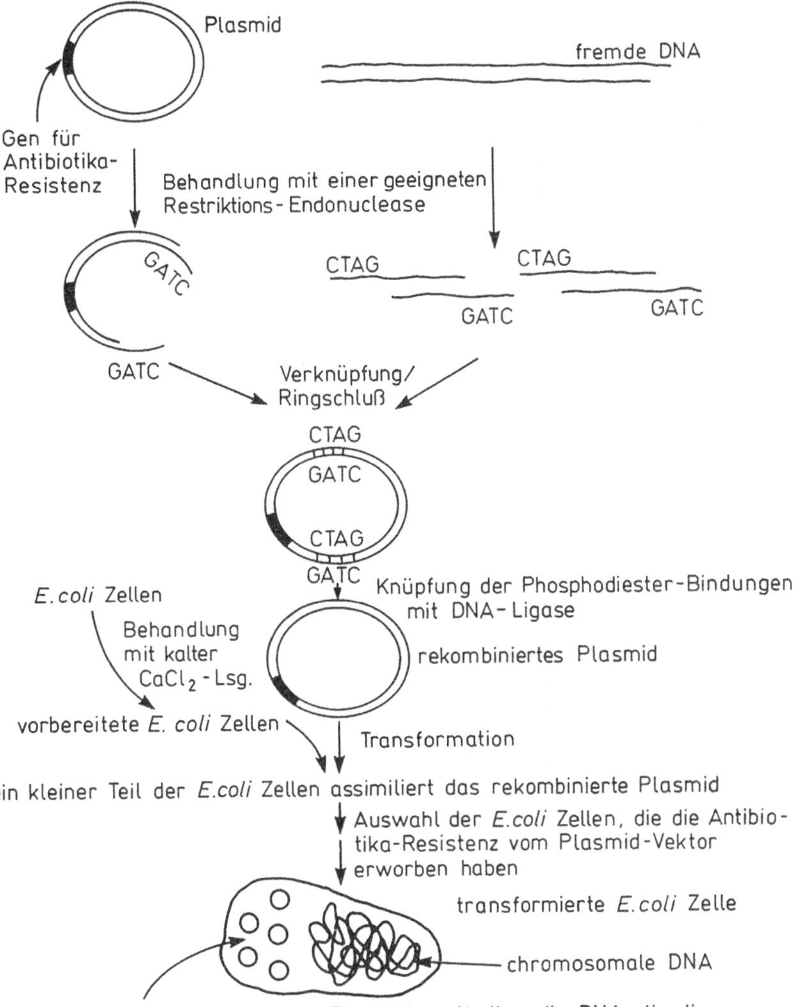

Abb. 2.6. „Schrotschuß"-Klonierung (‚shot-gun' cloning) von DNA in einen Plasmidvektor (Einschleusung, Replikation und Expression).

und anschließend mit Hilfe einer Restriktionsendonuclease Typ II passender Spezifität aufgespalten. Restriktionsendonucleasen erkennen in DNA-Molekülen spezifische Nucleotidsequenzen (normalerweise Hexanucleotidsequenzen) und spalten beide Stränge entweder versetzt oder stumpf durch (Abb. 2.7). Bei einer versetzten Spaltung besitzen die dabei entstehenden DNA- Bruchstücke kurze einsträngige komplementäre Enden (‚sticky ends'), die mit anderen Fragmenten zur Basenpaarung befähigt sind. Parallel dazu wird ein passender Klonierungsvektor, wie z. B. ein Plasmid, ebenfalls mit demselben Enzym aufgespalten. Die Kombination zwischen dem aufgespaltenem Vektor und den vielen Donor-DNA Fragmenten führt, unter geeigneten stöchiometrischen Bedingungen, über die Basenpaarung der komplementären Enden zur Bildung zufällig rekombinierter Moleküle. Unter den vielen verschiedenen rekombinierten Molekülen sollten einige sein, in denen der Vektor mit dem interessierenden Gen kombiniert vorliegt. Die fehlenden Phosphodiesterbindungen im DNA-Gerüst können mit Hilfe der DNA-Ligase erneut gebildet werden (Ligation).

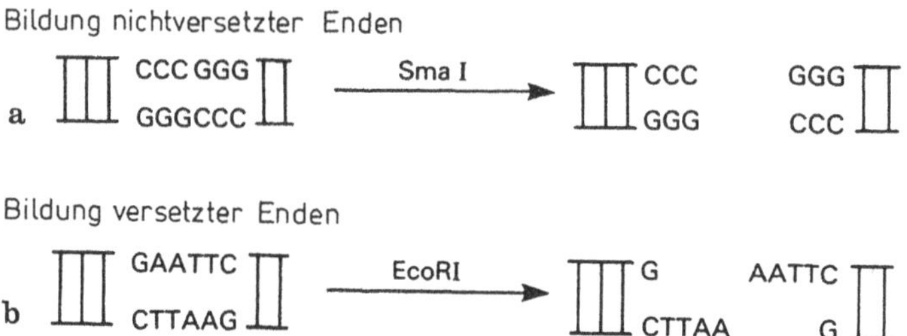

Abb. 2.7. Wirkung einiger Restriktions-Endonucleasen. Das Enzym Sma I stammt aus *Serratia marcescens*, das Enzym Eco RI aus *Escherichia coli*. Die versetzten Enden werden auch als ‚komplementäre' Enden bzw. ‚sticky ends' bezeichnet.

Im nächsten Schritt muß das rekombinierte Molekül in das Wirtsbakterium eingeschleust werden. Das Vorgehen im einzelnen hängt vom Vektortyp ab; der einfachste ist ein Plasmid. Bei Plasmiden handelt es sich um doppelsträngige, zur Replikation befähigte, zirkuläre DNA-Stücke. Sie sind in manchen Bakterien zusätzlich zur chromosomalen DNA vorhanden. Eine Plasmidklasse verschlüsselt die Resistenz gegen ein oder mehrere Antibiotika. Einige dieser Plasmide bilden die Basis für Klonierungsvektoren. Bakterien können mit einem als Transformation bekannten Prozeß dazu gebracht werden, Plasmide aufzunehmen. Die Behandlung von Bakterien mit kalter Calciumchloridlösung und ein nachfolgender kurzer Wärmeschock bei 42°C führt dazu, daß ein kleiner Teil des zuvor exogen zugegebenen Plasmids bzw. rekombinierten Plasmids von den Wirtszellen assimiliert wird. Hierbei handelt es sich um einen ziemlich uneffektiven Prozeß, denn normalerweise nimmt weniger als 0.1% der Bakterienpopulation ein Plasmid DNA-Molekül dauerhaft auf. Auch werden bevorzugt kleinere DNA-Moleküle in die Wirtszellen aufgenommen. Dies kann insofern zu Problemen führen, daß Plasmide, die sich ohne den Einbau der Fremd-DNA rezirkulieren, bevorzugt transformiert werden (diese Moleküle sind kleiner als diejenigen, die die Fremd-DNA aufgenommen haben). Mit einem geeigneten Selektionsverfahren kann diese Problematik jedoch umgangen werden.

Der gewünschte Klon soll möglichst in nur wenigen Arbeitsschritten herausselektiert werden. Einfache Berechnungen zeigen, daß der Anteil der Zellen mit dem gewünschten Gen sehr gering ist. So enthält z. B. ein typisches

Bakterienchromosom mit dem Zielgen 5 x 10^6 Basenpaare. Das Restriktionsenzym erkennt eine spezifische Hexanucleotidsequenz, d. h. es trennt die DNA an durchschnittlich einer von 4^6 Stellen (1 von 4096) auf. Es entstehen somit ca. 1200 Fragmente. Wahrscheinlich enthält lediglich eines dieser 1200 Fragmente das gewünschte Gen. In Kombination mit der angenommenen Effektivität bei der Transformation von 0.1% bedeutet dies, daß unter 1.2 x 10^6 Bakterien weniger als eines das rekombinierte Zielmolekül enthält. Weiterhin kann jedes DNA- Fragment auf zwei Möglichkeiten in den Vektor eingebaut vorliegen. Normalerweise führt nur eine der beiden Insertionsrichtungen zu einer Genexpression. Folglich enthält lediglich eines von 2.4 x 10^6 Bakterien ein korrekt rekombiniertes Plasmid.

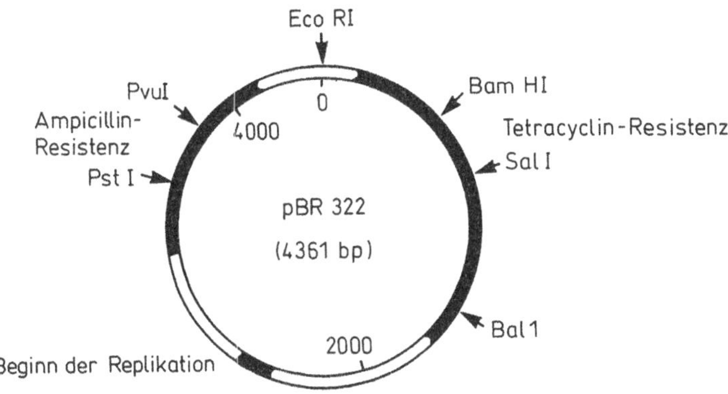

Abb. 2.8. Das Plasmid pBR 322. Eingezeichnet sind die antibiotikaresistenten Gene und die Anordnungen einiger Restriktionsenzyme.

Das Aussieben des richtigen Klons wird in zwei Stufen vorgenommen. Die meisten Plasmide, die als Klonierungsvektoren eingesetzt werden, besitzen ein oder mehrere Gene, die Antibiotika-Resistenz verleihen. So enthält z. B. das häufig verwendete Plasmid pBR 322 Gene, die Ampicillin- und Tetracyclin-Resistenz bewirken (Abb. 2.8). Es überträgt somit auf das Wirtsbakterium eine Resistenz gegen beide Antibiotika. Wird in den Pst 1 Restriktionsbereich des pBR 322 eine fremde DNA eingeführt, dann überträgt das rekombinierte Molekül lediglich Resistenz gegen Tetracyclin, denn das Ampicillin-Gen ist ja inaktiviert. Diese Vorgehensweise wird auch als Insertions-Inaktivierung bezeichnet. Inkubiert man den transformierten Organismus auf Agar-Platten mit Tetracyclin, so überleben nur die Bakterien, die entweder das pBR 322 oder ein rekombiniertes Molekül aufgenommen haben. In einem weiteren Schritt werden diejenigen tetracyclinresistenten Klone erfaßt, die nicht in Gegenwart von Ampicillin wachsen können. Es verbleiben nun lediglich die Bakterien, die ausschließlich rekombinierte Moleküle enthalten. In diesem Stadium ist die Wahrscheinlichkeit, den richtigen Klon herauszufiltern, von 1 zu 2.4 x 10^6 auf 1 zu 2.4 x 10^3 gestiegen. Mit dieser erhöhten Wahrscheinlichkeit läßt sich im zweiten Screening wesentlich besser arbeiten.

Das weitere Vorgehen im zweiten Stadium hängt davon ab, ob das Enzym im neuen Organismus exprimiert wird oder nicht. Ist dies der Fall, muß lediglich ein passendes Wachstumsmedium gefunden werden. Bakterien, die z. B. polymer-abbauende Enzyme produzieren, bilden auf Agar-Platten mit dem passenden Substrat Klarhöfe (Abb. 2.9). Transformierte Spezies mit rekombinierten Plasmiden, bei denen das Enzym nicht exprimiert wird oder eine Expression nur schwer zu messen ist, können durch Hybridisierung identifiziert werden. Hierfür werden Bakterienklone von der ursprünglichen Platte auf mit Nitrocellulose-Filter überzogene Agar-Platten aufgetüpfelt. Nach dem Wachstum werden die Zellen lysiert. Die freigesetzte DNA bindet fest an den Filter. Daran anschließend gibt man eine radioaktiv markierte

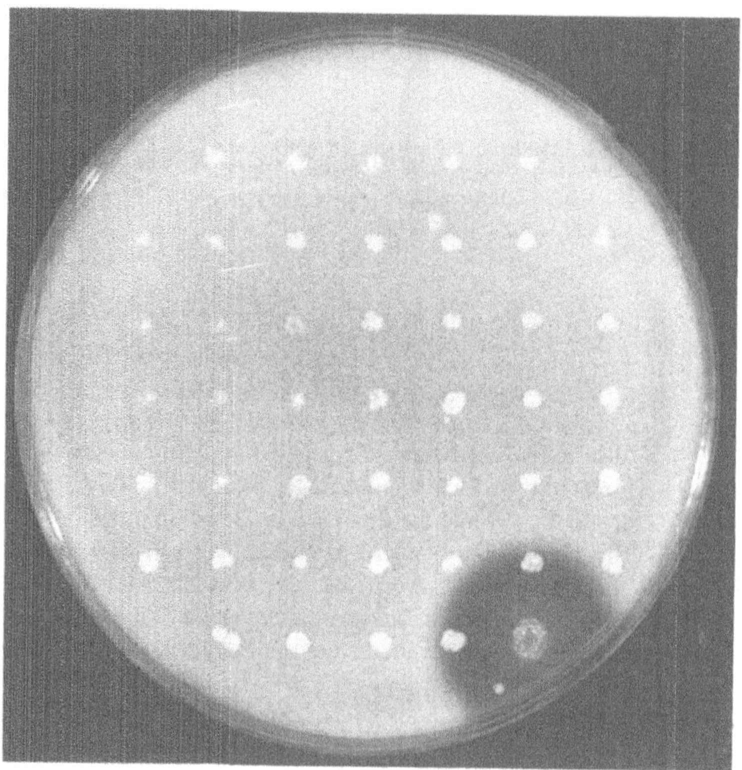

Abb. 2.9. Die Identifizierung eines enzymbildenden Bakteriums. *Klebsiella pneumoniae* Kolonien wurden auf ein alginathaltiges, festes Medium aufgetragen. Alginatlyase produzierende Organismen bilden einen Klarhof um die Kolonie aus, der durch Einfärbung mit Cetylpyridiniumchlorid sichtbar gemacht werden kann.

DNA- oder RNA-Probe zu, deren Sequenz komplementär zum gewünschten Gen ist. Dabei läuft Basenpaarung ab. Die Kolonien, die das gewünschte Gen enthalten, und somit radioaktiv markiert sind, können autoradiografisch detektiert werden.

Alternativ zur Klonierung in Plasmiden können auch λ-Phagen-Derivate oder Cosmide als Vektoren verwendet werden. Der Bakteriophage λ infiziert *E. coli* und schleust im Rahmen dieses Prozesses virale DNA mit beachtlicher Wirksamkeit in die Bakterienzelle. Es liegt auf der Hand, daß, wenn man Mittel und Wege findet, fremde DNA in das virale Genom einzuführen, die rekombinierte DNA dann wirksam in *E. coli* überführt werden kann. Es stehen Derivate des λ-Phagen, wie z. B. Charon 4A zur Verfügung, in denen ein Großteil des zentralen Genoms zerstört wurde, ohne daß die Fähigkeit, als Klonierungsvektor zu agieren, beeinträchtigt ist. Dieser ‚fehlende' Teil kann mittels Ligation (s. oben) durch fremde DNA ersetzt werden. Beträgt die Gesamtlänge der rekombinierten DNA zwischen 78% und 105% eines normalen ‚λ' Genoms (49 kb), so kann sie *in vitro* in leere Phagenköpfe gepackt werden (Abb. 2.10). Damit kann dann eine *E.coli*-Kultur infiziert werden, wobei die rekombinierte DNA durch Transfektion wirksam in das Bakterium eingeschleust wird.

Die Phagenvektoren bieten im Vergleich zu Plasmiden zwei Vorteile. Zum ersten können mit Hilfe von λ-Phagen -Derivaten, wie z. B. Charon 4A, große Stücke zwischen 8 und 22 kb eingeschleust werden. Somit reduziert sich die Gesamtzahl der Klone, die anfänglich ausgesiebt werden müssen. Zum zweiten sind die viralen Genome, die sich ohne den Einbau der fremdem DNA lediglich durch die Rekombination der beiden Enden gebildet haben, für eine Packung in den Phagenkopf zu kurz. Es sollten also nur Moleküle mit rekombinierter DNA klonierungsfähig sein. Ist das Gen für ein Enzym erst einmal erfolgreich geklont, so muß das Gen in Plasmide heruntergeklont werden, um das insertierte DNA-Bruchstück verkleinern zu können. Dieser Schritt erhöht die Stabilität der geklonten DNA in den Zellen und stellt sicher, daß keine falschen Proteine, die von anderen Teilen des rekombinierten Moleküls codiert sein könnten, exprimiert werden.

Bei Cosmidvektoren handelt es sich im wesentlichen um Plasmide, die eine *cos*-Region besitzen. Die *cos*-Region ist ein kurzer Abschnitt auf der vom Genom eines λ-Phagen abgeleiteten DNA (12bp). Diese DNA ermöglicht die Packung des Cosmids *in vitro* in Phagenköpfe. Ist das Cosmid erst einmal in das Bakterium überführt, verhält es sich wie ein Plasmid und kann damit in der Praxis, vor allem beim Klonen in Untereinheiten, besser gehandhabt werden. Die in Cosmide insertierte DNA ist typischerweise 20 bis 40 kb lang. Cosmide vereinen in sich sowohl die Vorteile eines Plasmid- als auch die eines λ-Phagenvektors.

Die Klonierung eines Gens aus einem Bakterium stellt normalerweise ein direktes Verfahren dar. Sollen jedoch Eukaryontengene in Bakterien geklont werden, so entstehen möglicherweise Probleme. Die Gene von Eu-

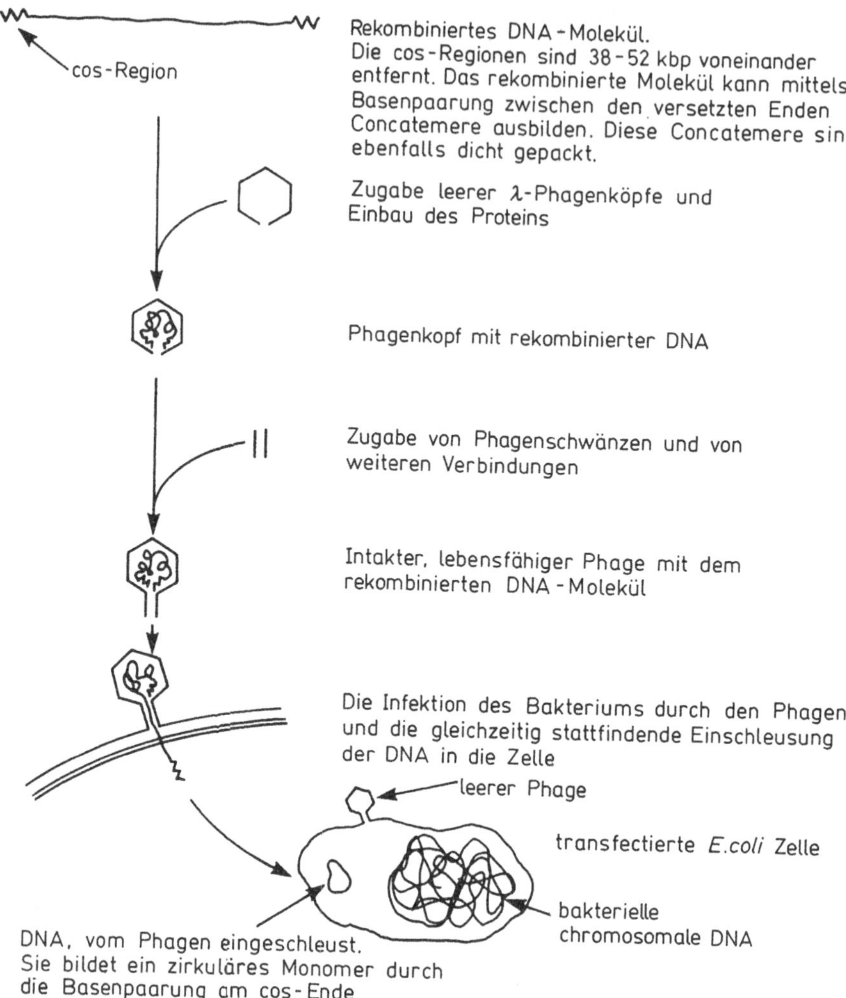

Abb. 2.10. Die Klonierung von DNA mit Hilfe von ‚λ'Phagenvektoren.

karyonten enthalten normalerweise Sequenzen, die nichts kodieren (Introns) und die nach der Transcription der DNA herausgeschnitten werden. Unglücklicherweise können Introns von Bakterien (mit Ausnahme von Archaeobacter) nicht entfernt werden. Der direkte Transfer eines eukaryontischen Gens in einen Prokaryonten führt daher nur selten zur Proteinexpression. Diese Schwierigkeit kann mit Hilfe der reversen Transcription (Abb. 2.11) umgangen werden. Hierbei bildet die mRNA des Eukaryonten den Startpunkt; sie liegt bereits passend vorbereitet vor (es sind bereits RNA-Stücke herausgeschnitten und die Verknüpfung der Reste ist bereits erfolgt (splicing)). Die mRNA dient dann als Matrize für das Enzym RNA-abhängige DNA-Polymerase (reverse Transcriptase), die einen

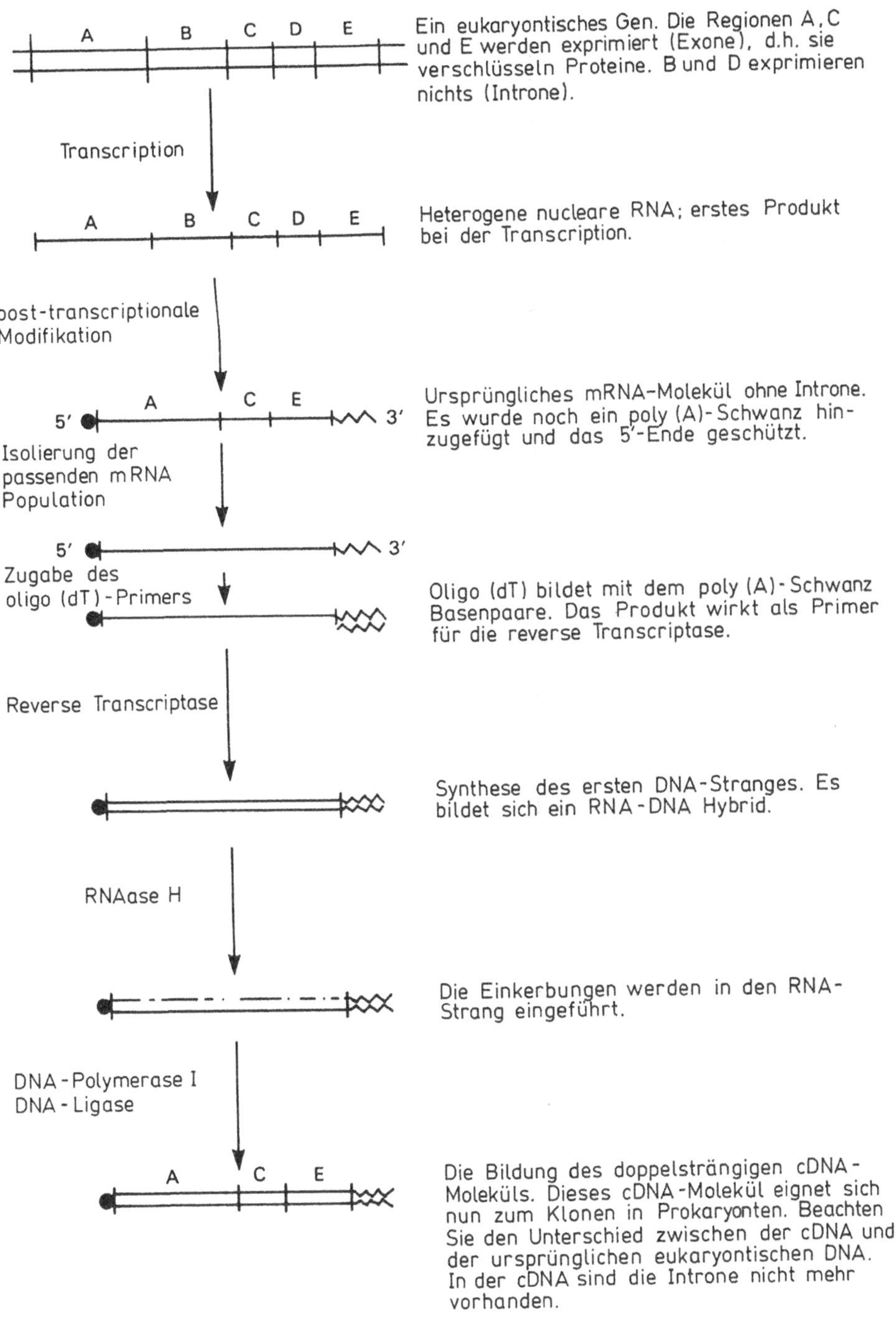

Abb. 2.11. Die Synthese von cDNA Molekülen mit Hilfe der *‚reversen Transcription'*.

komplementären Strang der DNA synthetisiert. Das mRNA/DNA Hybridmolekül wird dann mit der RNAase H und der DNA-abhängigen DNA-Polymerase I behandelt, damit die mRNA-Kette durch einen DNA-Strang ausgetauscht werden kann. Die RNAase H bildet bei den Phosphodiesterbindungen der RNA zufällig verteilte Brüche (nicks). Die DNA Polymerase I entfernt im Anschluß daran die Ribonucleotide (5'→3' Exonucleasefunktion der DNA Polymerase I) und ersetzt sie durch die entsprechenden Desoxyribonucleotide. Dieser Prozeß wird „nick Translation" genannt. Das komplementäre DNA (cDNA)-Molekül enthält eine kontinuierliche Kodierungssequenz für das Protein. Es unterscheidet sich somit von der DNA im Genom, die ja Introns enthält. Die cDNA kann nun bei Klonierungsexperimenten ebenso eingesetzt werden, wie die oben beschriebene prokaryontische DNA.

Bei der Expression von geklonten eukaryontischen Enzymen besteht das Problem, daß Bakterien keine entsprechenden Posttranslations-Modifikationen durchführen können. So werden z. B. viele extrazelluläre eukaryontische Enzyme glycosyliert. Die Enzymstabilität kann durch Glycosylierung erhöht werden. Dies ist besonders dann von Bedeutung, wenn z. B. an einen klinischen Einsatz gedacht wird (weitere Details s. Kap. 5). Um diese Probleme zu umgehen, wurde die DNA in spezielle Trägervektoren geklont, die einerseits im gut charakterisierten *E. coli* System einzusetzen sind, andererseits jedoch in Hefen eingeschleust werden können. Da Hefen Eukaryonten sind, können wenigstens einige Posttranslations-Modifikationen auftreten, obgleich die Glycosilierung in den seltensten Fällen mit der entsprechenden Reaktion in höheren Organismen identisch ist. Die Einführung von korrekten Posttranslations-Modifikationen in Enzyme erfordert noch umfassende Grundlagenforschung. In ferner Zukunft könnte es möglich sein, in Kulturen von passenden Säugetierzellen zu klonen. Allerdings bestehen bei dieser Technik, wie schon angedeutet, noch Probleme.

Ein ausgezeichnetes Beispiel für den Einsatz von Klonierung in der Enzymtechnologie ist eine vor kurzem veröffentlichte Arbeit über Chymosin aus Kälbern. Mehrere Biotechnologiefirmen konnten über rekombinierte DNA erfolgreich Kalbschymosin aus *E. coli* gewinnen. Hier wurde ein beachtlicher Fortschritt erzielt, jedoch stellt ein Organismus der Darmflora, wie *E. coli*, keine ideale Quelle für Enzyme im Lebensmittelbereich dar. Vor kurzem meldete eine niederländische Firma, die Enzyme produziert, daß es gelungen sei, das Kalbschymosingen in die Hefe *Kluyveromyces* sp. einzuschleusen. Im Zusammenhang mit einem nur einstufigen Reinigungsprozeß sei die Aktivität des Extraktes den auf traditionelle Art und Weise dargestellten Chymosinpräparaten überlegen. Das Klonen in *Kluyveromyces* hat den großen Vorteil, daß dieser Organismus von den Behörden zum Einsatz in Lebensmitteln bereits freigegeben wurde und es daher kein größeres Hindernis zur Zulassung des geklonten Enzyms mehr geben sollte. Dieses Beispiel soll nur eines aus der anwachsenden Zahl von Enzymdarstellungen mittels Klonierung sein, die sich für einen industriellen Einsatz eignen.

2.6 Schlußbemerkungen

Bei der Entwicklung von industriell eingesetzten Enzymen lassen sich mehrere Stufen erkennen. Ursprünglich wurden die Präparate aus pflanzlichen oder tierischen Rohauszügen erhalten, wobei Mikroorganismen nur am Rande eingesetzt wurden. Das begrenze Angebot an passendem pflanzlichen und tierischen Material und steigende Nachfrage führten dazu, daß mikrobielle Enzyme in großem Maßstab eingesetzt wurden, wobei die gesamten Vorteile der Fermentationstechniken, wie z. B. problemlose Rohstoffversorgung, zum Tragen kamen. Außerdem wurden viele neuartige Enzymaktivitäten entdeckt. Viele der mikrobiellen Enzyme, vor allem diejenigen, die neue Reaktionen katalysierten, wie z. B. die alkalischen Proteasen, haben nun einen größeren Marktanteil. Jedoch weisen viele der mikrobiell dargestellten Enzyme, die eigentlich tierische oder pflanzliche Enzyme ersetzen sollten, wie z. B. die mikrobiellen Rennine, im Vergleich zu den ursprünglich eingesetzten Enzymen Nachteile auf. Mit der Klonierung von Genen kann hier ein Kompromiß eingegangen werden. Die ursprünglich verwendeten tierischen bzw. pflanzlichen Enzyme können dabei direkt aus Mikroorganismen gewonnen werden. Es ist zwar unwahrscheinlich, daß wesentlich mehr enzymproduzierende Mikroorganismen akzeptiert werden, jedoch kann die Genmanipulation für die Zukunft wohl viele neuartige Enzymaktivitäten erschließen.

3 Extraktion und Reinigung von Enzymen

3.1 Einleitung

Bei der Extraktion und Reinigung von Enzymen bietet sich ein paradoxes Bild. Jedes Enzym erfordert zwar ein eigenes Reinigungsverfahren, jedoch gibt es zur Abtrennung von Proteinen nur wenige Techniken. Viele Enzyme können in reinem oder beinahe reinem Zustand erhalten werden, wenn nacheinander mehrere Techniken eingesetzt und die Finessen, die in jeder Methode stecken, richtig ausgespielt werden. In diesem Kapitel sollen grundlegende Prinzipien der Enzymreinigung angesprochen und Meßmethoden zur Reinheitsgradbestimmung des Endproduktes angesprochen werden (Colowick und Kaplan, 1971; Scopes, 1982).

An diesem Punkt muß man sich die Frage stellen, inwieweit die Reinigung eines Enzyms überhaupt notwendig ist. In der Biochemie ist es schon beinahe ein Axiom, daß ein Enzym vor seiner Verwendung zuerst bis zur Homogenität aufgereinigt werden muß. Für viele biotechnologische Zwecke ist dies jedoch unnötig und viele Prozesse wären unwirtschaftlich, müßte das Enzym in reinem Zustand eingesetzt werden. Bei den meisten Anwendungen reicht es vermutlich aus, wenn keine der vorhandenen Fremdaktivitäten die am betreffenden Prozeß beteiligten Substrate, Produkte oder Enzyme beeinträchtigt. Einige pharmazeutische Anwendungen und Anwendungen in der klinischen Chemie erfordern jedoch eine Minimierung bzw. sogar einen Ausschluß unerwünschter Proteine, damit Nebenwirkungen vermieden werden.

Zur Proteinreinigung wurden sehr viele Strategien entwickelt. Einige Enzyme lassen sich auf mehrere Art und Weisen zufriedenstellend aufreinigen. Die Aufreinigung von Enzymen läßt sich, obwohl sie auf den ersten Blick komplex wirkt, auf eine Abfolge einiger einfacher Methoden reduzieren (Bonnerjea et al., 1986). Im folgenden soll zuerst die Extraktion und Reinigung im Labormaßstab behandelt werden. Anschließend wird der Scale-up dieses Prozesses beschrieben.

3.2 Die Extraktion von Enzymen

Zu allererst muß das enzymhaltige Gewebe in der richtigen Art und Weise extrahiert werden. Viele einfache hydrolytische Enzyme mikrobiellen Ursprungs werden in das Wachstumsmedium ausgeschieden. Der einzige Schritt zur Isolierung besteht dann darin, die Zellen durch Zentrifugieren abzutrennen. Diese Technik ist besonders bei grampositiven Bakterien, wie z. B. *Bacillus subtilis* (bildet die Protease Subtilisin) erfolgreich, nicht ganz so erfolgreich dagegen bei gramnegativen Organismen, wie z. B. *Klebsiella pneumoniae* (bildet die α-1,6-Glucosidase Pullulanase). Eine äußere Membran, wie sie bei den gramnegativen Organismen vorliegt, kann Komplikationen bzw. nur eine partielle Abgabe des Enzyms zur Folge haben.

Bei einigen eukaryontischen Mikroorganismen, wie z. B. der Hefe *Kluyveromyces marxianus*, ist das Enzym zwar an der Außenseite der Zellmembran lokalisiert, geht jedoch nicht in das Wachstumsmedium über. Die Freisetzung des Enzyms schließt häufig die partielle oder auch totale Zerstö rung der Zelle mit ein. So kann z. B. die von *K. marxianus* produzierte Inulinase (ein invertaseähnliches Enzym, das $\beta 2 \rightarrow 1$ Polyfructane, z. B. Inulin, abbaut) durch Autolyse der Zellen nach 14 h bei 50°C von der Hefe- Oberfläche freigesetzt werden.

Die Gewinnung von intrazellulären Enzymen aus Mikroorganismen kann noch größere Proleme machen. Intrazelluläre Enzyme können z. B. durch mechanisches Aufbrechen (z. B. French-Presse, Mahlen mit Aluminiumoxid), Ultraschallbehandlung, Behandlungen mit Detergentien oder auch durch osmotischen Schock freigesetzt werden. Allerdings ist der Enzymextrakt dann mit vielen anderen Zellkomponenten verunreinigt. Dies muß bei der Auswahl der nachfolgenden Reinigungsschritte berücksichtigt werden. Aufgelöste Zellen setzen vor allem große Mengen an Nucleinsäuren frei, so daß folglich einer der ersten Reinigungsschritte darin besteht, diese Verunreinigung zu beseitigen.

Die Enzymextraktion aus tierischem Gewebe bedient sich im großen und ganzen denselben Techniken wie die Extraktion intrazellulärer Enzyme aus Eukaryonten (z. B. Hefen). Die am häufigsten angewandte Technik besteht in der Homogenisierung des entsprechenden Gewebes in einem geeigneten Puffer. Als zweiter Schritt erfolgt häufig fraktioniertes Zentrifugieren. Dabei wird die entsprechende zelluläre Fraktion oder Organelle selektiert. Durch die Isolierung einer gewünschten Organelle wird unter Umständen bereits eine beträchtliche Reinigung des Enzyms erreicht. Im großen Maßstab wird dies allerdings unpraktikabel sein.

Die Enzymextraktion aus pflanzlichem Gewebe ist mit ganz anderen Problemen behaftet und die relativ kleine Anzahl solcher Enzyme spiegelt die damit verbundenen Schwierigkeiten wider. Die pflanzlichen Zellwände stellen für den Enzymologen eine ziemliche Herausforderung dar. Die Zerstörung der Zellwand erfordert so drastische Bedingungen, daß die gewünschten

Enzyme dabei häufig denaturiert werden. Weiterhin enthalten viele Pflanzen phenolische Komponenten. Diese werden in Gegenwart von molekularem Sauerstoff enzymatisch (Polyphenol Oxidasen) zu Produkten oxidiert, die ihrerseits viele Enzyme sehr schnell inaktivieren. Jedoch konnten bereits eine Reihe nützlicher Enzyme für biotechnologische Prozesse aus Pflanzen auf einfache Weise gewonnen werden, wie z. B. die Proteasen Bromelain (aus Ananas) und Papain (aus Papaya).

Sowohl der pH-Wert, als auch die Ionenstärke und die Zusammensetzung des Extraktionsmediums beeinflussen den Erfolg der Extraktion und der nachfolgenden Reinigungsschritte. Um die Denaturierung oder den Abbau des gewünschten Enzyms zu minimieren, wurden bei Extraktionpufferlösungen eine Vielzahl von Reagenzien (Tabelle 3.1) eingesetzt. Entsprechende Kombinationen werden normalerweise in einer Reihe von Pilotexperimenten ausgearbeitet. Beinahe immer muß für das Extraktionsmedium ein Kompromiß eingegangen werden.

Tabelle 3.1. Bestandteile von Extraktionspuffern*

Verbindungsklasse	Beispiele	Verwendungszweck
Thiole	Dithiothreitol	Schutz der Sulfhydrylgruppen am aktiven Zentrum vor Oxidation
Chelatbildner	EDTA EGTA	Chelatbindung von Kationen, vor allem von Schwermetallkationen. EGTA wirkt spezifisch auf Ca^{2+}
Detergentien	Tween 20	Solubilisierung von membrangebundenen Proteinen bzw. Zerstörung von Vesikeln
Substrate/Substrat analoga	Substrate Kompetitive Inhibitoren	Tragen zur Stabilisierung der Enzyme bei (z.B. Inaktivierung durch Wärmeeinwirkung oder extreme pH-Werte)
Adsorbentien	Polyvinyl-pyrollioden	Bindet reaktive Verbindungen; nützlich in Pflanzenextrakten
Inhibitoren	EDTA Alkylierende Reagentien	Schützen vor abbauenden Enzymen, wie Proteasen oder manchen Glycosidasen

* Für Extraktionspuffer sind oft nicht nur ein korrekter pH-Wert und Ionenstärke ausschlaggebend, sondern es sollte noch ein entsprechender Stabilisator zugegeben werden. Anstelle einer endlosen Aufzählung wird hier eine Auswahl möglicher Zusätze wiedergegeben. Nur wenige Reagenzien sind allgemein anwendbar; so würde z. B. eine Metallprotease durch EDTA inaktiviert, während Urease stabilisiert würde.

3.3 Die Reinigung von Enzymen

Das gewünschte Enzym ist typischerweise zu lediglich 0.01–1 % des Gesamtproteins im Extraktionsmedium enthalten. Daher besteht einer der ersten Reinigungsschritte darin, auf möglichst einfache Art und Weise den größten Teil des unerwünschten Proteins zu entfernen. Im Idealfall läßt sich hierbei ein spezielles Charakteristikum der Enzymstabilität unter ungünstigen Bedingungen ausnutzen.

3.3.1 Fraktionierung

Äußerst effektiv kann es sein, die Mischung zu erhitzen oder einen extremen pH-Wert einzustellen. So läßt sich z. B. aus Schweineherzen die Aspartat-Aminotransferase durch kurzes Erhitzen (20 min) der Extraktmischung auf 72°C in Gegenwart des Substrates 2-Oxoglutarat und Succinat als kompetitivem Inhibitor erhalten. Ohne das 2-Oxoglutarat und das Succinat geht bei diesem Schritt der größte Teil der Enzymaktivität verloren. Die Erklärung für diese Stabilitätserhöhung ist auf molekularer Ebene zu suchen. Ein Molekül Succinat kann mit zwei Argininresten Salzbrücken bilden und führt so auf effektive Weise eine Vernetzung ein, während das 2-Oxoglutarat die reversible Ausbildung einer kovalenten Bindung zwischen dem Coenzym Pyridoxalphosphat und dem Enzym induziert. Die Hyaluronidase, ein Enzym mit pharmazeutischer Bedeutung, ist ein weiteres Beispiel für eine erfolgreiche Fraktionierung. Sie läßt sich gut aus Rinderhoden mit Hilfe einer Mischung aus Essigsäure/Salzsäure, eingestellt auf einen pH-Wert von 2,1, extrahieren. Bei diesem Schritt wird die Mehrzahl der unerwünschten Proteine, einschließlich der in großem Ausmaß vorliegenden Verunreinigung an β-Glucuronidase, denaturiert und ausgefällt.

Die Ammoniumsulfat-Fraktionierung ist zu einer ersten Aufreinigung von Proteinen äußerst wirksam. Sie bietet den zusätzlichen Vorteil, daß das Probenvolumen, das auf dieser Stufe ein Problem darstellen kann, vermindert wird. Im Prinzip beruht diese Methode darauf, daß Ammoniumsulfat in hohen Konzentrationen die Fähigkeit besitzt, Wassermoleküle zu binden und so eine wirksame Solvatation der Proteine verhindern kann. Jedes Protein kann, unter speziell abgestimmten Bedingungen, innerhalb eines charakteristischen Ammoniumsulfat-Konzentrationsbereiches ausgefällt werden. Dabei spielen als Parameter der pH-Wert des Mediums, die Temperatur und die Proteinkonzentration eine Rolle. Diese Parameter sollten von Ansatz zu Ansatz so konstant wie möglich gehalten werden, um Reproduzierbarkeit zu gewährleisten. Sollte eine Ammoniumsulfat-Fraktionierung bei einem bestimmten pH-Wert nicht wie erwartet ausfallen, so bringt die Wiederholung bei einem anderen pH-Wert meist den gewünschten Erfolg.

Die Ammoniumsulfat-Fraktionierung hat zwei entscheidende Nachteile. Zum einen enthält Ammoniumsulfat Spuren an Schwermetallen, die aber ausreichend sein können, das Enzym zu inaktivieren. Dieses Problem kann jedoch mit Ammoniumsulfat hoher Reinheit (p.a.-Qualität) leicht umgangen werden. Zum anderen liegt in dem so erhaltenen Enzympräparat eine hohe Konzentration an Ammoniumsulfat vor. Dieses muß normalerweise vor dem nächsten Reinigungsschritt über Dialyse, Ultrafiltration oder Entsalzungssäulen entfernt werden.

Alternativ zur Ammoniumsulfat-Fraktionierung können Proteine mit organischen Lösungsmitteln, vor allem mit Aceton oder mit Alkoholen, fraktioniert werden. Es muß bei niedrigen Temperaturen ($< 0°C$) gearbeitet werden, da die meisten Enzyme sonst schnell denaturieren. Außerdem sind Aceton und Alkohole leicht entflammbar. Ihr Einsatz führte in Laboratorien bereits zu mehreren schweren Unfällen. Daher sollte aus Sicherheitsgründen unterhalb des Zündpunktes des jeweiligen Lösungsmittels gearbeitet werden. Die Verwendung von Lösungsmitteln hat über die Jahre an Beliebtheit verloren, obwohl einige besonders erfolgreiche Fraktionierungen auf dieser Methode basieren, so z. B. die Fraktionierung von Blutproteinen mit Ethanol, entwickelt von Cohn.

Bei der Reinigung intrazellulärer Enzyme bakteriellen Ursprungs ist es oft vorteilhaft, auf dieser Stufe die Nucleinsäuren zu entfernen. Die Nucleinsäuren lassen sich mit Protaminsulfat ausfällen, bzw. alternativ dazu an eine Anionenaustauschersäule (z. B. DEAE-Cellulose) binden. Das freie Enzym verbleibt dann in Lösung. Nach der Entfernung der Nucleinsäuren sticht besonders die wesentlich geringere Viskosität des Extraktes ins Auge.

3.3.2 Ionenaustauschchromatographie

Eine der wirkungsvollsten Reinigungsmethoden ist die Auftrennung der Proteine mit Hilfe der Ionenaustauschchromatographie, entsprechend ihrer Ladungscharakteristika. Ionenaustauscher bestehen aus einem im Prinzip inerten Polymer, üblicherweise Polystyrol oder Cellulose, das kovalent modifiziert wurde und entweder negativ oder positiv geladene Gruppen enthält (Tabelle 3.2). Bei den meisten Reinigungen werden bevorzugt Cellulose-Ionenaustauscher eingesetzt. Cellulose besitzt eine im Vergleich zu anderen Polymeren geringere Ladungsdichte und geht weniger unspezifische Wechselwirkungen mit den Proteinen ein, d.h. die Enzyminaktivierung ist minimiert. Ionenaustauscherharze können sowohl im Chargenbetrieb als auch in chromatographischen Säulen verwendet werden. Bei stark verunreinigten Proteinlösungen wird mit Vorliebe die diskontinuierliche Methode eingesetzt. Die Säulenmethode wird jedoch häufiger durchgeführt. Hiermit können auch komplexe Mischungen in einer späteren Reinigungsstufe aufgetrennt werden.

Die Proteine werden auf die Säule unter Bedingungen aufgebracht, die eine maximale Bindung garantieren. Anschließend werden sie selektiv eluiert, indem die ionische Umgebung verändert wird. So sind bei Verwendung

Tabelle 3.2. Struktur der Substituenten einiger Cellulose-Ionenaustauscher

Substitution	Struktur	pK-Werte (näherungsweise)
Anionenaustauscher		
Diethylaminoethyl (DEAE)	$R{-}O(CH_2)_2\ \overset{+}{N}H\ (CH_2CH_3)_2$	9,5
Triethylaminoethyl (TEAE)	$R{-}O(CH_2)_2\ \overset{+}{N}\ (CH_2CH_3)_3$	9,5
Diethyl-2-hydroxypropylaminoethyl (QAE)	$R{-}O(CH_2)_2\ \overset{+}{N}\ (CH_2CH_3)_2CH_2CHOHCH_3$	Stark basisch
ECTEOLA	Nicht definierte Amin-Mischung	7,5
Kationenaustauscher		
Carboxymethyl (CM)	$R{-}CH_2COO^-$	4,0
Phosphoryl (P)	$R{-}O{-}\overset{O^-}{\underset{O^-}{P}}{=}O$	1,5; 6,0

eines Kationenaustauschers, wie z. B. der CM-Cellulose, zur Bindung von Proteinen auf dem Harz eine niedrige Ionenstärke und ein pH-Wert von 5 ideal. Dieser pH-Wert stellt einerseits sicher, daß der Kationenaustauscher negativ geladen ist (ein typischer pK-Wert für Carboxymethylgruppen wäre ca. 4) und sich andererseits die Mehrzahl der Proteine unterhalb ihres isoelektrischen Punktes befindet, somit also positiv geladen und damit Polykationen sind. Die selektive Eluierung der Enzyme erfolgt entweder durch eine Erhöhung der Ionenstärke oder des pH-Wertes oder auch beider Parameter. Ein kontinuierlicher Gradient bewährt sich bei der Eluierung besser als eine stufenförmige Veränderung der Eluierungsbedingungen. Ersterer senkt die Gefahr von Artefaktbildung an den Eluierungsfronten.

Bei der Anionenaustauschchromatographie wird die rohe Proteinmischung bei niedriger Ionenstärke und einem pH-Wert von ca. 8 auf die Säule appliziert (DEAE-Cellulose besitzt einen pK-Werkt von ca. 9.5). Die schrittweise Eluierung der Enzyme erfolgt durch Erhöhung der Ionenstärke oder durch Absenken des pH-Wertes bzw. einer Kombination beider Methoden. Die Ionenaustauschchromatographie bietet weiterhin den Vorteil, daß die Nucleinsäuren an die DEAE-Cellulose gebunden werden können und so aus der Enzymlösung entfernt werden.

Ionenaustausch stellt häufig die erfolgreichste Reinigungsstufe dar. Die spezifische Aktivität steigt dabei deutlich, während gleichzeitig die Gesamtaktivität weitgehend erhalten bleibt. Um jedoch den höchstmöglichen Nutzen aus der Ionenaustauschchromatographie ziehen zu können, muß die rohe Enzymlösung in einem Puffer mit geringer Ionenstärke auf die Säule aufgebracht werden und zwar bevorzugt in dem Puffer, der bereits zur Gleichgewichtseinstellung der Säule eingesetzt wurde.

3.3.3 Chromatofokussierung

In der Chromatofokussierung steht eine nützliche und manchmal sehr wirkungsvolle Variante der Ionenaustauschchromatographie zur Verfügung. Hierbei werden die Proteine mit einem sorgfältig ausgewählten Puffer von der Ionenaustauschersäule eluiert; dabei findet, wie die Bezeichnung dieser Technik bereits impliziert, ein Fokussierungseffekt statt, wobei sich das Zielenzym aufkonzentriert. Bei der herkömmlichen Ionenaustauschchromatographie wird in einem ersten Schritt die Säule mit dem Puffer eluiert, der zur Gleichgewichts einstellung verwendet worden ist. Daran anschließend erfolgt eine entsprechende, graduelle Änderung der ionischen Bedingungen. Bei der Chromatofokussierung wird die Säule mit einem Puffer ins Gleichgewicht gebracht. Nachdem die Probe appliziert ist, wird mit einem zweiten Puffer bei einem anderen pH-Wert eluiert. Sind Zusammensetzung und Stärke des Eluierungspuffers mit der Austauschkapazität der Säule kompatibel, so baut sich aufgrund der Pufferkapazität des Harzes *in situ* ein linearer pH-Gradient auf. Dieser sich selbst einstellende pH-Gradient wirkt konzentrierend; Moleküle mit dem gleichen isoelektrischen Punkt reichern sich dort an. Diese Technik führt zu Trennungen mit hoher Auflösung, ist jedoch für die meisten Anwendungen im großen Maßstab zu teuer. Wegen des fokussierenden Effekts sind im Vergleich zur konventionellen Ionenaustauschtechnik allerdings wesentlich höhere Säulenbeladungen möglich.

3.3.4 Gelpermeationschromatographie

In einer der letzten Reinigungsstufen für ein Enzym wird häufig nach Molekülgrößen aufgetrennt. Dies kann bei den ersten Reinigungsstufen oft nicht geschehen, da bei dieser Technik der Probenumfang begrenzt ist. Für die Gelpermeation werden meist Perlen aus vernetzten Polysacchariden, wie z. B. Sephadex (auf Dextranbasis) oder Sepharose (auf Agarosebasis) verwendet. Die Methode beruht darauf, daß nur Moleküle bis zu einer bestimmten Größe in die Poren der gelösten Perlen eindringen können. Große Moleküle können dies nicht und werden mit der mobilen Phase (entspricht meist weniger als 40% des gesamten Säulenvolumens), schnell eluiert. Kleinere Moleküle, die in die Perlenporen eindringen können, wechseln in die stationäre Phase über und werden langsamer eluiert. Die Eluierung der Proteine von der Säule erfolgt daher in der Reihenfolge abnehmender Molekülgröße. Nimmt man für die Proteine annähernd eine kugelförmige Gestalt an, so läßt sich die Eluierungsfolge direkt mit dem Molgewicht korre lieren. Bei einiger Sorgfalt kann diese Methodik einen sehr guten Reinigungseffekt erzielen; dabei bleibt häufig die gesamte Enzymaktivität erhalten.

Obgleich die Gelpermeation mit Sephadex bzw. ähnlichen Materialien äußerst erfolgversprechend ist, müssen doch einige Nachteile in Betracht gezogen werden. Das Probenvolumen, das zum Gel zugegeben werden kann, ist im allgemeinen auf 1-2% des Gesamtvolumens der Säule beschränkt; mittels ziemlich einfacher Trennungen kann dieses Verhältnis verbessert werden. Sephadex und Sepharose neigen zum Zusammenbacken. Bei Erhöhung der Durchflußrate muß daher sorgfältig darauf geachtet werden, daß der empfohlene maximale hydrostatische Druck nicht überschritten wird. Weiterhin tendieren die Gele dazu, negative Ladung zurückzuhalten. Um Ionenaustauscheffekte zu unterbinden, ist es deshalb ratsam, einen Puffer mit einer Ionenstärke von mindestens 0.02 mol l^{-1} zu verwenden.

Mit alternativen Materialien wird dieses Problem umgangen. Beispiele hierfür wären Vinylpolymere (Fractogel), Gläser mit kontrollierter Porengröße oder auch Copolymere aus Allyldextran und Bisacrylamid (Sephacryl).

3.3.5 Affinitätschromatographie

Eine erst neuentwickelte Reinigungsmethode für Proteine ist die Affinitätschromatographie (Dean et al., 1985). Hierbei wird die spezifische Wechselwirkung zwischen einem Enzym und einem geeigneten immobilisierten Liganden ausgenutzt. Solch ein Ligand kann z. B. ein Substrat, ein Produkt, ein Coenzym, ein Inhibitor sein, oder es kann sich auch um andere Verbindungen, wie z. B. spezielle organische Farben handeln. Diese Methode ist bereits seit 1910 bekannt. Sie wurde ursprünglich zur selektiven Adsorption von Amylase an unlösliche Stärke eingesetzt. Da heute geeignete Matrizes und chemische Methoden zur Immobilisierung von Liganden zur Verfügung stehen, kann diese Technik als ausgereift angesehen werden.

Mit der Affinitätschromatographie sollte es bei idealen Bedingungen möglich sein, aus einer verunreinigten Proteinlösung beim Durchlaufen einer Säule (mit dem immobilisierten Liganden) nur das gewünschte Protein zurückzuhalten. In einem daran anschließenden Schritt könnte das Protein dann mit einer stark verdünnten Lösung eines Substrats, Coenzyms oder einer anderen geeigneten Verbindung eluiert werden. Inwieweit diese Idealvorstellung erreicht wird, ist stark vom Enzym und vom immobilisierten Liganden abhängig. Die Affinitätschromatographie führt dann zu den besten Ergebnissen, wenn die Dissoziationskonstante für die Wechselwirkung zwischen Ligand und freiem Enzym in der Größenordnung von 10^{-4} bis 10^{-8} mol l^{-1} liegt. Liegen die Dissoziationskonstanten außerhalb dieses Bereiches, wird das Enzym entweder nur schlecht an das Säulenmaterial adsorbiert oder mehr oder weniger irreversibel gebunden.

Die möglichen Variationen von Liganden und Enzymen, die sich für die Affinitätschromatographie eignen, sind enorm. Je spezifischer die Wechselwirkungen sind, desto besser ist der Erfolg dieser Technik. Jedoch erschwert diese breite Palette an Wechselwirkungen die Entwicklung kommerziell für einen breitgefächerten Einsatz geeigneter Matrizes für die Affinitätschromatographie. Für einen großen Maßstab sind viele Liganden, speziell einige der Coenzyme, auch zu teuer. Jedoch wurden bereits gruppenspezifische Matrizes für die Affinitätschromatographie entwickelt und mit bemerkenswertem Erfolg angewendet. So wird z. B. der Triazinfarbstoff Cibacron Blau F3G-A als Ligand bei der Isolierung von Enzymen eingesetzt, die an ein Adenosin-Nucleotid binden können, wie z. B. die Hydrogenasen und Kinasen. Die Spezifität dieses Farbstoffes für gewisse Enzyme wurde zufällig entdeckt, jedoch kann diese Beobachtung rückblickend mit den strukturellen Ähnlichkeiten zwischen Cibacron Blau F3G-A und NAD^+ erklärt werden (Abb. 3.1). Mit an Trägermaterialen gebundenem Cibacron Blau (z. B. Blau-Sepharose, Matrex Gel Blau A) konnten einige spektakuläre einstufige Reinigungen erzielt werden. So konnte die in Hefen wirksame Glucose-6-phosphat-Dehydrogenase, unter Erhalt von 60% der Gesamtaktivität, um das 4460fache aufgereinigt werden. Nachdem das Cibacron Blau F3G-A als

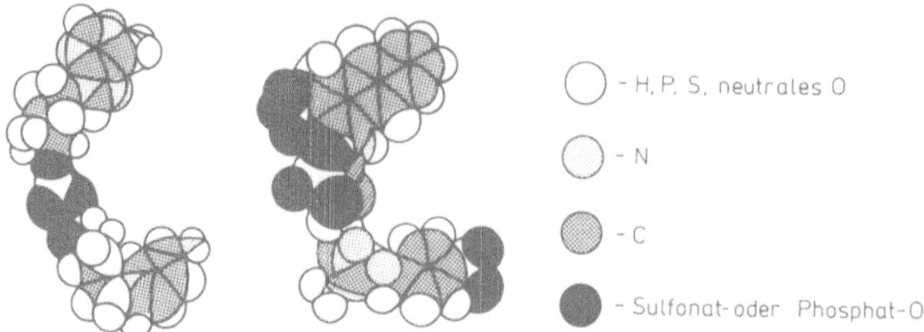

Abb. 3.1. Corey-Pauling-Koltin Strukturmodell von NAD^+ (*links*) und Cibacron Blau F3G-A (*rechts*) (©Amicon Corporation, 1980)

Affinitätsligand entdeckt worden war, wurden viele andere Farbstoffe auf ähnliche Eigenschaften hin überprüft. Derzeit stehen von verschiedenen Herstellern eine ganze Reihe solcher Produkte zur Verfügung. Eine allgemein gehaltene Affinitätschromatographie ist jedoch wesentlich weniger spezifisch als ein für ein ganz bestimmtes Problem ausgearbeites Verfahren.

Eine Modifikation der Affinitätschromatographie ist die Fraktionierung von Enzymen auf Immunoadsorbentien. Stehen für ein Enzym passende Antikörper zur Verfügung, so können diese an eine Matrix gekoppelt werden. Die starke Affinität zwischen dem Antikörper und dem Antigen (hier das Enzym) wird eine selektive Bindung des gewünschten Enzyms hervorrufen. Allerdings kann die Desorption Probleme aufwerfen. Häufig muß die Eluation des Enzyms unter ziemlich energischen Bedingungen erfolgen. Das Risiko der Denaturierung ist dabei immer vorhanden; idealerweise steht ein spezifisches Molekül, das kompetitiv an die Antikörperbindungsstelle binden kann, zur Verfügung. Typischerweise erfolgt die Desorption durch pH-Änderungen, durch Absenken der Pufferpolarität (z. B. Zugabe von Dioxan), durch den Einsatz von dissoziierenden Agenzien (z. B. Harnstoff) oder den Einsatz chaotroper Ionen (z. B. SCN^-). Das Enzym kann aber auch elektrophoretisch entfernt werden. Diese Modifikation der Affinitätschromatographie litt immer unter dem begrenzten Angebot an Antikörpern in reproduzierbarer Qualität. Seitdem monoklonale Antikörper zur Verfügung stehen, wächst jedoch das Potential dieser Methode (Chase, 1984). Trotz allem ist diese Enzym-Reinigungsmethode teuer und die Anwendungsgebiete sind deutlich eingeschränkt.

3.3.6 Hochdruck-Flüssigkeitschromatographie (HPLC)

Alle chromatographischen Techniken sind zeitaufwendig und müssen normalerweise bei 4°C ausgeführt werden, um die Gefahr der Enzyminaktivierung oder der Kontamination durch Mikroben zu reduzieren. Die Entwicklung neuer Packungsmaterialien für die Hochdruck-Flüssigkeitschromatographie

Tabelle 3.3. Vergleich zwischen Reinigungsmethoden für β-Galactosidase aus *Escherichia coli*.

Methode 1 (1965 veröffentlicht)	**Methode 2** (1971 veröffentlicht)
E. coli Zellen	*E. coli* Zellen
Abtrennung durch Zentrifugieren	Abtrennung durch Zentrifugieren
Aufbrechen mit Ultraschall	Aufbrechen mit Ultraschall
$(NH_4)_2SO_4$-Fraktionierung	$(NH_4)_2SO_4$-Fraktionierung
Chromatographie über Sephadex G-200	Affinitätschromatographie über Agarose-*p*-Aminophenyl-β-D-thiogalactosidase
$(NH_4)_2SO_4$-Fällung	
Chromatographie über DEAE Sephadex A-50	
Methode 3 (1978 veröffentlicht)	
E. coli Zellen	
Abtrennung durch Zentrifugieren	
Zerstörung durch Homogenisierung bei hohem Druck	
Wärmebehandlung	
$(NH_4)_2SO_4$-Fällung	

Ausbeute und Aktivitäten (genäherte Werte)

Methode	1	2	3
Verfahrensführung	diskontinuierlich	diskontinuierlich	semi-kontinuierlich
Spezifische Aktivität, mg^{-1}	340	320	132
Ausbeute	3 g	0,18 g	25 g h^{-1}

(HPLC) ermöglichte den Einsatz dieser Methode bei der Proteinreinigung (Waterfield, 1986). Es wurden Säulenpackungen für die Ionenaustauschchromatographie, die Chromatofokussierung, die Gelpermeations- und die Affinitätschromatographie entwickelt. Standardsäulen können bei Raumtemperatur innerhalb weniger als einer Stunde ca. 25 mg Protein fraktionieren. Damit lassen sich chromatographische Schritte, die vorher häufig über Nacht durchgeführt werden mußten, ersetzen. Die Auftrennung von Proteinen mittels HPLC befindet sich zwar noch im Entwicklungsstadium, sie wird für den Enzymologen jedoch zweifellos ein wichtiges Instrument werden. Derzeit sind Systeme für ein Probenvolumen von 10–20 Litern und mehreren Gramm Protein in Entwicklung (Dwyer, 1984). Für eine erfolgreiche Proteinreinigung müssen mehrere Techniken nacheinander eingesetzt werden. Ein typisches Beispiel ist die Reinigung von β-Galactosidase in Tabelle 3.3.

3.4 Reinigungen im großen Maßstab

Die meisten der oben beschriebenen Prinzipien lassen sich auf Reinigungsverfahren im großen Maßstab anpassen, müssen aber meist auf das jeweilige Problem abgestimmt werden (Dunnill, 1983). Technische Fragestellungen, wie z. B. Durchflußrate, Massen- oder Wärmetransfer, die im Labor ohne Bedeutung sind, werden beim Scale-up eines Verfahrens höchst wichtig. Diese Problemkreise engen den Enzymologen oft weiter ein.

Intrazelluläre Enzyme lassen sich auf mechanischem Wege nur mit Hilfe von Kugelmühlen oder Homogenisatoren freisetzen. In einer Kugelmühle wird das Gewebe in Gegenwart von Glaskugeln heftig hin und her bewegt. Dabei brechen die Zellen auf und das Enzym wird freigesetzt. Die Homogenisierung basiert auf der Zerkleinerungswirkung von rotierenden Klingen.

Auch das Zentrifugieren großer Volumina bringt Probleme mit sich. Hochgeschwindigkeitszentrifugen sind sehr unpraktisch, da bei den herrschenden hohen Gravitationskräften Geräte in industrieller Größenordnung sehr gefährlich werden. Zentrifugieren eignet sich daher nur zur Abtrennung großer Materialpartikel. Hierfür gibt es viele unterschiedliche Zentrifugenanordnungen, wie z. B. Düsen- oder Tellerseparatoren. Die Probe kann auch mittels Filtration durch ein Filterhilfsmittel, wie z. B. Celite, aufgetrennt werden.

Dialyse und Aufkonzentrieren von verdünnten Enzymlösungen werden am besten mit einer Ultrafiltrationsanlage durchgeführt (Kroner et al., 1984b). Mit einer geeigneten Membran kann über diese Technik auch eine grobe Trennung der Proteine auf Basis ihrer Molmassen erreicht werden. Diese Technologie ist bereits gut ausgetestet, wenn auch manchmal Probleme mit der Minimierung der Konzentrationspolarisation auftreten. Dieses Phänomen beruht darauf, daß sich an der Membranoberfläche eine hohe Proteinkonzentration ausbildet und in Folge davon die Durchflußrate abgesenkt ist.

Sehr nutzbringend für die Wiedergewinnung und Reinigung von Enzymen in großem Maßstab könnte die Flüssigkeitsextraktion in wäßrigen Systemen sein (Kroner et al., 1984a). Das zweiphasige System wird hierbei typischerweise mit verschiedenen Verhältnissen an Polyethylenglycol/Kaliumphosphat bzw. Polyethylenglycol/Rohdextran erzeugt. Zellstücke, Proteinverunreinigungen, Nucleinsäuren und Polysaccharide können so ohne Zentrifugieren oder Filtrieren abgetrennt werden. Manchmal kann die wäßrige Extraktion chromatographische Schritte, wie z. B. Gelpermeation oder Ionenaustausch ersetzen, jedoch muß das Enzym anschließend stets noch aufkonzentriert werden. Auch ist Dextran sehr teuer.

Der Scale-up verschiedener chromatographischer Methoden, wie z. B. der Ionenaustausch- oder der Gelpermeationschromatographie sollte eigentlich relativ einfach möglich sein. Es sind zwar einige erfolgreiche Beispiele bekannt, jedoch bringt ein Scale-up viele Probleme mit sich; nicht zu unterschätzen ist die Sicherstellung einer konstanten Fließgeschwindigkeit in der Säule. Mehrere Hersteller von Chromatographiemedien unterhalten einen technischen Service und bieten eine geeignete Ausrüstung zum Scale-up an. Alternativ zur Säulenchromatographie sollte der Einsatz von diskontinuierlichen Verfahren in Rührkesseln in Betracht gezogen werden.

Für einen Scale-up lassen sich schlecht allgemeine Richtlinien angeben, da jeder Prozeß seine eigenen Probleme hat. Jedoch können die meisten Techniken zur Proteinreinigung in der einen oder anderen Weise an die Produktion im großen Maßstab angepaßt werden. Die in Tabelle 3.3 aufgelisteten Daten veranschaulichen die Reinigung eines Enzyms im großen Maßstab.

3.5 Enzymspezifikation

Enzyme für einen kommerziellen Einsatz müssen bestimmte Spezifikationen erfüllen. Im einzelnen sind die Enzymquellen und der Einsatz von Enzymen in der Lebensmittelindustrie und in der pharmazeutischen Industrie strengen Regelungen unterworfen. Weiterhin gelten in verschiedenen Ländern eigene Gesetze, die sich teilweise gegenseitig widersprechen.

Zur Herstellung relativ unreiner Enzympräparate kann es genügen, die Quelle zu spezifizieren und ein Minimum an spezifischer Aktivität zu garantieren. Weiterhin ist es oft hilfreich, die Aktivitäten der Fremdproteine zu kennen, die vielleicht beim angestrebten Verfahren stören könnten. Natürlich bieten die meisten Hersteller wesentlich mehr Daten als diese Minimalspezifikationen an.

Für pharmazeutische Zwecke müssen Enzyme weit mehr Spezifikationen erfüllen. Soll ein Enzym z. B. intravenös appliziert werden, darf keine der Verunreinigungen toxisch sein. Daher fordern die Überwachungsbehörden, daß ein solches Enzym nicht nur eine Mindestaktivität aufweist, sondern auch eine ganze Reihe anderer Testkriterien erfüllt. Ein Enzym, das intravenös injiziert werden soll, muß wenigstens bakteriologisch steril und frei von Pyrogenen und Proteinen (wie z. B. Albumin) sein, die einen anaphylaktischen Schock auslösen können.

Soll das Protein „rein" sein, so gibt es zum Nachweis von Verunreinigungen mit anderen Proteinen viele analytische Methoden. Ist z. B. nach der

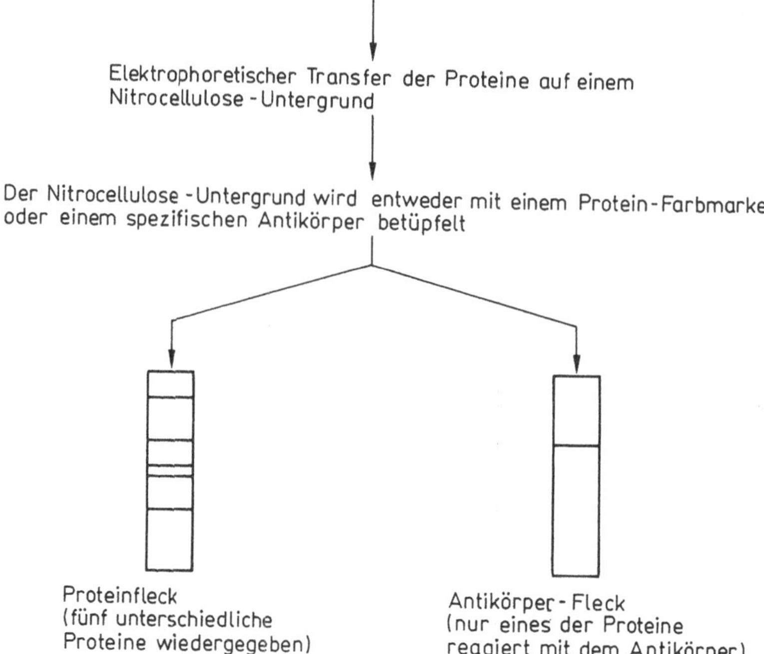

Abb. 3.2. Die Funktionsweise des „Western blottings".

Elektrophorese unter reduzierenden Bedingungen auf Polyacrylamid-Gelen, die Natriumdodecylsulfat enthalten, nur noch ein Proteinbande zu erkennen, so liegt meist ein reines Protein vor. Wenn Antikörper zur Verfügung stehen, kann mittels „Western blotting" (Abb. 3.2) gezeigt werden, daß die Proteinbande mit der des gewünschten Enzyms übereinstimmt. Eine weitere Methode zum Nachweis der Enzymreinheit ist die isoelektrische Fokussierung. Ein 100%iger Nachweis zur Reinheit eines Enzyms ist allerdings nicht möglich und den analytischen Techniken sollte nicht blindlings Glauben geschenkt werden.

Die Spezifikationen für ein Enzym hängen sowohl von Verfahrensanforderungen als auch von gesetzlichen Einschränkungen ab. So macht es wenig Sinn, einen exotischen Prozeß auszuarbeiten, wenn keine realistische Aussicht besteht, daß die Aufsichtsbehörden die Verwendung des vorgesehenen Enzympräparates auch genehmigen werden. Sogar wenn dies der Fall sein sollte, kann der Kostenaufwand für die behördliche Genehmigung, oft dazu noch in jedem Land von Neuem, abschreckend hoch und letztlich der entscheidenden Faktor bei der wirtschaftlichen Beurteilung der Verfahrensentwicklung sein.

3.6 Schlußbemerkungen

Die Enzymreinigung beruht im wesentlichen immer noch auf praktischen Erfahrungen und auf Austesten. Auf Sachkenntnis gestützte Vermutungen und gut überlegte Kombinationen der einzelnen Techniken können zwar hilfreich sein, sie können jedoch praktische Arbeiten nicht ersetzen. Alle Reinigungsverfahren bilden einen Kompromiß zwischen der Gesamtausbeute an Enzym und dem Erhalt einer möglichst hohen spezifischen Aktivität; für die meisten biotechnologischen Anwendungen wiegt das erstere Kriterium mehr. Vor allem muß die Enyzmstabilität während des Reinigungsprozesses erhalten bleiben. Vorsichtige Handhabung des Materials und niedrige Arbeitstemperaturen können die Ausbeute verbessern.

4 Reaktionsskinetik und Reaktorkonstruktion

4.1 Einführung

Über kinetische Untersuchungen hinaus steht zur Untersuchung von Struktur und Funktion von Enzymen mittlerweile eine Vielzahl komplexer mechanistischer Modelle zur Verfügung (Fersht, 1977). Soll das Enzym im Hinblick auf eine technologische Anwendung charakterisiert werden, so ist häufig lediglich die Enzymaktivität und keine detaillierte kinetische Untersuchung interessant. Zur Prüfung, ob sich ein Enzymkatalysator für den Einsatz im industriellen Maßstab eignet, sind drei Kriterien wichtig:

(1) Die Reaktionsgeschwindigkeit (katalytische Aktivität)
(2) Der Umsetzungsgrad (Gleichgewichtskonstante)
(3) Die Nutzungsdauer der entsprechenden Aktivität (Stabilität)

Die relative Bedeutung dieser Kriterien hängt von der angestrebten Anwendung ab. So muß z. B. das Enzym für einen Sensor stabil sein, der Umsetzungsgrad für die katalysierte Reaktion spielt hingegen kaum eine Rolle. Bei einer Produktion sind dagegen alle drei Faktoren zu bedenken. Zusätzlich zu den drei Punkten sind immer die Kosten zu beachten.

4.2 Reaktionsgeschwindigkeit

Als Katalysatoren beschleunigen Enzyme Reaktionen, werden aber ihrerseits nicht irreversibel modifiziert. Die Reaktionsbeschleunigung resultiert aus einer Absenkung der Aktivierungsenergie für die Reaktion. Auf einfache Art und Weise kann dies so erklärt werden, daß der Reaktant an einem „aktiven Zentrum" an das Enzym gebunden wird und einen metastabilen Komplex ausbildet (Palmer, 1981). Die Aktivierungsenergie, die für die Umsetzung dieses Komplexes aufgebracht werden muß, ist beträchtlich kleiner als für den Reaktanten alleine. Beruhend auf diesem einfachen Konzept, könnte eine Reaktion wie folgt vor sich gehen:

$$\begin{array}{ccccccccc} \text{Enzym} & + & \text{Reaktant} & \rightleftharpoons & \text{Komplex} & \rightarrow & \text{Enzym} & + & \text{Produkt} \\ [E] & & [R] & & [ER] & & [E] & & [P] \end{array}$$

Die Komplexbildung wird als reversibel angenommen, da der Komplex einen ähnlichen Energiezustand aufweist, wie die Enzym-Reaktant Mischung. Der sich daran anschließende Abbau des Komplexes zu den Produkten ist exotherm; dieser Schritt ist oft irreversibel. Die Geschwindigkeitsgleichung für diesen Reaktionstyp wird häufig unter der Annahme eines stationären Fließgleichgewichtes aufgestellt, d. h., die Komplexkonzentration bleibt konstant.

$$[E] + [R] \underset{k_{-1}}{\overset{k_1}{\rightleftharpoons}} [ER] \xrightarrow{k_2} [E] + [P]$$

Unter den Bedingungen für ein stationäres Fließgleichgewicht ergibt sich der folgende Ausdruck:

Bildung Zerfall

$$\frac{\mathrm{d}[ER]}{\mathrm{d}t} = k_1\,[E]\,[R] - (k_{-1} + k_2)\,[ER] = 0$$

Daher gilt

$$k_1\,[E]\,[R] = (k_{-1} + k_2)\,[ER]$$

Damit diese Annahme exakt ist, muß die Reaktionsgeschwindigkeit linear mit der Zeit verlaufen. Sie wird daher normalerweise möglichst nahe der Reaktionszeit „null" gemessen, noch ehe sich die Reaktantenkonzentrationen nennenswert verändert hat.

Die obige Gleichung kann umgeformt werden zu:

$$\frac{[E]\,[R]}{[ER]} = \frac{(k_{-1} + k_2)}{k_1} = K_\mathrm{m} \tag{4.1}$$

wobei K_m die Michaelis-Konstante genannt wird.

Das Massenwirkungsgesetz fordert, daß die Gesamtkonzentration ($[E_0]$) des Enzyms unverändert bleibt.

$$[E_0] = [ER] + [E]$$

Daraus ergibt sich durch Umstellung

$$[E] = [E_0] - [ER] \tag{4.2}$$

Substituiert man $[E]$ in Gleichung (4.1) und stellt um, so erhält man

$$[ER] = \frac{[E_0]\,[R]}{K_\mathrm{m} + [R]} \tag{4.3}$$

Die Dimensionen in diesem Ausdruck entsprechen Konzentrationen. Die Geschwindigkeitskonstante k_2 ist erster Ordnung und besitzt die Dimension Zeit^{-1}. Werden in (4.3) beide Seiten der Gleichung mit k_2 multipliziert, so erhält man den Verlauf der Produktkonzentration als Funktion der Zeit in Relation zur maximal möglichen Geschwindigkeit, zur Michaelis-Konstanten und zur Konzentration der Reaktanten.

$$\frac{\mathrm{d}P}{\mathrm{d}t} = k_2\,[ER] = \frac{k_2\,[E_0]\,[R]}{K_\mathrm{m} + [R]}$$

Die obige Gleichung wird normalerweise wie folgt formuliert

$$v = \frac{V_\mathrm{max}\,[R]}{K_\mathrm{m} + [R]} \quad \text{(Michaelis – Menten – Gleichung)} \tag{4.4}$$

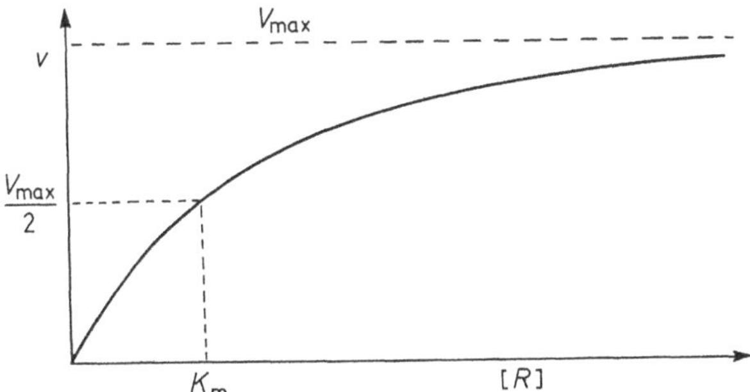

Abb. 4.1. Abhängigkeit der Reaktionsgeschwindigkeit einer enzymkatalysierten Reaktion von der Reaktantenkonzentration.

Um die Güte eines enzymatisch arbeitenden Systems vorhersagen zu können, müssen also für das jeweilige Enzym V_max und K_m bestimmt werden. Dies kann über die Messung der Reaktionsgeschwindigkeiten bei mehreren Reaktanten-Konzentrationen erfolgen (Abb. 4.1). Algebraisch läßt sich zeigen, daß die Reaktionsgeschwindigkeit die Hälfte von V_max beträgt, wenn die Reaktantenkonzentration gleich K_m ist. Ist $[R]$ wesentlich kleiner als K_m, so kann (4.4) vereinfacht werden zu

$$v = \frac{V_\mathrm{max}\,[R]}{K_\mathrm{m}} \quad \text{d. h. erster Ordnung, da } K_\mathrm{m} + [R] \simeq K_\mathrm{m}$$

Ist $[R]$ dagegen wesentlich größer als K_m, so läßt sich Gleichung (4.4) vereinfachen zu

$$v = \frac{V_{max}\,[R]}{[R]} \qquad \text{d. h. nullter Ordnung}$$

4.2.1 Bestimmung der kinetischen Konstanten

Der hyperbolische Verlauf der Auftragung von v gegen $[R]$ erschwert die einfache graphische Bestimmung der Konstanten. Es besteht auch stets die Tendenz, V_{max} als zu gering einzuschätzen. Diese Auftragung zeigt jedoch, daß es wichtig ist, mit mehreren Konzentrationen, die sowohl oberhalb als auch unterhalb von K_m liegen, zu arbeiten, damit nicht nur nur Daten erster Ordnung bzw. nur Daten nullter Ordnung erhalten werden. Die graphische Bestimmung der kinetischen Konstanten erfolgt meist in einer doppelt reziproken Auftragung. Hierfür werden auf beiden Seiten der Gleichung (4.4) die reziproken Werte gebildet:

$$\frac{1}{v} = \frac{K_m}{V_{max}} \cdot \frac{1}{[R]} + \frac{1}{V_{max}}$$

Trägt man $1/v$ gegen $1/[R]$ auf, so erhält man eine Gerade; beide Konstanten können durch Extrapolation bestimmt werden. Indem man die reziproken Werte heranzieht, bekommen die Geschwindigkeiten, die bei niedrigen Reaktantenkonzentrationen gemessen werden, die größte Bedeutung. Allerdings sind diese Meßpunkte auch mit dem größten experimentellen Fehler behaftet (Abb.4.2) (Eisenthal und Wharton, 1981).

In der Literatur sind auch andere Auftragungsmöglichkeiten beschrieben, jedoch leiden die meisten darunter, daß die Ergebnisse durch gewisse Willkürlichkeiten beeinflußt sein können. Eine Möglichkeit, die diese Unwägbarkeiten offensichtlich vermeidet, ist die direkte lineare Auftragung (Eisenthal und Cornish-Bowden, 1974). Sie basiert darauf, daß V_{max} und K_m als Variable behandelt werden und $[R]$ und v als experimentell bestimmte Konstanten.

Die Gleichung (4.4) kann für jedes unabhängig gemessene Wertepaar $[R_1]$ und v_1 folgendermaßen umgestellt werden

$$V_{max} = \frac{v_1 \cdot K_m}{[R_1]} + v_1$$

Dieser Ausdruck ist für jedes Wertepaar $[R]$ und v erfüllt. Daher gilt:

$$\frac{v_1 \cdot K_m}{[R_1]} + v_1 = \frac{v_2 \cdot K_m}{[R_2]} + v_2$$

Die Auflösung nach K_m ergibt

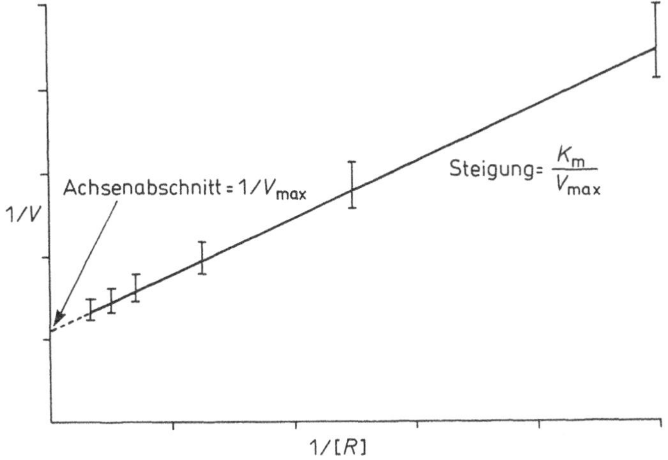

Abb. 4.2. Doppelt reziproke Auftragung. Die Fehlerbalken geben die Auswirkungen eines Meßfehlers von ±10% auf die Bestimmung von v wieder.

$$K_m = \frac{(v_2 - v_1)}{\left(\frac{v_1}{[R_1]} - \frac{v_2}{[R_2]}\right)}$$

Ein ähnlicher Ansatz erfolgt für V_{max}.

$$K_m = V_{max}\,\frac{[R_1]}{v_1} - [R_1] = V_{max}\,\frac{[R_2]}{v_2} - [R_2]$$

Die Auflösung nach V_{max} ergibt

$$V_{max} = \frac{([R_2] - [R_1])}{\left(\frac{[R_2]}{v_2} - \frac{[R_1]}{v_1}\right)}$$

V_{max} und K_m lassen sich aus jedem gemessenen Wertepaar berechnen. Abschließend wird mittels eines Computers oder einer einfachen Auftragung (Abb. 4.3) der Mittelwert gebildet. Zur graphischen Mittelwertbildung wird $-[R_1]$ mit v_1 durch eine Gerade, die in den ersten Quadranten hinein verlängert wird, verbunden. Dieser Vorgang wird mit den restlichen Daten wiederholt, also z. B. $-[R_2]$, v_2; $-[R_3]$, v_3. Würden die Daten keine Meßfehler beinhalten, so würden sich alle Geraden in einem einzigen Punkt schneiden. K_m und V_{max} ergeben sich direkt aus dessen Koordinaten. Normalerweise erhält man mehr als einen Kreuzungspunkt. Dann müssen zur Abschätzung für K_m und V_{max} die Mittelwerte für die Koordinaten herangezogen werden. Die Anzahl der möglichen Kreuzungspunkte ergibt sich aus folgendem Zusammenhang:

Anzahl der Kreuzungspunkte = $(n/2) \times (n-1)$

wobei n = Anzahl der gemessenen Wertepaare.

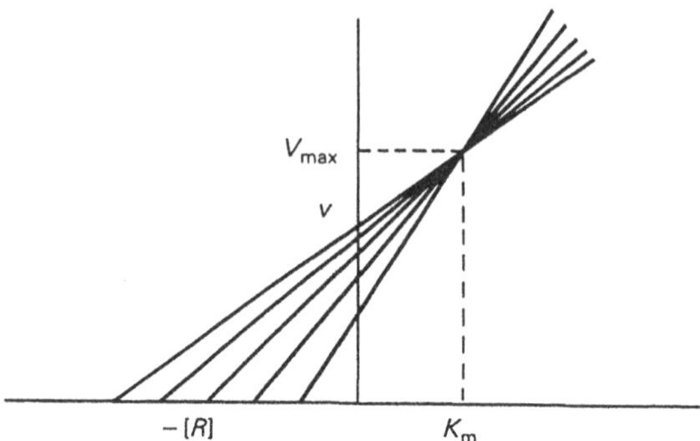

Abb. 4.3. Graphische Darstellung der direkten linearen Auftragungsmethode.

Der einfachste Fall einer Enzymkinetik ist die irreversible Reaktion mit nur einem Reaktanten. In der Praxis jedoch kann die Reaktion durch Hemmstoffe (Inhibitoren), die mit dem Enzym einen inaktiven Komplex bilden, beeinflußt sein. Bei vielen technologischen Anwendungen werden die Probleme mit der Enzymhemmung dadurch vermieden, daß die Anzahl der Komponenten im Zulaufstrom beschränkt wird. Zwei Arten von Hemmung lassen sich auf diese Weise jedoch nicht vermeiden und zwar sind dies Hemmungen, die auf hohen Reaktanten- bzw. Produktkonzentrationen beruhen. Hierbei handelt es sich um enzymspezifische Probleme. Im ersten Fall führt eine erhöhte Reaktantenkonzentration zur Bindung eines zweiten Reaktantenmoleküls an das Enzym.

$$\begin{array}{ccccc} [E]+[R] & \rightleftharpoons & [ER] & \rightarrow & [E]+[P] \\ & & \uparrow\downarrow\ [R] & & \\ & & [ERR] & & \end{array}$$

Dieser Vorgang wird als *nichtkompetitive Hemmung* bezeichnet und führt zu einer Geschwindigkeitsgleichung der Form

$$v = \frac{V_{max}\,[R]}{[R]\left(\dfrac{1+[R]}{K_i}\right)+K_m} \tag{4.5}$$

wobei $K_i = [ER]\,[R]\,/\,[ERR]$.

Bei der Produkthemmung ähneln sich meist die Struktur des hemmenden Produktmoleküls und die des Reaktanten, so daß die beiden Moleküle um das aktive Zentrum am Enzym konkurrieren.

$$[ER]+[R] \rightleftharpoons [ER] \rightarrow [E]+[P]$$

$$\uparrow\downarrow\ [P]$$

$$[EP]$$

Dieses Verhalten führt zu folgendem Ausdruck

$$v = \frac{V_{\mathrm{max}}\,[R]}{[R]+K_{\mathrm{m}}\left(\dfrac{1+[P]}{K_{\mathrm{i}}}\right)} \tag{4.6}$$

wobei $K_i = [E]\,[P]\,/\,[EP]$.

Liegt eine Reaktanteninhibierung vor, lassen sich die Auswirkungen aus einer Auftragung von v gegen $[R]$ deutlich erkennen (Abb. 4.4).

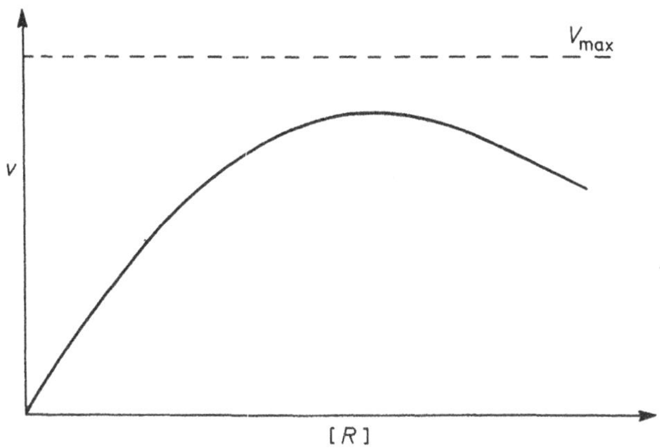

Abb. 4.4. Die Auswirkungen einer Reaktanteninhibierung auf die Reaktionsgeschwindigkeit einer enzymkatalysierten Reaktion.

Liegt eine Produkthemmung vor, so muß die Reaktionsgeschwindigkeit zu einem Zeitpunkt gemessen werden, bei dem bereits eine beträchtliche Produktkonzentration vorliegt. Werden nur die Anfangsgeschwindigkeiten gemessen, läßt sich eine Produkthemmung normalerweise nicht erkennen, da unter diesen Bedingungen noch keine genügend hohe Produktkonzentration vorliegt. Zur Bestimmung der Enzymaktivität muß der Konzentrationsbereich in der Nähe von K_m abgedeckt werden. Für ein neues Enzym, dessen Eigenschaften noch unbekannt sind, muß dieser Bereich möglicherweise anhand mehrerer Versuche ermittelt werden. Ist K_m bekannt, so liegt der zu untersuchende Meßbereich häufig im Bereich 0.5–5 K_m. Der untere Wert wird von der Meßgenauigkeit für die Reaktanten- und Produktkonzentration bestimmt. In diesem Bereich, hier gilt ein Geschwindigkeitsgesetz erster Ordnung, wirken sich kleine Fehler bei $[R]$ auf v stark aus. Die Obergrenze ergibt sich aus den Kosten für die Reaktanten und aus Problemen mit der unspezifischen Hemmung. Für jede Hemmung lassen sich aus einer Reihe von Experimenten bei unterschiedlichen Hemmstoffkonzentrationen Hemmungswerte für K_i aus den vorliegenden Werten für V_{max} und K_m, berechnen. Der Zusammenhang zwischen den experimentellen Konstanten und der Hemmstoffkonzentration kann zur Bestimmung der wahren Konstanten herangezogen werden (Palmer, 1981).

4.2.2 Temperatur- und pH-Abhängigkeit

In der Michaelis-Menten Gleichung wird die Geschwindigkeit einer enzymkatalysierten Reaktion als das Produkt

$$k_2\,[ER]$$

dargestellt. Die Reaktionsgeschwindigkeit wird also von der Konzentration an $[ER]$ und von k_2 bestimmt. In einer einfachen Näherung läßt sich die Temperaturabhängigkeit der Reaktionsgeschwindigkeit einer enzymkatalysierten Reaktion anhand der Änderung von k_2 beschreiben. Wie bei einfachen chemischen Reaktionen kann die Temperaturabhängigkeit von k_2 mit Hilfe der Arrheniusgleichung angegeben werden (Morris, 1974):

$$k_2 = A \exp(-E\,/\,RT) \qquad (4.7)$$

wobei
A = Arrheniuskonstante
E = Aktivierungsenergie
R = Gaskonstante
T = Temperatur

Sind A und E bekannt, so läßt sich k_2 für eine gegebene Temperatur berechnen. Eine andere Möglichkeit besteht darin, V_{max} unter sonst identischen Bedingungen bei zwei Temperaturen zu messen und mit den so erhaltenen Werten die Konstanten A und E zu berechnen. Logarithmiert man beide Seiten der Gleichung (4.7), so ergibt sich

$$\ln k_2 = \ln A - \frac{E}{RT}$$

Es gilt

$$\ln V_{\max^2} = \ln A - \frac{E}{RT^2}$$

$$\ln V_{\max^1} = \ln A - \frac{E}{RT^1}$$

Subtrahiert man die beiden Gleichungen, so ergibt sich

$$\ln \frac{V_{\max^2}}{V_{\max^1}} = \ln \frac{k_2^2\,[E_0]}{k_2^1\,[E_0]} = -\frac{E}{R}\left(\frac{T^1 - T^2}{T^1 T^2}\right) \tag{4.8}$$

Die Genauigkeit der Ergebnisse nimmt in der Praxis zu, wenn das Experiment bei mehreren Temperaturen durchgeführt und $\ln(V_{\max})$ gegen 1/T aufgetragen wird. Die Arrheniusbeziehung gilt für Enzyme in einem beschränkten Temperaturbereich. Die begrenzte thermische Stabilität der Enzyme führt bei erhöhten Temperaturen zur Inaktivierung. Der Graph von $V_{\max}$ in einem größeren Temperaturbereich zeigt einen Verlauf, wie ihn Abb. 4.5 wiedergibt. Aus dem Verlauf des Graphen kann man allerdings nicht schließen, daß ein eindeutiges Temperaturoptimum existiert. Die Auswahl der Arbeitsbedingungen bedeutet immer einen Kompromiß zwischen einer möglichst hohen Reaktionsgeschwindigkeit und einer gewissen Mindeststabilität.

Die hier gegebene einfache Abschätzung des Temperatureinflusses auf $V_{\max}$ gilt häufig. Betrachtet man Gleichung (4.1), so läßt sich ein Zusammenhang zwischen K_m und k_2 erkennen. Aus dieser Formel ist klar ersichtlich, daß Enzyme, bei denen sich die Größe von k_{-1} an k_2 annähert, in K_m ebenfalls eine Temperaturabhängigkeit zeigen. Der pH-Einfluß auf die Enzymaktivität hat seine Ursache darin, daß die funktionellen Gruppen im aktiven Zentrum für den Reaktionsfortgang im richtigen Ionisationszustand vorliegen müssen. Ähnliches gilt für den Ionisationszustand der Reaktanten. Häufig wird der optimale pH aus der Auftragung $V_{\max}$ gegen den pH-Wert ermittelt (Abb. 4.6). Die Michaeliskonstante K_m und damit die Anfangsgeschwindigkeit muß nicht der gleichen pH-Abhängigkeit folgen.

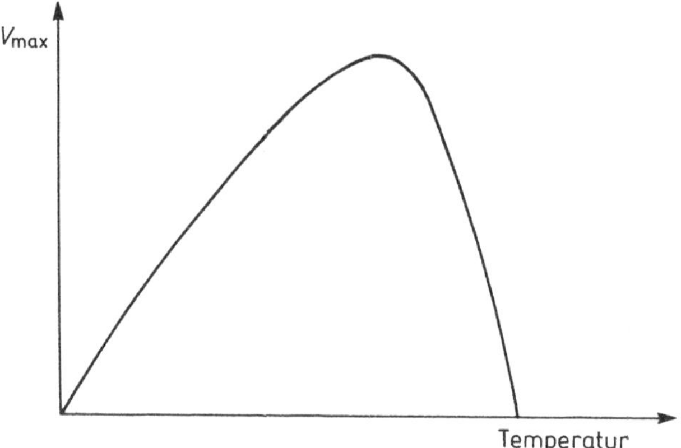

Abb. 4.5. Temperaturabhängigkeit von Enzymaktivitäten (dieser Verlauf ist typisch für einen Temperaturbereich zwischen 0 und 100 °C).

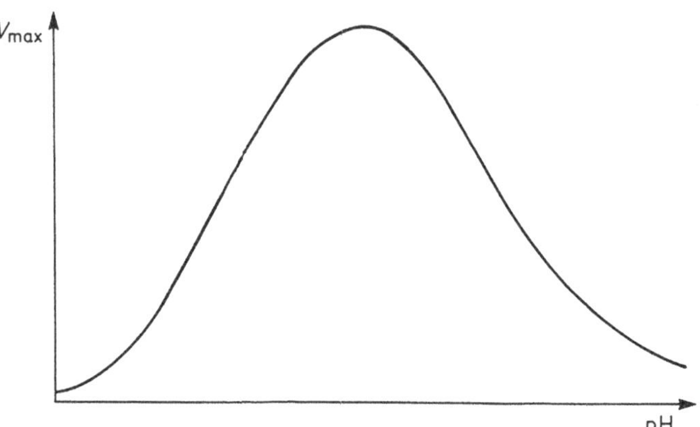

Abb. 4.6. pH-Abhängigkeit von Enzymaktivitäten.

4.3 Reaktionsumsatz

In der Praxis verlaufen nicht alle enzymkatalysierten Reaktionen irreversibel. Daher muß manchmal die Gleichgewichtslage der Reaktion bestimmt werden. Betrachtet man eine reversible Reaktion, die über einen Komplex als Zwischenstufe verläuft, so erhält man

$$[E] + [R] \underset{k_{-1}}{\overset{k_1}{\rightleftharpoons}} [ER] \underset{k_{-2}}{\overset{k_2}{\rightleftharpoons}} [E] + [P]$$

Im Gleichgewicht sind Hin- und Rückgeschwindigkeit gleich groß, es gilt daher

$$k_1\,[E]\,[R] = k_{-1}\,[ER]$$

$$k_{-2}\,[E]\,[P] = k_2\,[ER]$$

Die Umstellung führt zu

$$\frac{[ER]}{[E]} = \frac{k_1}{k_{-1}}\,[R] = \frac{k_{-2}}{k_2}\,[P]$$

Die Gleichgewichtskonstante $K_{\mathrm{GGW}} =$

$$\frac{[P]}{[R]} = \frac{k_1\,k_2}{k_{-1}\,k_{-2}}$$

Die einzelnen Geschwindigkeitskonstanten sind schwer zu bestimmen. Die Gleichgewichtskonstante wird daher für beide Richtungen als Funktion von V_{max} und K_{m} formuliert.

Hinreaktion	Rückreaktion
$V_{\mathrm{max}}(\mathrm{h}) = k_2\,[E_0]$	$V_{\mathrm{max}}(\mathrm{r}) = k_{-1}\,[E_0]$

Es gilt

$$\frac{V_{\mathrm{max}}(\mathrm{h})}{V_{\mathrm{max}}(\mathrm{r})} = \frac{k_2\,[E_0]}{k_{-1}\,[E_0]}$$

Da gilt

$$K_{\mathrm{m}}(\mathrm{h}) = \frac{k_{-1} + k_2}{k_1}$$

und

$$K_{\mathrm{m}}(\mathrm{r}) = \frac{k_1 + k_2}{k_{-2}}$$

gilt auch

$$\frac{K_m\,(\mathrm{h})}{K_{\mathrm{m}}(\mathrm{r})} = \frac{(k_2 + k_{-1}) \cdot k_1}{k_{-2} \cdot (k_2 + k_{-1})}$$

Daraus ergibt sich die Haldane-Beziehung

$$K_{\mathrm{GGW}} = \frac{V_{\mathrm{max}}(\mathrm{h})\,K_{\mathrm{m}}(\mathrm{r})}{V_{\mathrm{max}}(\mathrm{r})\,K_{\mathrm{m}}(\mathrm{h})} \tag{4.9}$$

K_{m} und V_{max} müssen also für beide Reaktionsrichtungen bestimmt werden. Mißt man die Anfangsgeschwindigkeiten, so lassen sich die Reaktionen, da kein Produkt vorliegt, als irreversibel annehmen.

4.4 Auslegung von Enzymreaktoren

4.4.1 Diskontinuierliche Prozesse

Nachdem nun die Kinetik von Enzymreaktionen in freier Lösung behandelt ist, wird im folgenden deren Auswirkung auf die Auslegung von Enzymreaktoren behandelt. Im einfachsten Sinne kann eine Spektrophotometerküvette als ein diskontinuierlicher Enzymreaktor angesehen werden. Verfolgt man die Änderung der Produktkonzentration bzw. die entsprechende Änderung der Reaktantenkonzentration, so erhält man häufig einen Verlauf, der sich mit der integrierten Michaelis-Menten Gleichung beschreiben läßt (Cornish-Bowden, 1979):

$$\frac{-\mathrm{d}[R]}{\mathrm{d}t} = \frac{V_{\mathrm{max}}[R]}{K_{\mathrm{m}} + [R]} = \frac{V_{\mathrm{max}}}{\frac{K_m}{[R]} + 1} \tag{4.10}$$

$$\int_{R=R_0}^{R=R} \left(\frac{K_{\mathrm{m}}}{[R]} + 1\right) \mathrm{d}[R] = \int V_{\mathrm{max}}\, \mathrm{d}t$$

$$-{}_{R_0}^{R} [K_{\mathrm{m}} \ln\{[R]\} + [R]] = V_{\mathrm{max}}\, t$$

$$K_{\mathrm{m}} \ln\{[R_0]\} + [R_0]) - (K_{\mathrm{m}} \ln\{[R]\} + [R]) = V_{\mathrm{max}} t$$

$$K_{\mathrm{m}} \ln \left\{\frac{[R_0]}{[R]}\right\} + ([R_0] - [R]) = V_{\mathrm{max}}\, t \tag{4.11}$$

Da $[R_0]$ die Reaktantenkonzentration zum Zeitpunkt „null" darstellt, entspricht der Ausdruck $([R_0]-[R])$, wenn man eine Reaktionsstöchiometrie von 1:1 annimmt, zu jedem Zeitpunkt t der aktuellen Produktkonzentration. So läßt sich die Produktkonzentration mit Hilfe von (4.11) als Funktion der Zeit darstellen. Die eingesetzte Enzymkonzentration verbirgt sich im Term für V_{max}, d.h. k_2. E_o steht für die Anfangsenzymkonzentration. Theoretisch läßt sich mit diesem Ausdruck für ein Enzym aus einer einzigen Produkt/Zeit- Auftragung K_{m} und V_{max} berechnen. Die zugrunde liegenden Annahmen führen in der Praxis allerdings dazu, daß diese Methode unzuverlässig arbeitet. Diese Annahmen sind:

(1) Das Enzym ist während der Reaktionszeit stabil
(2) Es tritt weder Produkt- noch Reaktanteninhibierung auf
(3) Die Reaktion ist irreversibel

Bei der Untersuchung einer neuen Enzymreaktion sind diese Voraussetzungen unrealistisch. In einem enzymatischen Prozeß mit einem gut charakterisierten Enzym hoher Stabilität lassen sich die integrierten Gleichungen allerdings zur Abschätzung der benötigten Enzymmenge und des Reaktorvolumens heranziehen. Auch läßt sich so für einen diskontinuierlichen Prozeß die Reaktionszeit, die zur Herstellung einer vorgegeben Produktmenge benötigt wird, abschätzen.

4.4.2 Kontinuierliche Prozesse

Mit einem immobilisierten Enzym kann ein Enzymreaktor kontinuierlich betrieben werden. Hierfür gibt es zwei Reaktortypen (Vieth et al., 1979).

a) Der *kontinuierlich betriebene Rührkessel* (continuous stirred tank reactor, CSTR). Hier wird der Tankinhalt als ideal vermischt angenommen, d. h. die Konzentration der Komponenten im Austragsstrom ist identisch mit der des Kesselinhaltes (Abb. 4.7). Die Auswirkungen von Eintrag, Austrag und Produktumwandlung lassen sich anhand der Massenbilanz für die Materialien, die in den Reaktor gelangen, dort akkumulieren und den Reaktor verlassen, wie folgt darstellen.

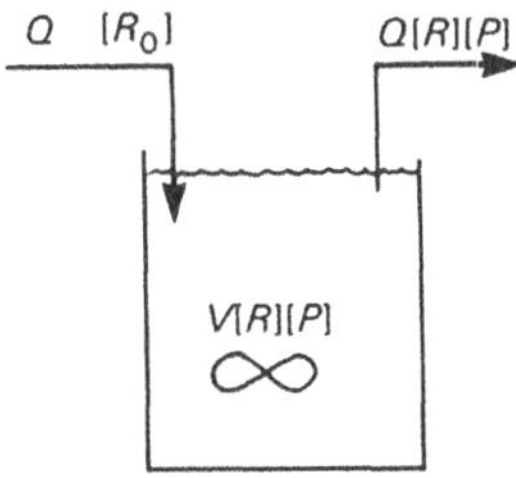

Abb. 4.7. Schematische Darstellung eines kontinuierlich betriebenen Rührkessels.

Anhäufung		Zulauf		Austrag		Umsatz

$$V\frac{\mathrm{d}[R]}{\mathrm{d}t} = Q[R_0] - Q[R] - vV \qquad (4.12)$$

es gilt

V = Reaktorvolumen (m^3)
Q = volumetrischer Durchfluß ($m^3\ s^{-1}$)
$[R_0]$ = Reaktantenkonzentration im Eintrag (kg mol m^{-3})
$[R]$ = Reaktantenkonzentration im Reaktor (kg mol m^{-3})
v = Reaktionsgeschwindigkeit (kg mol $m^{-3}\ s^{-1}$)

Dividiert man Gleichung (4.12) durch V und stellt um, so ergibt sich

$$\frac{\mathrm{d}\,[R]}{\mathrm{d}t} = D\,([R_0] - [R]) - v$$

wobei gilt $D = Q/V$=Verdünnungsrate (Einheit ist die reziproke Zeit).

In der Praxis wird ein kontinuierlicher Reaktor im Fließgleichgewicht betrieben, d. h. weder Reaktanten noch Produkte häufen sich an. Damit wird der Term für die Akkumulierung „null".

$$v = D\,([R_0] - [R])$$

Der Ausdruck für v hängt vom kinetischen Verhalten des Enzyms ab. Für eine einfache Michaelis-Menten Kinetik gilt

$$\frac{V_{\mathrm{max}}\,[R]}{K_{\mathrm{m}} + [R]} = D\,([R_0] - [R]) \tag{4.13}$$

Die Parameter D und ($[R_0]$) lassen sich kontrollieren. Als kritischer Parameter bildet sich das Verhältnis von V_{max}/D heraus. Stellt man die Gleichung (4.13) um, so ergibt sich

$$\frac{V_{\mathrm{max}}}{D} = \frac{(K_{\mathrm{m}} + [R])\,([R_0] - [R])}{[R]}$$

Dieser Zusammenhang wird in der Praxis anstelle einer Abhängigkeit von $[R]$ besser als partieller Umsatz X formuliert. Damit ergibt sich eine dimensionslose Gleichung.

$$X = \frac{([R_0] - [R])}{[R_0]}$$

Somit gilt

$$([R_0] - [R] = [R_0]\,X \text{ und } [R] = [R_0] - [R_0]\,X$$

Setzt man in Gleichung (4.13) ein, so ergibt sich

$$\frac{V_{\mathrm{max}}}{D} = K_{\mathrm{m}} \frac{([R_0] - [R])}{[R]} + [R_0]\,\frac{([R_0] - [R])}{[R]}$$

Die Substitution durch X führt zu

$$\frac{V_{\mathrm{max}}}{D} = K_{\mathrm{m}}\,\frac{([R_0]\,X)}{([R_0] - [R_0]\,X)} + [R_0]\,X$$

Die Umstellung liefert

$$\frac{V_{\max}}{D} = K_{\mathrm{m}} \left(\frac{X}{1-X}\right) + [R_0]\,X \tag{4.14}$$

Wie in Kap. 6 diskutiert, beeinflußt eine Immobilisierung die Kinetik enzymkatalysierter Reaktionen sowohl in bezug auf K_{m} als auch in bezug auf $V_{\max}$. Die Auswirkungen lassen sich nur schwer vorhersagen. Daher werden die aktuellen Konstanten normalerweise experimentell dadurch bestimmt, daß die entsprechenden Umsatzgrade für mehrere Reaktantenkonzentrationen gemessen werden. Stellt man Gleichung (4.14) um, so ergibt sich

$$[R_0]\,X = -K'_{\mathrm{m}} \left(\frac{X}{1-X}\right) + \frac{V'_{\max}}{D} \tag{4.15}$$

Die Auftragung von $[R_0]X$ gegen $(X/(1-X)$ mit den experimentell erhaltenen Werten liefert eine Gerade mit der Steigung $-K'_{\mathrm{m}}$ und dem Achsenabschnitt $V'_{\max}/D$.

b) *Rohrreaktor mit idealer Strömung* (plug flow reactor, PFR). Hierbei wird unterstellt, daß im Reaktor in Strömungsrichtung keine Vermischung auftritt, sondern daß die Flüssigkeit den Reaktor als ein diskretes Volumenelement durchfließt („ideale Strömung") (Abb. 4.8). Dann kann der Reaktor mit Hilfe der Michaelis-Menten Gleichung und dem Ersatz der Reaktionszeit durch die Verweilzeit (V/Q) (die Zeit, die jedes Flüssigkeitselement im Reaktor verbringt) modellmäßig beschrieben werden.

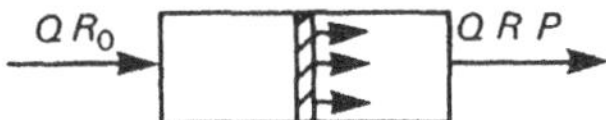

Abb. 4.8. Schematische Darstellung eines Rohrreaktors mit idealer Strömung (Plug flow reactor, PFR)

Einsetzen in (4.11) führt zu

$$\frac{V'_{\max}\,V}{Q} = K'_{\mathrm{m}}\,\ln\left\{\frac{[R_0]}{[R]}\right\} + ([R_0]-[R]) \tag{4.16}$$

V steht für das gesamte Reaktorvolumen. Allerdings wird ein Strömungsreaktor häufig so konzipiert, daß ein festes Bett mit immobilisiertem Enzym vorliegt (Festbettreaktor, vgl. 8.3). Die Immobilisierungsmatrix kann einen beträchtlichen Teil des Gesamtvolumens in Anspruch nehmen. Da die Verweilzeit davon abhängt, wie lange die Flüssigkeit im Reaktor verbleibt, ist sie eher als eine Funktion des tatsächlich verbleibenden Flüssigkeitsvolumens

(V_1) als des Gesamtvolumens (V_{tot}) anzusehen. Das freie Säulenvolumen läßt sich folgendermaßen darstellen:

$$\varepsilon = V_1 / V_{\text{tot}}, \quad \text{somit gilt } V_1 = \varepsilon \cdot V_{\text{tot}}$$

Gleichung (4.16) ergibt sich dann zu

$$\frac{V'_{\text{max}} \cdot V_{\text{tot}} \cdot \varepsilon}{Q} = K'_{\text{m}} \ln \left\{ \frac{[R_0]}{[R]} \right\} + ([R_0] - [R])$$

Wiederum läßt sich dies mit dem partiellen Umsatz X ausdrücken

$$\frac{V'_{\text{max}} \cdot V_{\text{tot}}\, \varepsilon}{Q} = K'_{\text{m}} \ln \left\{ \frac{1}{1-X} \right\} + [R_0]\, X$$

$$\frac{V'_{\text{max}} \cdot V_{\text{tot}}\, \varepsilon}{Q} = [R_0]\, X - K'_{\text{m}} \ln\{1 - X\} \tag{4.17}$$

Die Gleichung für die Leistungsfähigkeit eines PFR (Gleichung 4.17) kann zur Berechnung der kinetischen Konstanten aus den experimentellen Daten umgestellt werden zu

$$[R_0]\, X = K'_{\text{m}} \ln 1 - X + \frac{V'_{\text{max}} \cdot V_{\text{tot}}\, \varepsilon}{Q}$$

Die Auftragung von $[R_0]X$ gegen $\ln\{1 - X\}$ ergibt also eine Gerade mit der Steigung K'_{m} und dem Achsenabschnitt $V'_{\text{max}} \cdot V_{\text{tot}} / Q$. Der Ausdruck V_{tot}/Q ist äquivalent zu $1/D$. Der letzte Term läßt sich also zu $V'_{\text{max}}\varepsilon\ /D$ vereinfachen.

4.4.3 Die Wahl des Reaktortyps

Als besonders vorteilhaft wird bei der Immobilisierung die Möglichkeit angesehen, den teuren Enzymkatalysator erneut einsetzen zu können. Darüber hinaus, und das zählt noch mehr, können immobilisierte Enzyme dazu beitragen, daß das Reaktorvolumen von kontinuierlich betriebenen Reaktoren verkleinert werden kann. In der Lebensmittelindustrie wird HFC-Sirup in kontinuierlich betriebenen Festbettreaktoren mittels Glucoseisomerase gewonnen. Die Verweilzeit der Flüssigkeit in der Säule beträgt ca. 20 Minuten. Nimmt man diesen Wert als realistisch an, so lassen sich die notwendigen Bedingungen für die Produktion von z. B. 0.5 m^3 Sirup in 10 Stunden berechnen. Die Reaktorgröße für eine diskontinuierliche bzw. eine kontinuierliche Produktionsführung ergibt sich wie folgt:
Wird der Prozeß in einem einzigen Kessel mit der Prozeßzeit von 10 Stunden durchgeführt, so muß dieser ein Volumen von 0.5 m^3 aufweisen.

Für einen kontinuierlich arbeitenden Reaktor mit einer Verweilzeit von 0.33 Stunden und einer Durchflußrate von 0.05 m^3Stunde^{-1} ist ein Volumen von 0.0165 m^3 erforderlich.
Hier werden zugegebenermaßen extreme Bedingungen betrachtet. Die Prozeßzeit für den diskontinuierlichen Prozeß könnte durch eine Erhöhung der Enzymmenge reduziert werden. Je kürzer jedoch die Zyklusdauer in einem diskontinuierlichen Prozeß ist, desto mehr nähert sich dieser einem kontinuierlichen Prozeß an. Betrachtet man die Gesamtrentabilität, so müssen auch die Arbeitskosten mit einbezogen werden, die mit der wiederholten diskontinuierlichen Beschickung verbunden sind.

Ausgehend von diesen Überlegungen erscheinen kontinuierliche Prozesse, wo immer möglich, erstrebenswert. Bei einem kontinuierlich arbeitenden Enzymreaktor muß man sich zwischen einem kontinuierlichen Rührkessel und einem Rohrreaktor entscheiden. Für beide Typen wurden die Gleichungen für die Produktionsleistung abgeleitet. Sie unterscheiden sich in den erforderlichen Enzymmengen und den Inhibierungseffekten. Auch die Enzymstabilität spielt eine Rolle (Vieth und Venkatsubramanian, 1973).

Enzymbedarf. Der kinetische Verlauf hängt von der Reaktantenkonzentration im Reaktor ab. Er liegt zwischen nullter und erster Ordnung. Betrachtet man die beiden Extremfälle, so gilt für einen Verlauf

$$\text{nullter Ordnung mit} \quad [R] \gg K'_\mathrm{m}$$

$$\text{CSTR} \qquad \frac{V'_\mathrm{max}}{D} = X\,[R_0] + K'_\mathrm{m}\,[X\,/\,(1-X)]$$

$$\text{PFR} \qquad \frac{V'_\mathrm{max}}{D} = X\,[R_0] - K'_\mathrm{m}\,\ln\{1-X\}$$

(Die Verdünnungsraten für den PFR sind hier in Abhängigkeit des Flüssigkeitsvolumens V_l dargestellt)

Ist die Reaktantenkonzentration wesentlich höher als K'_m, so stellt sich im Reaktor ein Verlauf nahezu nullter Ordnung ein. Die Leistungsfähigkeit läßt sich für beide Reaktortypen wie folgt angeben durch

$$\frac{V'_\mathrm{max}}{D} = X\,[R_0]$$

Somit ist der Enzymbedarf für die beiden Reaktortypen PFR bzw. CSTR sehr ähnlich.

Liegt eine Reaktion erster Ordnung vor, so gilt

$$\text{erste Ordnung} \quad K'_\mathrm{m} \ll [R]$$

Damit vereinfachen sich die beiden Ausdrücke zu

$$\text{CSTR} \quad \frac{V'_{\text{max}}}{D} = K'_{\text{m}} \, [X \,/\, (1 - X)]$$

$$\text{PFR} \quad \frac{V'_{\text{max}}}{D} = -K'_{\text{m}} \, \ln\{1 - X\}$$

Verwendet man das gleiche immobilisierte Enzym und die gleiche Verdünnungsrate, so führt das Verhältnis der beiden Gleichungen zu

$$\frac{K_2 E_{0\text{CSTR}} \,/\, D}{k_2 E_{0PFR} \,/\, D} = \frac{E_{0\text{CSTR}}}{E_{0\text{PFR}}} = \frac{K'_{\text{m}} \, [X \,/\, (1 - X)]}{-K'_{\text{m}} \, \ln\{1 - X\}} = \frac{-X}{(1 - X) \, \ln\{1 - X\}}$$

Dieser Ausdruck läßt sich für jede gewünschte Umsetzung lösen und liefert für beide Reaktortypen den relativen Enzymbedarf (Abb.4.9).

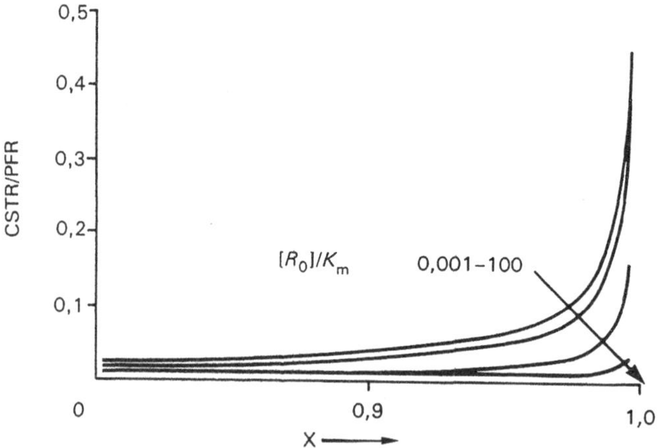

Abb.4.9. Der relative Enzymbedarf eines CSTR im Vergleich zum PFR als Funktion der Umsetzung X. Veränderungen im Verhältnis $[R_0]/K_{\text{m}}$ weisen auf eine Änderung im kinetischen Verhalten (von nullter zu erster Ordnung) hin.

Inhibierungseffekte. Inhibierungseffekte lassen sich so bestimmen, daß auf Basis der entsprechenden kinetischen Beschreibungen, Gleichungen für die

Produktionsleistung aufgestellt werden. Gängige Beispiele sind in Tabelle 4.1 zusammengestellt. Der CSTR arbeitet unter Durchflußbedingungen (d. h. die Reaktantenkonzentrationen im Reaktor und im Ausgangsstrom sind identisch). Die Produktionsleistung reagiert auf eine Reaktantenhemmung weniger stark als die des PFR (hier tritt der Reaktant ohne Verdünnung in den Reaktor ein). Andererseits wirkt sich eine Produkthemmung beim CSTR stärker aus, da hier die Produktkonzentration überall gleich hoch ist. Auch im PFR, hier liegt im vorderen Reaktorteil nur wenig Produkt vor, wirkt sich eine Produkthemmung merklich auf die Produktionsleistungsfähigkeit aus. In manchen Fällen erhöht sich der Enzymbedarf um einige Größenordnungen.

Enzymstabilität In einem Reaktor wird die Enzyminaktivierung üblicherweise mit einem Verlauf erster Ordnung, ähnlich den Verhältnissen bei freien Enzymen, angesetzt (s. Kap. 6). Vergleicht man die Produktionsleistung eines Reaktors zum Zeitpunkt null und zum Zeitpunkt t, so kann die Deaktivierungskonstante (k_d) für den CSTR angegeben werden zu

$$\text{Zeitpunkt}^t \ \frac{V_{\max}^{t\prime}}{D} = X^t\,[R_0] + K_\mathrm{m}'\,[X^t\,/\,(1 - X^t)]$$

$$\text{Zeitpunkt}^0 \ \frac{V_{\max}^{0\prime}}{D} = X^0\,[R_0] + K_\mathrm{m}'\,[X^0\,/\,(1 - X^0)]$$

Wiederum läßt sich das Verhältnis der beiden Gleichungen vereinfachen, wenn k_2 und$D$ identisch sind.

$$\frac{E_0^t}{E_0^0} = \frac{X^t\,[R_0] + K_\mathrm{m}'\,[X^t\,/\,(1 - X^t)]}{X^0\,[R_0] + K_\mathrm{m}'\,[X^0\,/\,(1 - X^0)]}$$

Die Inaktivierung eines freien Enzyms läßt sich wie folgt beschreiben

$$\ln \frac{E_0^t}{E_0^0} = -k_\mathrm{d} \cdot t$$

Daher gilt

$$-k_\mathrm{d} \cdot t = \ln \left\{ \frac{X^t\,[R_0] + K_\mathrm{m}'\,[X^t\,/\,(1 - X^t)]}{X^0\,[R_0] + K_\mathrm{m}'\,[X^0\,/\,(1 - X^0)]} \right\}$$

Ist k_d bestimmt, so kann V_max für jeden beliebigen Zeitpunkt t berechnet werden zu

$$\frac{V_{\max}^{t\prime}}{D} = \frac{V_{\max}^{0\prime}}{D} \ \exp -(k_\mathrm{d} t)$$

Tabelle 4.1. *Zusammenstellung einiger gängiger Beschreibungen der Produktionsleistung von Reaktoren.*

Art der Inhibierung	Kinetisches Verhalten	Gleichung zur Beschreibung der Reaktionsleistung	
		CSTR	PFR
Keine	$v = \frac{V_{\mathrm{max}} \mathrm{R}}{K_{\mathrm{m}} + \mathrm{R}}$	$\frac{V'_{\mathrm{max}}}{D} = \mathrm{R}_0 X + K'_{\mathrm{m}} \left[\frac{X}{1-X}\right]$	$\frac{V'_{\mathrm{max}}}{D} = \mathrm{R}_0 X - K'_{\mathrm{m}} \ln[1-X]$
Durch Reaktant (nicht kompetitiv)	$v = \frac{V_{\mathrm{max}} \mathrm{R}}{\mathrm{R}\left[1 + \frac{\mathrm{R}}{K_{\mathrm{i}}}\right] + K_{\mathrm{m}}}$	$\frac{V'_{\mathrm{max}}}{D} = \mathrm{R}_0 X + K'_{\mathrm{m}} \left[\frac{X}{1-X}\right] + \frac{\mathrm{R}_0^2}{K_{\mathrm{i}}}(X - X^2)$	$\frac{V'_{\mathrm{max}}}{D} = \mathrm{R}_0 X - K'_{\mathrm{m}} \ln[1-X] - \frac{\mathrm{R}_0^2}{2K_{\mathrm{i}}}(2X - X^2)$
Durch Produkt (kompetitiv)	$v = \frac{V_{\mathrm{max}} \mathrm{R}}{[\mathrm{R}] + K_{\mathrm{m}}\left[1 + \frac{\mathrm{P}}{K_{\mathrm{i}}}\right]}$	$\frac{V'_{\mathrm{max}}}{D} = \mathrm{R}_0 X + K'_{\mathrm{m}} \left[\frac{X}{1-X}\right] + \frac{K'_{\mathrm{m}}}{K_{\mathrm{i}}} \frac{\mathrm{R}_0 X^2}{(1-X)}$	$\frac{V'_{\mathrm{max}}}{D} = \mathrm{R}_0 X \left[1 - \frac{K'_{\mathrm{m}}}{K_{\mathrm{i}}}\right] - K'_{\mathrm{m}} \ln[1-X] \left[1 + \frac{\mathrm{R}_0}{K_{\mathrm{i}}}\right]$

Ähnliche Gleichungen lassen sich auch für den Rohrreaktor mit idealem Strömungsverhalten aufstellen. Ist k_d bekannt, so läßt sich der Einfluß der Betriebszeit auf den Umsatzgrad berechnen. In der Praxis muß diese Näherung mit Vorsicht angewendet werden, da die Inaktivierung mancher Enzyme von dem Materialvolumen abhängt, das den Reaktor durchfließt, und nicht ausschließlich eine Funktion der Zeit ist. Die Grundlagen zur Berechnung der Produktleistung sind normalerweise experimentelle Aufzeichnungen der Produktkonzentrationen. Die Verdünnungsrate wird dann so reguliert, daß der gewünschte Umsatzgrad stattfindet. Ist die Enzymstabilität nicht ideal, kann sich dies auf die Reaktorwahl auswirken. Vergleicht man die berechneten Werte für k_d, so zeigt sich, daß die Produktleistung eines PFR durch die Enzymdeaktivierung wesentlich stärker beeinflußt wird, als die des CSTR (Abb. 4.10). Allerdings ist zu bedenken, daß ein CSTR für eine vorgegebene Produktleistung stets einen höheren Enzymbedarf hat.

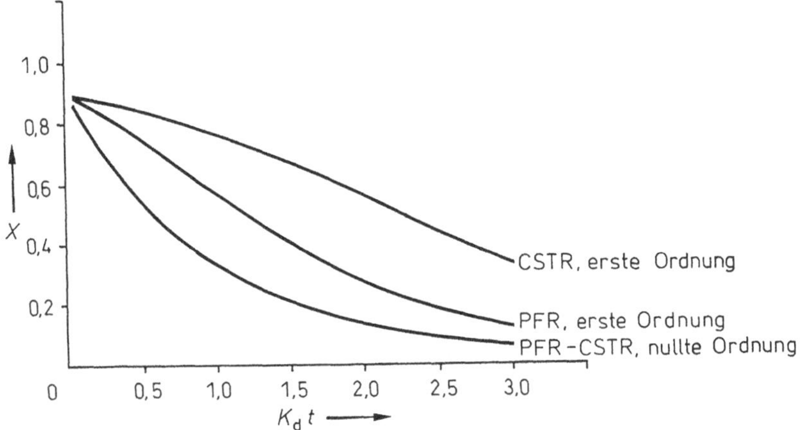

Abb. 4.10. Einfluß der Inaktivierung auf die Produktionsleistung eines Reaktors mit immobilisiertem Enzym.

4.5 Schlußbemerkungen

Das kinetische Verhalten und die Stabilität des eingesetzten Enzymsystems beeinflussen die Arbeitsbedingungen der Reaktoren. Weiterhin sind die Viskosität des Zulaufstromes und die Möglichkeit, daß die Säule durch Partikel im Zulaufstrom verstopft werden kann (führt dann zu einem erhöhten Druckabfall innerhalb der Säule) zu berücksichtigen. Ist die Fließdynamik im Reaktor unbekannt, so lassen sich die Arbeitsbedingungen auf einfache Weise mittels Tracer-Experimenten abschätzen (s. Anhang 2). Da Enzyme auf viele Umgebungsfaktoren empfindlich reagieren, können ihre Eigenschaften nur schwer vorhergesagt werden. Im Gegensatz zu den genau definierten Bedingungen bei rein biochemischen Untersuchungen liegen bei technischen Prozessen sehr komplexe Situationen vor. Hier ist es unmöglich, alle relevanten Parameter zu kontrollieren (Weetall und Pitcher, 1986). Daher sollte theoretischen Berechnungen keine zu hohe Bedeutung beigemessen werden, es müssen vielmehr unter sinnvollen Vorgaben experimentelle Bedingungen entwickelt werden (Bucholz et al., 1979). In diesem Kapitel wurde die kinetische Beschreibung von Systemen, in denen Enzyme mit mehreren Reaktanten reagieren, nicht berücksichtigt. Die Methoden zur Herleitung von kinetischen Modellen sind hier dieselben, jedoch ergeben sich kompliziertere Ausdrücke. Viele industriell interessante Enzyme sind Hydrolasen, für die ein Reaktant (Wasser) immer in großem Überschuß vorliegt. Die kinetische Beschreibung kann damit wieder auf eine Michaelis-Menten Gleichung vereinfacht werden.

5 Enzyme in Medizin und Pharmazie

5.1 Einleitung

Gegenwärtig gibt es verhältnismäßig wenig Möglichkeiten für die Verwendung von Enzymen im medizinischen Bereich sowie den angrenzenden Gebieten, die potentiellen Einsatzm"oglichkeiten sind jedoch enorm. Die bisherigen positiven Ergebnisse sind allerdings vielversprechend und lassen das Potential, das in den Techniken steckt, erkennen. Die Möglichkeiten, die Enzymen in der Medizin und in der Pharmazie offen stehen, sind so breit gefächert, daß sich eine Unterteilung in drei Hauptpunkte - Enzymtherapie, analytische Anwendung und Herstellung pharmazeutischer Präparate - anbietet. Jedes Gebiet deckt zwar ein breites Anwendungsspektrum ab, für die erfolgreiche Anwendung von Enzymen gelten jedoch übergreifende Prinzipien. Dieses Kapitel behandelt vor allem Enzyme als Therapeutika. Die beiden anderen Themenkreise werden nur kurz gestreift.

Im Gegensatz zu den meisten industriellen Anwendungen werden Enzyme für medizinische und pharmazeutische Zwecke meist nur in geringen Mengen benötigt, allerdings müssen sie hochrein vorliegen, denn ein wirksames Enzym in einem komplexen flüssigen System oder Gewebe soll möglichst nur mit der(n) Zielkomponente(n) reagieren. Bei industriellen Prozessen ist dagegen die Rohstoffquelle meist relativ gut charakterisiert, so daß häufig mit ungereinigten Enzymaufbereitungen gearbeitet werden kann. Soll aber ein Enzym bzw. ein enzymatisch hergestelltes Produkt einem Patienten verordnet werden, so darf es nur ein Minimum an Fremdmaterial enthalten, um mögliche Nebenwirkungen zu vermeiden.

5.2 Enzymtherapie

Dieser Therapie liegt die Idee zugrunde, die Prognose einer Krankheit lediglich durch die Verabreichung eines geeigneten Enzyms zu verbessern. Das Hauptproblem besteht darin, daß der Körper in einer Abwehrreaktion fremde Substanzen inaktiviert oder entfernt. Jede Enzymgabe über das Blut (intravenös) oder auch auf anderem Wege muß diese Abwehrreaktionen mitberücksichtigen.

Die physiologische Antwort auf körperfremdes Material (Antigen) ist die Bildung spezifischer Antikörper gegen diese Substanz. Die Fähigkeit, Antikörper für ein spezielles Antigen herzustellen, bleibt häufig für die Lebenszeit des Individuums erhalten; hierauf beruht der Mechanismus der *erworbenen Immunität.*

Ein weiteres Problem, vor allem bei der intravenösen Gabe eines Enzyms ist die Tatsache, daß Proteine eine meßbare Halbwertszeit besitzen und zwar unabhängig von der Immunantwort des Individuums. So hängt die Halbwertszeit eines Enzyms im Blut größtenteils davon ab, welchem Glycoproteintyp das Molekül angehört. Glycoproteine mit Sialinsäure-terminierten Oligosaccharideinheiten besitzen typischerweise relativ lange Halbwertszeiten. Mannose- oder Galactose-terminierte Verbindungen werden dagegen innerhalb weniger Minuten aus dem Blut eliminiert. Die vollständige Entfernung der Oligosaccharid-Einheiten führt zu Halbwertszeiten, die dazwischen liegen.

Diese Probleme lassen sich vermindern, wenn die Enzyme mit geeigneten Materialien eingekapselt werden. Dabei entstehen allerdings neue Probleme; so kann z.B. das Ummantelungsmaterial selbst antigen wirken. Auch können viele synthetische Materialien Blutgerinnsel induzieren. Wird nicht gleichzeitig ein Antikoagulans appliziert, hat diese Eigenschaft möglicherweise katastrophale Folgen. Die Gefahren lassen sich durch eine sorgfältige Auswahl der Ummantelungsmaterialien auf ein Minimum reduzieren.

Die therapeutische Anwendung hängt vom Krankheitsbild ab. So erfordern chronische Erkrankungen eine andere Therapie als akute. (Erstere ziehen sich über einen längeren Zeitraum hin, während letztere nur kurz andauern). Chronische Erkrankungen sind u.a. genetisch vererbte Enzymdefekte, das Fehlen von Organen und verschiedene Tumore. Der Myokardinfarkt (Herzattacke) oder eine Vergiftung sind Beispiele für akute Erkrankungen.

5.2.1 Genetische Defekte

Mehr als 150 Stoffwechselkrankheiten werden spezifischen Enzymdefekten zugeschrieben. Bei vielen dieser Defekte fehlen die entsprechenden Enzyme vollständig, bei anderen sind die ursprünglichen Enzyme durch weniger aktive Isoenzyme ersetzt. Nur wenige dieser Defekte, wie z.B. die Phenylketonurie (ein Defekt beim Metabolismus aromatischer Aminosäuren), sind mit spezieller Diät zu behandeln, in diesem Fall durch einen Verzicht auf Phenylalanin. Die meisten dieser angeborenen Defekte führen jedoch zu körperlichen und geistigen Schäden. Theoretisch sollte es möglich sein, die Krankheitssymptome lediglich mit der Substitution des „fehlenden" Enzyms zu mildern oder ganz verschwinden zu lassen (Beutler, 1981). In der Praxis sind leider einige der Schäden, speziell Hirnschäden, irreversibel. Jedoch sollte eine große Zahl genetisch bedingter Defekte für eine Enzymtherapie zugänglich sein. Hier ist an solche Defekte gedacht, die durch das Fehlen eines für den Abbau einer speziellen Verbindung essentiellen Enzyms entstehen. Das nicht abgebaute Substrat reichert sich dann in den Lysosomen an (lysosomale Anreicherungskrankheiten)(Tager,1985).

Versuche, ererbte Stoffwechseldefekte durch die Gabe exogener Enzyme zu beseitigen, sind nur partiell erfolgreich. Exogene Enzyme neigen nämlich dazu, in der Leber und der Milz zu akkumulieren, während andere Organe weiterhin unterversorgt bleiben können. Dieses Problem tritt z.B. auf bei der Behandlung der Pompe'schen Krankheit (Glycogenspeicherkrankheit Typ II), eines Glycogenolyse-Defekts, der normalerweise innerhalb der ersten zwölf Lebensmonate zum Tode führt. Diese Krankheit beruht auf dem Fehlen der aktiven α-1,4-Glucosidase. In den Lysosomen von Leber und Muskeln sammeln sich infolgedessen große Mengen an Glycogen an. Die Behandlung eines sieben Monate alten Säuglings mit intravenös applizierten Liposomen, die α-1,4-Glucosidase enthielten, ließ den Glycogengehalt der Leber geringfügig absinken. Der Glycogengehalt in den Muskeln reduzierte sich allerdings nicht, so daß das Kind trotzdem starb (Hers und Barsy, 1973).

Die bevorzugte Anreicherung der Liposomen in den Leberlysosomen ist das eigentliche Problem bei der Enzymtherapie. Auch andere Transportmethoden haben eine Anreicherung der Enzyme in Leber und Milz zur Folge, wogegen andere Organe kaum oder gar nicht erreicht werden. Mit einem beträchtlichen Forschungsaufwand werden spezifische Target–Enzyme entwickelt, die eine sinnvolle Verteilung auf die einzelnen Organe ermöglichen. Allerdings ist es noch ein weiter Weg, bis die Enzymtherapie ein wirksames Instrument im Kampf gegen genetische Defekte wird.

Andere genetische Defekte sind der Enzymtherapie wesentlich besser zugänglich. Die zystische Fibrose führt häufig zu Pankreasinsuffizienz. Sie befällt einen von 1600 Nordeuropäern und führt zur Blockierung der Pankreaskanäle, so daß die für die Verdauung notwendigen Enzyme den Darm nicht mehr erreichen können. Die Folge ist eine Unterernährung. Die orale Gabe entsprechend ummantelter Pankreasenzyme (hiermit wird die Denaturierung durch die Magensäure vermieden), verhilft den Patienten wieder zu einer normalen Verdauung und Ernährung (Goodchild und Dodge, 1985).

5.2.2 Künstliche Organe

Zur Substitution einiger Nieren- und Leberfunktionen wurden künstliche Organe mit eingelagerten Enzymen entwickelt. Eine chronische Niereninsuffizienz wird heute, soweit keine Organtransplantation möglich ist, mittels einer periodisch durchgeführten Hämodialyse behandelt. Diese Behandlung ist zeitaufwendig (6–12 Stunden, dreimal pro Woche) und schränkt den Patienten ein. Eine möglicherweise attraktive Lösung könnte es sein, die herkömmlichen Hämodialyse seltener durchzuführen und in den dazwischenliegenden Zeiträumen eine kleine, tragbare, künstliche Niere zu verwenden (Chang 1977).

Harnstoff ist das wesentliche Toxin, das sich infolge von Nierenversagen im Blut anreichert. Harnstoff läßt sich mit Hilfe des Enzyms Urease zu Kohlendioxid und Ammoniak abbauen. Die Produkte müßten nur noch aus dem Blut entfernt werden. Kohlendioxid entweicht auf natürlichem Weg durch Expiration, aber Ammoniak muß an ein geeignetes Material, wie z. B. Aktivkohle, adsorbiert werden. Auf Tierversuchen basierende theoretische Berechnungen zeigen, daß zur Behandlung eines durchschnittlichen Erwachsenen ein extrakorpolarer Shunt (2 cm Durchmesser, Länge 10 cm) ausreichen sollte, der mit Nylon mikroverkapselte Urease und Aktivkohle als Adsorbens enthält (Abb. 5.1). In Tierversuchen ließ sich die Harnstoffkonzentration im Blut auf diese Weise um 50% senken; die Ammoniakkonzentration stieg allerdings an. Für eine breite Anwendungsmöglichkeit dieser Behandlungsmethode muß ein Adsorbens mit genügend hoher Kapazität zur Adsorption des gesamten Ammoniaks entwickelt werden.

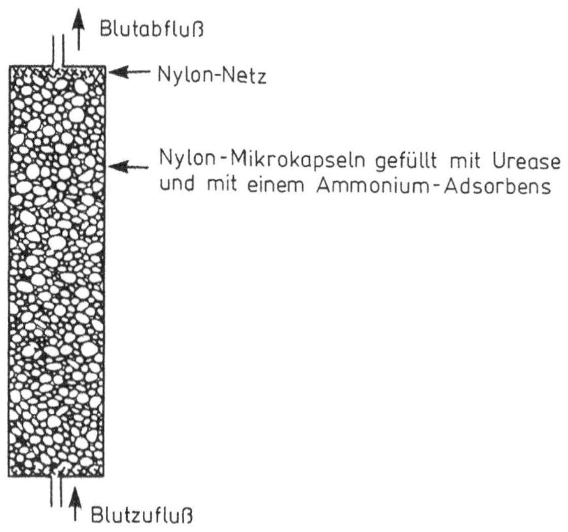

Abb. 5.1. Extrakorporaler Shunt zur Entfernung von Harnstoff aus dem Blut.

Eine interessante Alternative zum extrakorporalen Shunt ist die orale Gabe mikroverkapselter Urease zusammen mit einem Adsorbens. Harnstoff bildet zu beiden Seiten der Darmwand ein Gleichgewicht, so daß die völlige Abwesenheit von Harnstoff im Gastrointestinaltrakt zu einer Reduktion der Harnstoffkonzentration im Blut führen wird. Tierexperimente bestätigten diese Annahme und zeigten, daß diese Methode beinahe ebenso wirksam ist wie ein Shunt, und zwar unter Vermeidung von vielen Nebenwirkungen.

Die Leber ist ein multifunktionelles Organ. Mit der heutigen Technik ist es unmöglich, ein Substitut dafür herzustellen. Allerdings kann die Entgiftung, eine wichtige Funktion der Leber, reproduziert werden (Safer, 1979).

An Mikrosomen gebundene Leberenzyme können viele Substanzen entgiften. Diese Enzyme katalysieren hauptsächlich Hydroxylierungen, Demethylierungen und Konjugationsreaktionen. Damit werden die toxischen Verbindungen besser wasserlöslich und können somit leichter über die Niere ausgeschieden werden. Darreichungen von mikrosomalen Verbindungen, wie z. B. das Cytochrome P450, erwiesen sich bei der Entgiftung vieler Verbindungen, wie z. B. von Barbituraten, als wirksam. Allerdings zeigte sich, daß bei den künstlichen Systemen der Bedarf an NADPH und an molekularem Sauerstoff ein Problem darstellt. Solche Entgiftungssysteme können entweder die Leberfunktion partiell substituieren oder auch bei akuten Vergiftungen zusätzlich eingesetzt werden. Die Entwicklungsarbeiten an einer künstlichen Niere und an den Entgiftungssystemen werden zwar vorangetrieben, jedoch besteht noch keine Möglichkeit für einen Einsatz am Menschen.

5.2.3 Neoplasmakontrolle

Bei der Therapie bestimmter Neoplasmen im Blut, speziell bei der akuten lymphatischen Leukose, konnten durch intravenöse Zufuhr von L-Asparaginase Erfolge erzielt werden (Cooney und Rosenbluth, 1975). Nach der Enzymbehandlung wurde bei mehr als 60% der Patienten eine vollständige Remission beobachtet. Tierexperimente lassen vermuten, daß diese Behandlungsmethode auch bei anderen Leukoseformen und ähnlichen Erkrankungen erfolgreich sein könnte. Klinische Daten stehen noch aus.

Die Behandlung der akuten lymphatischen Leukose mit L-Asparaginase beruht darauf, daß bestimmte Tumorzellen für ihren Stoffwechsel auf exogenes L-Asparagin angewiesen sind, während normale Zellen diese Aminosäure *in situ* synthetisieren können. Durch die intravenöse Gabe von L-Asparaginase sinkt der Blutspiegel an L-Asparagin. Damit fehlt den Tumorzellen ein essentieller Nährstoff und die Zahl der Neoplasmen nimmt ab. Es wird angenommen, daß auch der resultierende hohe L-Aspartat-Spiegel (ein Produkt aus der Enzymreaktion) auf die Tumorzellen toxisch wirkt. Vorteilhaft an dieser Behandlung ist weiterhin, daß der therapeutische Index für das Enzym (1000) im Vergleich zu anderen Medikamenten zur Leukosebehandlung (< 10) sehr hoch ist. Der therapeutische Index gibt das Verhältnis zwischen Toxizität (d. h. die minimale letale Dosis) und der normalen therapeutischen Dosis an.

Ursprünglich wurde L-Asparaginase aus dem Serum von Meerschweinchen erhalten (nur sehr wenige Säugetiere weisen größere Mengen an L-Asparaginase im Serum auf). Die auf diese Weise gewonnenen Enzymmengen sind für einen regelmäßigen klinischen Einsatz jedoch nicht ausreichend. Heute wird das Enzym routinemäßig aus *Escherichia coli* gewonnen. Auch Präparate aus anderen Bakterien, wie z. B. *Erwinia caratovora* und *Serratia marcescens*, sind im Handel.

Bei der Auswahl von geeigneten L-Asparaginase-Quellen ist verschiedenes zu beachten. So muß das Enzym z. B. im Blut aktiv sein (d. h. bei pH

7.4, 37°C). Auch schwierige Minimalanforderungen, z.B. an die katalytische Wirksamkeit des Enzyms und an die Geschwindigkeit, mit der das „fremde Protein" aus dem Wirtskreislauf eliminiert wird, müssen erfüllt sein. Da die L-Asparaginase-Konzentration im Blut gering ist (4.3×10^{-5} mol l^{-1}), sind nur Enzyme mit einem kleinen K_m-Wert therapeutisch aktiv (Tabelle 5.1). Für die Sicherstellung einer entsprechenden katalytischen Wirksamkeit werden bevorzugt Enzyme mit einem niedrigen K_m-Wert eingesetzt. Unter diesen Bedingungen kann der gewünschte Effekt mit der geringsten Proteinmenge erreicht werden (Definition von K_m und Einfluß der Substratkonzentration, s. Kap. 4). Nach Berechnungen muß die L-Asparagin-Konzentration im Serum auf weniger als 1×10^{-5} mol l^{-1} abgesenkt werden, um eine Regression des Neoplasmas zu bewirken.

Tabelle 5.1. Eigenschaften von L-Asparaginase für den therapeutischen Einsatz aus verschiedenen Quellen

Quelle	K_m Wert mol l^{-1}	Serum-Halbwertszeit[a] h	Anti-neoplastische Aktivität[b]
Escherichia coli			
EC I Enzym	n.g.[e]	Sehr klein[d]	×
EC II Enzym[c]	$1,2 \times 10^{-5}$	2–7	
Erwinia carotovora[c]	$1,0 \times 10^{-5}$	4	
Serratia marcescens	$1,2 \times 10^{-5}$	3–6	
Bacillus coagulans	$4,7 \times 10^{-3}$	0,5	×
Meerschweinchen[c]	$7,2 \times 10^{-5}$	26	
Agouti[c]	$4,1 \times 10^{-5}$	11	

[a] Bei Mäusen. Vermutlich ist die Serum-Halbwertszeit, vor allem des EC II Enzyms aus *E. coli* beim Menschen um bis zum zehnfachen länger.
[b] Bei Mäusen
[c] Beim Menschen therapeutisch eingesetzt
[d] Nicht genau bestimmt
[e] Nicht gemessen

Die Geschwindigkeit, mit der das Enzym aus dem Kreislauf eliminiert wird, ist ein weiterer wichtiger Gesichtspunkt. Die Serumhalbwertszeiten von L-Asparaginase-Präparate verschiedener Herkunft unterscheiden sich (Tabelle 5.1). Die Wirksamkeit eines Enzyms nimmt im allgemeinen mit wachsender Halbwertszeit zu. Das Ausmaß, mit dem das Enzym aus dem Kreislauf entfernt wird, hängt mit dem isoelektrischen Punkt des Präparates und auch mit der Glycoproteinstruktur zusammen. Aufeinanderfolgende Injektionen des Enzyms induzieren auch die Bildung von anti-L-Asparaginase-Antikörpern. Diese zirkulieren im Blut und verkürzen die Serum-Halbwertszeit des Enzyms beträchtlich. Die Therapie mit L-Asparaginase hat auch Nebenwirkungen. Hier wären Anorexie (Appetitlosigkeit), Schwindel, Fieber, Diarrhoe und anaphylaktischer Schock (eine immunologische Überreaktion auf das Enzym) zu nennen. Diese Nebenwirkungen sollen mit der reduzierten Konzentration an L-Asparagin und L-Glutamin (ebenfalls ein Substrat für das Enzym) im Serum zusammenhängen. Als Folge der reduzierten Konzentration im Serum soll die Proteinsynthese auch in den normalen Zellen abgesenkt sein. Andererseits können diese Nebenwirkungen auch typisch für eine immunologische Reaktion auf das Enzym sein.

Die intravenöse Injektion von L-Asparaginase ist eine relativ unelegante, jedoch erfolgreiche Therapie. Es wurde viel Mühe darauf verwendet, die immunologischen Probleme zu vermindern und die Serum-Halbwertszeit des Enzyms zu erhöhen. Unter Laborbedingungen sind mikroverkapselte Enzyme und extrakorporale Shunts wirkungsvoll. Im klinischen Bereich wurden diese Applikationsformen noch nicht eingesetzt.

5.2.4 Erkrankungen des Blutkreislaufes

Verschiedene Störungen des Blutkreislaufs lassen sich mit Enzymen wirkungsvoll behandeln (Maciag et al., 1977). So wird z. B. die Urokinase, ein Enzym, das aus menschlichem Urin isoliert werden kann, erfolgreich zur Auflösung von Blutgerinnseln eingesetzt. Das Enzym bewirkt eine begrenzte Proteolyse von Plasminogen zum Plasmin. Dieses löst dann das Fibringerinnsel auf dem normalen Weg auf. In größeren Mengen ist Urokinase schwer zu erhalten. Aufgrund von Schwierigkeiten bei der Abtrennung und der Konzentrierung ist die Gewinnung kostenintensiv. Jedoch lassen sich diese Schwierigkeiten mit geeigneten Techniken, wie z. B. der Affinitätschromatographie oder auch dem Klonen des Urokinase-Gens umgehen. Streptokinase, ein Enzym aus hämolytischen Streptokokken, aktiviert ebenfalls Plasminogen. Entgegen der Bezeichnung ist diese Verbindung kein Enzym, obwohl dies häufig angenommen wird. Streptokinase bindet Plasminogen als 1:1 Komplex und kann dann andere Plasminogenmoleküle aktivieren. Sowohl Urokinase als auch Streptokinase finden im klinischen Bereich breiten Einsatz, obwohl letztere Nebenwirkungen besitzt. Neuerdings können Myokardinfarkte (Herzattacken) mit gereingten Hyaluronidase-Präparaten (Hyalosidase bzw. GL-Enzym) behandelt werden. Hier zeichnet sich eine äußerst vielversprechende Behandlungsmethode ab. Ein klinischer Versuch in Großbritannien hat bestätigt, daß Patienten, die innerhalb von sechs Stunden nach Einsetzen der Symptome eine einzige intravenöse Dosis des Enzyms erhalten hatten, eine signifikant höhere Überlebensrate aufwiesen (Flint et al., 1982). Hyaluronidase baut einige der Polysaccharide im Bindegewebe (Glycosaminoglycane) ab. Es spricht einiges dafür, daß durch die partielle Beseitigung der Glycosaminoglycane Ödeme (vermehrte Zurückhaltung von Wasser im Gewebe) reduziert werden und der Zutritt von Nährstoffen und Sauerstoff zum geschädigten, jedoch noch regenerierfähigen Gewebe verbessert wird. Da die Behandlung aus lediglich einer einzigen Wirkstoffgabe besteht, gibt es praktisch keine Nebenwirkungen.

Versuche, eine eindeutige Erklärung für die Wirkungsweise von Hyaluronidase zu finden, brachten einige erstaunliche Ergebnisse zutage. In Tierexperimenten wurde nachgewiesen, daß sich mehr als 70% des applizierten Enzyms innerhalb 10 Minuten in der Leber anreichern und daß nur 0.1% der Gesamtaktivität am Herz wirkt. Aus biochemischer Sicht ist dieses Verhalten erklärbar, denn Hyaluronidase ist ein Glycoprotein mit drei Mannose- terminierten Oligosacchariden (die Leber nimmt den größten Anteil solcher Glycoproteine auf). Vor kurzem wurde nachgewiesen, daß interessanterweise ein geschädigtes Herzgewebe das Enzym bevorzugt anreichert. Hierin könnte der Schlüssel für die pharmazeutische Wirksamkeit des Präparates liegen. Unabhängig von den möglichen Wirkungsmechanismen besteht kein Zweifel daran, daß bei mehr als 100000 Todesfällen pro Jahr, die allein in Großbritannien auf Herzinfarkte zurückzuführen sind, mit der Hyaluronidase ein möglicherweise epochemachendes therapeutisches Mittel zur Verfügung steht.

5.3 Verwendung in der Analyse

Die Analyse physiologischer Proben ist in der modernen Medizin ein zentrales Arbeitsgebiet und die Enzyme (sowohl freie als auch immobilisierte) spielen dabei eine wichtige Rolle. Viele physiologische Verbindungen lassen sich mit konventionellen chemischen Methoden nur schwer erfassen. Eine zu geringe Empfindlichkeit, Selektivität oder auch eine schwierige Durchführung der Analyse fallen ins Gewicht. Einige Verbindungen, wie z. B. die Peptidhormone, liegen darüber hinaus nur in verschwindend geringen Konzentrationen vor (10^{-12} mol l^{-1}). In diesem Konzentrationsbereich lassen sich keine chemischen oder physikalischen Eigenschaften mehr messen. Enzyme in der Analytik lassen sich im wesentlichen in zwei Gruppen aufteilen. Zum einen kann eine Verbindung direkt mit Hilfe des Enzyms analysiert werden, zum anderen kann ein Enzym zur Verstärkung einer anderen Reaktion eingesetzt werden. Ein Beispiel hierfür sind die „enzyme-linked immunoassays".

5.3.1 Die direkte Analyse von Metaboliten

Die Spezifität der Enzyme macht sie zum idealen Hilfsmittel zur Analyse einer einzigen speziellen Verbindung, die in einer komplexen physiologischen Flüssigkeit enthalten ist. Mittlerweile wurden viele Nachweismethoden entwickelt, die auf Enzymen basieren (s. Kap. 8). Zu den bedeutendsten Analysen zählen die Bestimmung von D-Glucose und von Cholesterol in physiologischen Flüssigkeiten. Mit herkömmlichen chemischen Methoden lassen sich beide Verbindungen nicht mit absoluter Genauigkeit bestimmen.

Die D-Glucose kann mit Hilfe der Glucoseoxidase (aus *Aspergillus niger*) und der Meerrettich-Peroxidase quantitativ erfaßt werden. Hierfür wird die D-Glucose mit Hilfe der Glucoseoxidase unter Verbrauch von molekularem Sauerstoff oxidiert. Es entsteht Wasserstoffperoxid (Gleichung 5.1).

$$\underset{\text{D-Glucose}}{C_6H_{12}O_6} + O_2 \xrightarrow{\text{Glucoseoxidase}} 2H_2O_2 + \underset{\text{D-Gluconolacton}}{C_6H_8O_6} \tag{5.1}$$

Das freigesetzte Wasserstoffperoxid wird mittels der Peroxidase und einer Redoxfarbe erfaßt. Das farbige Produkt kann photometrisch bestimmt werden (Gleichung 5.2)

$$H_2O_2 + \text{reduzierter Farbstoff} - H_2 \xrightarrow{\text{Peroxidase}} \text{oxidierter Farbstoff} + 2H_2O \tag{5.2}$$

Es steht eine breite Palette passender Redoxfarbstoffen zur Verfügung. Die Glucoseoxidase reagiert in physiologischen Flüssigkeiten praktisch vollständig spezifisch mit der D-Glucose. Obwohl das Enzym auch gegenüber D-Mannose (20%) und 2-Deoxy-D-Glucose (20%) eine gewisse Spezifität aufweist, sind die analysierten Proben mit diesen Verbindungen kaum verunreinigt.

Freies Cholesterol wird entsprechend der D-Glucose erfaßt. Zur Oxidation von Cholesterol wird Cholesteroloxidase (aus *Nocardia sp.*) eingesetzt. Diese Reaktion setzt ebenfalls Wasserstoffperoxid frei (Gleichung 5.3), das dann wie oben quantitativ erfaßt werden kann.

$$\underset{\text{Cholesterol}}{C_{27}H_{46}O} + O_2 \xrightarrow{\text{Cholesteroloxidase}} \underset{\text{Cholest-4-en-3-on}}{C_{27}H_{44}O} + H_2O_2 \tag{5.3}$$

Zur Bestimmung sowohl des freien als auch des gebundenen Cholesterols muß die Probe mit Cholesterolesterase vorbehandelt werden (Gleichung 5.4).

$$\text{Cholesterolester} \xrightarrow{\text{Cholesterolesterase}} \text{Cholesterol} + \text{Fettsäuren} \tag{5.4}$$

Die Analytik kann sowohl mit Standardpackungen (,kits') als auch automatisiert durchgeführt werden.

5.3.2 Indirekte enzymatische Analysen

Mit der Einführung immunologischer Techniken hat sich die Erfassung vieler medizinisch oder pharmazeutisch relevanter Stoffe revolutioniert. Die bemerkenswerte Spezifität der Antigen-Antikörper Reaktionen bietet sich für die Entwicklung empfindlicher und genauer Analysenmethoden an. Für eine aussagefähige Analytik muß der Antikörper so verändert werden, daß die Bindung an das Antigen quantitativ zu erfassen ist. Früher wurden Antikörper mit ^{125}Iod (β- und gamma- Strahler) markiert und die Radioaktivität des gebundenen Anteils gemessen. Diese Analysenmethode („radioimmunoassay") ist zwar überaus erfolgreich, erfordert aber eine äußerst kostenintensive Ausrüstung und sehr strenge Sicherheitsvorkehrungen.

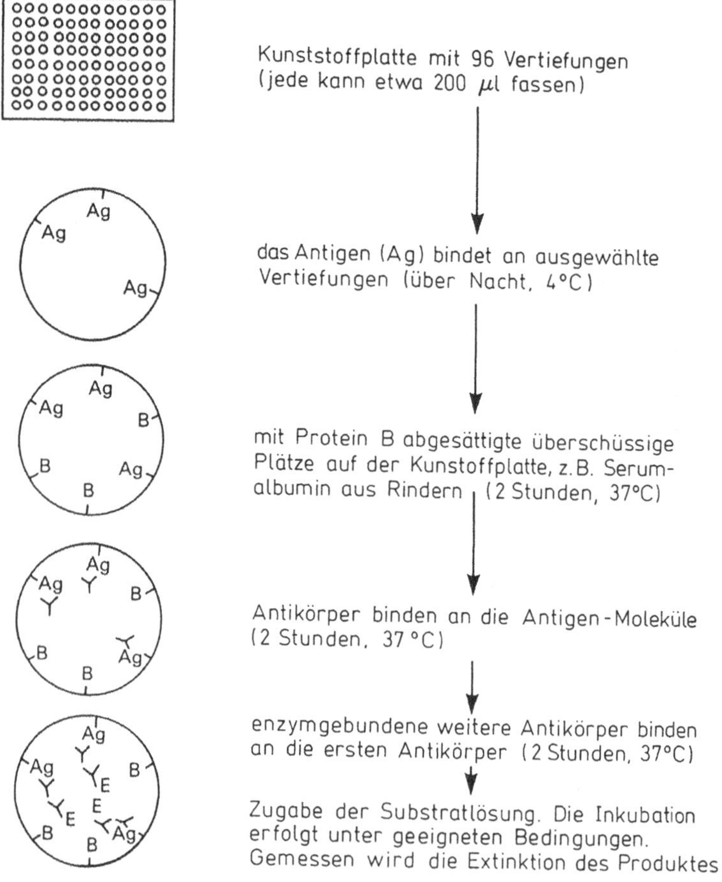

Abb. 5.2. Vorgehen bei einem typischen ELISA-Test

In jüngster Zeit wurde der Versuch unternommen, einfache, hydrolytisch wirksame Enzyme kovalent an den Antikörper zu binden und das System über die katalysierte Reaktion zu quantifizieren. Da das Enzym ein Katalysator ist, verstärkt es wirksam den Effekt. Darauf basierend können einfache, sichere und empfindliche Analysen entwickelt werden. Aus technischen Gründen ist es vorteilhaft, das Enzym an einen zweiten artspezifischen Antikörper zu binden und außerdem ein mehrschichtiges Analysensystem zu verwenden (Abb. 5.2). In einem Analysensystem mit enzymgebundenem Immunosorbens (ELISA = enzyme-linked immunosorbent assay) werden Enzyme für chromogene Substrate eingesetzt (Peroxidase, alkalische Phosphatase, β-Galactosidase). Der Verlauf der Reaktion wird spektrophotometrisch verfolgt. Neuerdings wird Urease, die an Antikörper gekoppelt vorliegt, verwendet. Die Hydrolyse von Harnstoff zieht eine pH-Änderung nach sich. Diese kann mit einem passenden Indikator verfolgt werden.

Obwohl relativ neu, ist die ELISA-Methodik bereits so erfolgreich, daß nahezu jedes biochemische bzw. medizinische Labor mit dieser Technik arbeitet. Angesichts der vielen möglichen Antikörper-Antigen-Reaktionen ist dieses System in seiner Vielseitigkeit praktisch unbegrenzt.

5.4 Pharmazeutische Anwendungen

5.4.1 Halbsynthetische Antibiotika

Enzymtechnisch werden hauptsächlich halbsynthetische Penicilline hergestellt. Sowohl Benzylpenicillin (Penicillin G) als auch Phenoxymethylpenicillin (Penicillin V) werden über die konventionelle Fermentation gewonnen. In der Vergangenheit erwiesen sich diese Antibiotika als wirksam. Jedoch zeigen beide Penicilline einerseits gegen gewisse pathogene Bakterien (vor allem gramnegative Stämme) nur eine begrenzte Wirksamkeit und andererseits haben sich zahlreiche resistente Bakterienstämme entwickelt (aufgrund der Produktion einer β-Lactamase (Penicillinase)). Folglich besteht ein beträchtliches Interesse an der Herstellung halbsynthetischer Breitband-Antibiotika (geeignet für die Behandlung einer Vielzahl von bakteriellen Infektionen), die von β-Lactamasen weniger leicht abgebaut werden.

Der erste Schritt bei der Synthese eines halbsynthetischen Penicillins ist die Bildung von 6-Aminopenicillansäure (6-APA) durch die Entfernung der Arylseitenkette (Abb. 5.3) (Lagerlöf et al., 1976). Herkömmlich wird diese Reaktion chemisch bei tiefen Temperaturen (−40°C) und unter strengem Wasserauschluß durchgeführt. Die Entdeckung von Penicillin-Amidasen und die Immobilisierung dieser Enzyme eröffnete jedoch einen wesentlich einfacheren Syntheseweg zur 6-APA. Jährlich werden etwa 8–10 x 10^3 Tonnen 6-APA hergestellt, davon derzeit etwa die Hälfte enzymatisch. Es sind unterschiedliche immobilisierte Enzymsysteme im Gebrauch

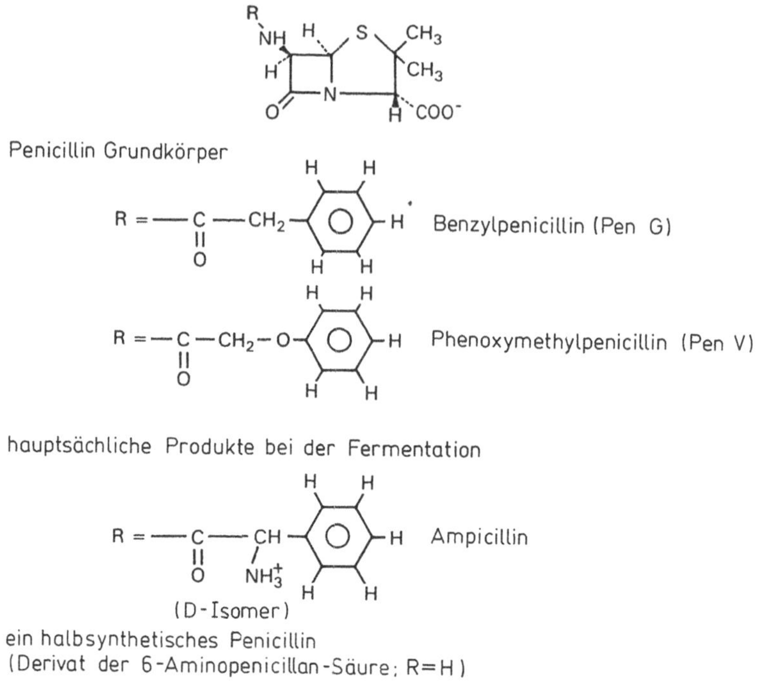

Penicillin Grundkörper

R = —C(=O)—CH₂—C₆H₅ Benzylpenicillin (Pen G)

R = —C(=O)—CH₂—O—C₆H₅ Phenoxymethylpenicillin (Pen V)

hauptsächliche Produkte bei der Fermentation

R = —C(=O)—CH(NH_3^+)—C₆H₅ Ampicillin

(D-Isomer)

ein halbsynthetisches Penicillin

(Derivat der 6-Aminopenicillan-Säure; R=H)

Abb. 5.3. Die Herstellung halbsynthetischer Penicilline.

(CNBr-aktiviertes Sephadex, mit Glutaraldehyd vernetzte Zellen). Die Produktivität pro Kilogramm immobilisierten Enzyms wird auf etwa 100–2000 kg 6-APA geschätzt. Chemisch läßt sich 6-APA zu einer Reihe unterschiedlicher Derivate, wie z. B. zum Ampicillin, acylieren (Abb. 5.3). Diese Derivate zeigen bereits spezifische Wirksamkeit.

Die Struktur der Cephalosporine ähnelt der der Penicilline (Abb. 5.4). Das primäre Fermentationsprodukt Cephalosporin C zeigt nur eine geringe antibiotische Wirkung. Die halbsynthetischen Derivate sind dagegen sehr erfolgreiche Antibiotika. Das Cephalosporin C läßt sich enzymatisch in die 7-Amino-Cephalosporansäure umwandeln, die ihrerseits dann chemisch acyliert werden kann. Die Produkte, wie z. B. das Cephaloridin, bilden die Gruppe der Cephalosporin-Antibiotika. Die Möglichkeit, Substituenten an zwei Stellen des Ausgangsmoleküls verändern zu können, vergrößert die Anzahl möglicher Produkte (Abb. 5.4).

5.4.2 Steroide

Steroide sind Bestandteil vieler pharmazeutischer Präparate (z. B. empfängnisverhütende Mittel oder entzündungshemmende Medikamente). Herstellungsverfahren für diese Substanzen sind wirtschaftlich sehr interessant. Wegen ihrer komplexen Stereochemie ist die chemische Synthese schwierig. Es

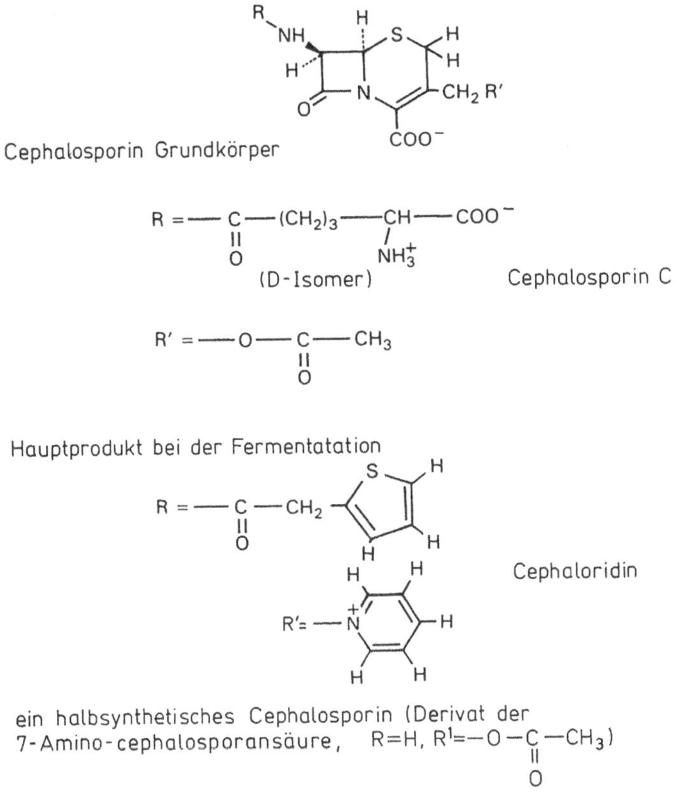

Cephalosporin Grundkörper

$R = -C(=O)-(CH_2)_3-CH(NH_3^+)-COO^-$ (D-Isomer) — Cephalosporin C

$R' = -O-C(=O)-CH_3$

Hauptprodukt bei der Fermentatation

$R = -C(=O)-CH_2-$ (Thiophen-Rest) — Cephaloridin

$R' = -N^+$ (Pyridinium-Rest)

ein halbsynthetisches Cephalosporin (Derivat der 7-Amino-cephalosporansäure, $R=H$, $R^1=-O-C(=O)-CH_3$)

Abb. 5.4. Die Herstellung halbsynthetischer Cephalosporine.

sind vielstufige Synthesen nötig und die Gesamtausbeute ist verschwindend gering.

In letzter Zeit konnten die Ausbeuten an pharmazeutisch wichtigen Steroiden, im Vergleich zu chemischen Methoden, durch Fermentation von Diosgenin und Stigmasterin dramatisch verbessert werden. Vor allem Diosgenin ist leider nur begrenzt erhältlich. Es besteht ein ernsthaftes Risiko, daß sich die Vorräte erschöpfen. Andere Steroidvorstufen sind dagegen zugänglich, vor allem wenn sie als Nebenprodukt in anderen Prozessen auftreten. Leider gibt es noch keine Möglichkeit, diese Vorprodukte zu pharmazeutisch einsetzbaren Endprodukten zu fermentieren. Das Potential, das in spezifischen Enzymreaktionen steckt, läßt andererseits erwarten, daß die Verwendbarkeit verschiedener, leicht zugänglicher Steroidvorstufen verbessert werden kann. In Laborversuchen und Pilotanlagen wurde die prinzipielle Machbarkeit bereits nachgewiesen. Ein industriell einsetzbares Verfahren existiert aber noch nicht. Eines der Hauptprobleme ist die Wasserunlöslichkeit vieler Steroide. Es muß also mit organischen Phasen gearbeitet werden. Enzymreaktionen können prinzipiell auch in nichtwäßriger Lösung stattfinden (Kap. 10) und daher sollte ein zufriedenstellendes Verfahren entwickelt werden können.

5.5 Schlußbemerkungen

Zum gegenwärtigen Zeitpunkt beschränkt sich der Einsatz von Enzymen in der medizinischen und pharmazeutischen Industrie auf wenige, jedoch sehr erfolgreiche Anwendungen. Ihr durchschlagender Erfolg eröffnet jedoch den Weg zu neuen Entwicklungen. An Ideen mangelt es nicht. Ethische Bedenken erschweren zu Recht die experimentelle Arbeit und die Entwicklung entsprechender Produkte verschlingt relativ viel Zeit. Enzyme für medizinische oder pharmazeutische Probleme einzusetzen ist ein interessantes und vielversprechendes Arbeitsgebiet, das sich für eine Weiterentwicklung anbietet. Die Verwendung von Enzymen auf pharmazeutischem Gebiet hat den Vorteil, daß auch für kleine Mengen wirtschaftliche Verfahren entwickelt werden können, denn pharmazeutische Produkte besitzen einerseits einen sehr hohen Produktwert und andererseits müssen chemische Synthesen über viele Reaktionsschritte ablaufen und sind zudem häufig mit Schwierigkeiten behaftet.

6 Einfluß der Immobilisierung auf Enzymstabilität und Enzymverwendung

6.1 Einleitung

Beim Einsatz eines biologischen Systems in einem technologischen Zusammenhang ist die Frage nach der Stabilität des biologischen Systems immer von zentraler Bedeutung. Sie hängt unmittelbar mit den Prozeßkosten zusammen und muß deshalb immer berücksichtigt werden. In einer rein biochemischen Fragestellung spielt die Stabilität keine Rolle. Im Zusammenhang mit experimentellen Verfahren ist sie jedoch sehr bedeutend. Es ist ein schwieriges, wenn nicht sogar unmögliches Unterfangen, die *in-vivo* - Stabilität mit der *in-vitro*-Stabilität in Relation setzen zu wollen. Da die Biotechnologie jedoch eher an der Anwendungsmöglichkeit von biologischen Systemen als an biologisch relevanten Bedingungen interessiert ist, können viele Methoden zur Beeinflussung der Stabilität bzw. effektiven Stabilität von Enzymen untersucht werden.

6.2 Enzymstabilität

Die Stabilität eines Enzyms hängt in komplexer Weise mit seiner Umgebung zusammen. Die Stabilität ist abhängig vom pH-Wert, von Reaktantenkonzentrationen und von destabilisierenden Agenzien. Die Abnahme der Enzymaktivität beruht allgemein auf thermischen Effekten. Sie folgt einem Geschwindigkeitsgesetz erster Ordnung und spiegelt die Enzymeigenschaften und die lokale Umgebung wieder (Cornish-Bowden, 1979).

$$\frac{\mathrm{d}[E]}{\mathrm{d}t} = -k_d\,[E_0]$$

Die aktive Enzymkonzentration zum Zeitpunkt $t = ([E_0^t])$ erhält man durch Integration:

$$[E_0^t] = [E_0^0]\exp(-k_\mathrm{d}\,.\,t)$$

Die Zerfallskonstante (k_d) des Enzyms läßt sich aus der Auftragung von $\ln([E^t]\ /\ [E_0])$ gegen t ermitteln.

Bei einer industriellen Anwendung muß die Enzymstabilität dem Einsatzzweck angemessen sein. Für ein Reaktorsystem z. B. ist die Produktmenge interessant, die sich innerhalb eines Lebenszyklus des Enzymkatalysators herstellen läßt bzw. der damit erzielbare Gewinn. Ein Sensor dagegen muß für einen genügend langen Zeitraum eine lineare Ansprechbarkeit gewährleisten. Dieser Zeitraum wird von den Auswechselkosten und den zeitlichen Gegebenheiten des Verfahrens, das mit dem Sensor überwacht wird, bestimmt. Neben der Arbeitsstabilität spielt die einfache und kostensparende Lagerungsfähigkeit eine weitere Rolle.

Die Abhängigkeit der Zerfallskonstante k_d von der Temperatur läßt sich mit der Arrheniusbeziehung beschreiben. Für den Destabilisierungsprozeß ist die Aktivierungsenergie die kritische Größe. Während der Lagerung können stabilisierende Verbindungen und der herrschende pH-Wert die Aktivierungsenergie und infolge davon auch die Lagerungstemperatur beeinflussen.

Die Stabilität wird, sowohl bei der Lagerung als auch während des Prozesses, normalerweise anhand von Halbwertszeiten angegeben, d. h. es wird der Zeitraum betrachtet, in dem das Enzym die Hälfte seiner Aktivität verliert.

$$[E^t] = \frac{[E_0]}{2} \quad \text{d. h.} \quad \frac{[E_0]}{2} = [E_0] \exp(-k_\mathrm{d} \cdot t)$$

und weiter

$$\ln(0.5) = -k_\mathrm{d} t \qquad \text{bzw.} \qquad t_{1/2} = \frac{0.693}{k_\mathrm{d}}$$

Um die Enzymstabilität gezielt beeinflussen zu können, muß zunächst die Konformation des Proteins, d. h. seine dreidimensionale Anordnung betrachtet werden. Sie ergibt sich aus den Wechselwirkungen zwischen den Seitenketten der Aminosäuren (in der primären Sequenz können diese weit voneinander entfernt liegen). Jede Substanz, die diese Wechselwirkungen beeinflußt, beeinflußt auch die Enzymstabilität.

Am häufigsten treten Wechselwirkungen in Form von Wasserstoff-Brückenbindungen, hydrophoben Wechselwirkungen oder ionischen Bindungen auf. Organische Lösungsmittel, extreme pH-Werte, Detergentien oder hohe Salzkonzentrationen (z. B. durch Ammoniumsulfat) beeinflussen diese Interaktionen. Außerdem ist bei vielen extrazellulären Enzymen die Bildung von Disulfidbrücken zwischen zwei Cysteinresten von Bedeutung. Diese kovalente Bindung kann die Enzymaktivität wesentlich beeinflussen. Werden diese Brücken vor Reduktion geschützt, so kann sich die Halbwertszeit solcher Enzyme entscheidend verlängern. Dagegen sind viele intrazelluläre Enzyme auf solche reduzierten Sulfhydryl-Gruppen angewiesen, d. h. sie müssen vor Oxidation geschützt werden.

Summiert man die Konformationswechselwirkungen auf, so erhält man einen Wert von weit mehr als 400 kJ mol^{-1}, jedoch ist in der Praxis die freie Aktivierungsenergie eines globulären Proteins durch Kompensation selten höher als 60 kJ mol^{-1}. Daher sind native Proteine meist ziemlich instabil. Betrachtet man die vielen Faktoren, welchen ein Enzym während eines technologischen Prozesses ausgesetzt ist, so ist es verständlich, daß die theoretische Voraussage für eine 'Arbeitsstabilität' unmöglich erscheint und der einzig sinnvolle Weg wohl nur darin besteht, experimentelle Erfahrungen zu sammeln. Die Enzymlagerung hingegen kann meist wesentlich besser kontrolliert werden und ist auch einfacher zu beschreiben (Buchholz, 1982).

6.2.1 Stabilisierung während der Lagerung

Die Stabilisierung eines Enzyms für seine Lagerung und die Stabilisierung für den Prozeß erfordern unterschiedliche Maßnahmen. In einem Enzymreaktor mit hohem Durchsatz kann der kontinuierliche Zusatz eines Stabilisators unwirtschaftflich sein, obwohl er andererseits während der Lagerung durchaus sinnvoll ist.

Die meisten Enzyme sind im Temperaturbereich zwischen 0 und 4°C einigermaßen stabil. Für die Lagerung - hier ist die Enzymaktivität unwichtig - wäre dies der ideale Temperaturbereich. Manchmal sind Stabilisatoren, wie z. B. Glycole und Sulfhydryl-Verbindungen sehr sinnvoll. Auch Reaktanten, bzw. Reaktantenanaloga wirken sich auf viele Enzyme stabilisierend aus. Der Grund hierfür wird in einer widerstandsfähigeren Struktur, hervorgerufen durch Konformationsänderungen im Zusammenhang mit der Bindung, angenommen. Auch organische Polymere, Antioxidantien oder Chelatbildner wirken stabilisierend (Wiseman, 1978).

6.2.2 Stabilisierung während des Prozesses

Die erforderliche Arbeitsstabiltät läßt sich auf mehreren Wegen erreichen:

(1) Suche nach Enzymen, die von Natur aus stabil sind
(2) Zusatz von Stabilisatoren
(3) Chemische Modifikationen
(4) Immobilisierung
(5) protein engineering

Von Natur aus stabile Enzyme finden sich häufig in Organismen, die an ein Leben feindlicher Umgebung angepaßt sind. Großes Interesse besteht derzeit an Enzymen aus thermophilen bzw. halophilen Organismen (Organismen, die in heißen Quellen bzw. in hochgradig salzhaltiger Umgebung leben). Vor allem die Struktur–Stabilität–Beziehungen in thermophilen Organismen wurden eingehend untersucht. Bislang konnte noch kein eindeutiges Prinzip erkannt werden, jedoch scheint eine gewisse Flexibiltät, die eine schnelle Renaturierung erlaubt, eine Rolle zu spielen. Bei einer industriellen Anwendung müssen der erhöhten Stabilität solcher Enzyme die oft höheren Herstellungskosten entgegengestellt werden.

Auch der Einsatz stabilisierender Additive erhöht die Prozeßkosten. Häufig wird die Enzymstabilität von den Reaktantenkonzentrationen in hohem Maße beeinflußt, so daß die gewählte Reaktantenkonzentration die freie Auswahl der Reaktionsbedingungen und die Reaktorauslegung einschränkt. Geringe Mengen chelatisierender Verbindungen, wie z. B. EDTA, antimikrobiell wirkende Stoffe (Azide) oder auch von Thiol-Schutzgruppen (Schwefelwasserstoff) können hervorragende Wirkungen zeigen, auch wenn diese Additive häufig wegen gesundheitlicher oder sicherheitstechnischer Belange nicht geduldet werden können.

Unter chemischen Veränderungen von Proteinen versteht man z. B. Acylierungen, Alkylierungen, Reaktionen mit Aminosäurederivaten oder auch andere Substitutionsreaktionen. Hierbei handelt es sich um ein schwer faßbares Gebiet. Die Effekte lassen sich a priori kaum abschätzen. Auswirkungen auf Aktivität, Stabilität und Spezifität wurden an verschiedenen Präparaten nachgewiesen. Eine eingehendere Behandlung erfolgt in Kapitel 9. Auch bei der chemischen Beeinflussung der Proteine ist eine Kosten/Nutzen-Analyse notwendig.

Immobilisierte Enzyme zeigen wegen ihrer Bindung an ein unlösliches Trägermaterial in vielen Fällen eine erhöhte Stabilität. In der Praxis läßt sich die Stabilität noch weiter erhöhen, wenn zusammen mit dem Enzym noch weitere chemische Reste (z. B. Sulfhydryl-Gruppen, Albumin) immobilisiert werden. Spezielle Einschlußmethoden erhöhen den Schutz vor proteolytisch wirksamen Enzymen und vor mikrobiellem Abbau.

Die gezielte Veränderung von Proteinen (protein engineering) ist der jüngste Versuch, die Enzymstabilität zu verbessern. Weiterentwicklungen in der Gentechnik und verbesserte graphische Darstellungsmöglichkeiten am Computer, gekoppelt mit einem besseren Verständnis der Proteinstruktur (s. Kap. 9), sind die Voraussetzungen für eine erfolgreiche Modifikation.

6.3 Die Immobilisierung von Enzymen

Bei der Diskussion von Enzymeigenschaften müssen auch alle Veränderungen an der Enzymstruktur in Betracht gezogen werden. Im Rahmen eines Verfahrens kann z. B. angestrebt werden, daß das beteiligte Enzym ‚immobilisiert' vorliegen soll, damit es im Reaktor zurückgehalten werden kann (Goldstein und Katchalski-Katzir, 1979). Eine Immobilisierung beeinflußt immer die Enzymumgebung und verursacht auch Eigenschaftsänderungen des Enzyms. Art und Ausmaß dieser Veränderungen sind vom Enzym selbst und von der Immobilisierungsmethode abhängig.

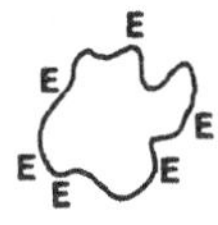

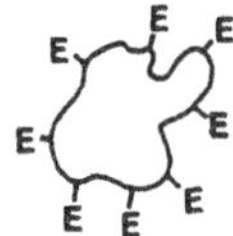

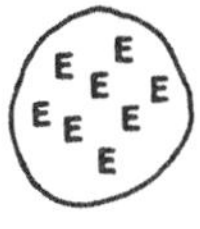

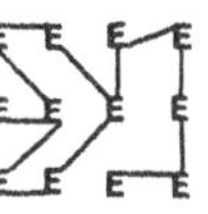

Abb. 6.1. Gängige Methoden zur Enzymimmobilisierung

Die Fortschritte bei den Immobilisierungsmethoden führten 1972 zu dem Versuch, die Klassifizierung der immobilisierten Enzymsysteme zu vereinfachen. Die wichtigsten Arten sind in Abb. 6.1 zu sehen. Immobilisierungstechniken für Enzyme sind mittlerweile gut eingeführt. In der Literatur finden sich darüber umfangreiche Beschreibungen. Die wichtigsten Immobilisierungsmethoden werden im folgenden kurz beschrieben, einen detaillierteren Einblick bietet Trevan (1980).

Enzyme können an einer Substratoberfläche adsorbiert werden. Die dabei auftretenden Vorgänge sind im wesentlichen physikalischer Natur (z. B. Ladungseffekte oder hydrophobe Wechselwirkungen). Strukturelle Verzerrungen des Enzyms werden wegen der Flexibilität dieser Methode auf ein Minimum reduziert. Die Adsorption wird als Analogon zu membrangebundenen Enzymen *in vivo* angesehen. Sie ist im Normalfall reversibel, so daß veränderte Prozeßbedingungen, wie z. B. pH- Änderungen oder Änderungen der Ionenstärke zur Desorption führen können. Einige industrielle Verfahren arbeiten trotz dieses Nachteils mit adsorbierten Enzymen (z. B. Glucoseisomerase auf DEAE- Cellulose).

Die gängigste Methode zur Enzymimmobilisierung ist die kovalente Bindung eines löslichen Enzyms an ein unlösliches Trägermaterial. Hierfür stehen mittlerweile viele Techniken und Trägermaterialien zur Verfügung. Beim Kopplungsprozß kann zwar ein Teil der Aktivität verloren gehen, jedoch wird mit der kovalenten Anordnung ein nennenswerter Enzymaustrag unwahrscheinlich. Die Katalysatorstabilität nimmt also zu.

Ein anderer Weg zur Immobilisierung von Enzymen ist, diese in eine geeignete Matrix ‚einzuschließen'. Das Enzym selbst bleibt dabei unverändert, ist jedoch in einem Tropfen Lösungsmittel innerhalb einer Polymermatrix eingefangen. Bei der ‚Einschlußmethode' kann das Enzym über das gesamte Polymerpräparat, z. B. Polyacrylamid, dispergiert vorliegen. Ein etwas gezielterer Weg ist die Ummantelung. Das Enzym liegt hierbei gebunden in Mikrokapseln vor. So wurde z. B. die interfaciale Polymerisation einer Nylonmembran um einen enzymhaltigen Tropfen versucht. Das Polymer beeinflußt allerdings die Verfügbarkeit des Reaktanten. Daher eignet sich diese Methode nicht für Reaktionen zwischen einem Enzym und einem hochmolekularen Reaktanten. Andererseits kann das Polymer das Enzym schützen. So werden z. B. *in vivo* mikroverkapselte Enzyme vor dem Immunsystem des Wirtes geschützt (s. Kap. 5).

Es sind zwar noch andere Immobilisierungsmethoden bekannt (z. B. Ultrafiltrationsmembranen), am häufigsten finden jedoch Adsorption und kovalente Kopplung Anwendung. Detailliertere Beschreibungen von Immobilisierungsmethoden sind in der Literatur zu finden (Messing, 1985; Woodward, 1985).

6.3.1 Immobilisierung und Enzymaktivität

Die Aktivität eines immobilisierten Enzyms unterscheidet sich immer von der ursprünglichen Aktivität. Neben vielen anderen Gründen sind hierfür vor allem konformatorische, Verteilungs- und Diffusionseffekte verantwortlich (Goldstein, 1976).

Die Immobilisierung kann im Protein strukturelle Störungen auslösen und damit die katalytische Wirksamkeit des Enzyms vermindern. Weiterhin kann der Zutritt eines Reaktanten zum aktiven Zentrum erschwert sein und ebenfalls eine Aktivitätsminderung nach sich ziehen. Für diese beiden Phänomene sind konformatorische Effekte verantwortlich.

Verteilungseffekte treten dagegen auf, wenn sich die Konzentrationen von Reaktanten oder anderen Verbindungen, die die Enzymaktivität beeinflussen, auf der Trägeroberfläche von den Konzentrationen in der freien Lösung unterscheiden. Diese Effekte können auf elektrostatischen oder hydrophoben Wechselwirkungen beruhen und hängen von der oder den beteiligten Verbindung(en) ab. Verteilungseffekte können die Reaktionsgeschwindigkeit erhöhen oder auch verzögern.

Effekte, die auf Diffusion oder Massentransfer beruhen, können internen oder externen Ursprungs sein (Horvath und Engasser, 1974). So ist der Grund für einen externen Widerstand oft ein nichtgerührter Flüssigkeitsfilm um die immobilisierten Enzympartikel. Übersteigt die katalytisch bedingte Verbrauchsgeschwindigkeit des Reaktanten seine Diffusionsgeschwindigkeit in diese Schicht, so ist die Reaktantenkonzentration auf der Katalysator-Oberfläche geringer als in der übrigen Probe. Die Schichtdicke dieser nicht gerührten Schicht läßt sich mit den Fließeigenschaften der Lösung, die über das Partikel fließt, korrelieren. Bei Enzymen, die in Polymeren verteilt vorliegen, ist der interne Massentransfer-Widerstand zu beachten. Wiederum kann der Reaktant schneller abreagieren als in das Gel hineindiffundieren. Die makroskopisch beobachtete Reaktionsgeschwindigkeit ist also eine Funktion der Diffusivität des Reaktanten, der Porosität der Polymers, der externen Reaktantenkonzentration und der Enzymkinetik.

Der Einfluß von Immobilisierung auf die Konformation ist von den drei Punkten am schwierigsten zu behandeln. Diese Problematik ist auch nicht so gut beschrieben, wie die Verteilung oder der Massentransfer. Konformationseffekte hängen vom Enzym, von der Arbeitsmethode und vom Trägermaterial ab. Einige unangenehme Auswirkungen der Immobilisierung auf die Aktivität sind in Abb. 6.2 zusammengestellt.

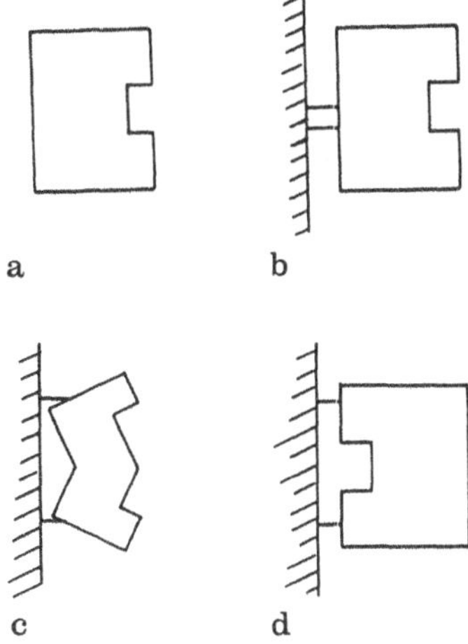

Abb. 6.2. Folgen der Enzymimmobilisierung: (a) freies Enzym; (b) aktives, immobilisiertes Enzym; (c) inaktives, immobilisiertes Enzym (Konformationsänderung); (d) inaktives, immobilisiertes Enzym (sterische Hinderung).

Zur Diskussion von Verteilungseffekten ist es besonders wichtig, daß der pH-Wert in der unmittelbaren Umgebung des Enzyms - und zwar unabhängig vom pH im Rest der Lösung - erfaßt werden kann. Liegt das Enzym auf einem geladenen Trägermaterial, wie z. B. einem Ionenaustauscher, vor, läßt sich der Konzentrationsunterschied zwischen der geladenen Komponente auf dem Trägermaterial und in der restlichen Lösung mit einem Verteilungskoeffizienten (P) beschreiben.

$$P = \frac{C_o}{C_l} \tag{6.1}$$

wobei

C_o = die Konzentration an der Oberfläche
C_l = die Konzentration in der Lösung

Für Protonen wurden diese Effekte mit Hilfe einer Boltzmann-Verteilung beschrieben.

$$\mathrm{H}_o^+ = \mathrm{H}_l^+ \exp(-e\,\psi \,/\, kT) \tag{6.2}$$

wobei

H_o^+ = Wasserstoffionenkonzentration an der Oberfläche
H_l^+ = Wasserstoffionen-Konzentration in der Lösung
e = Ladung
ψ = Potential

k = Boltzmann-Konstante
T = absolute Temperatur

Dividiert man beide Seiten durch H_l^+, so läßt sich dieser Term als Verteilungskoeffizient $P_{\mathrm{H}+}$ darstellen:

$$P_{\mathrm{H}+} = \exp(-e\,\psi \;/\; kT) \tag{6.3}$$

Sind die Eigenschaften der Lösung und des Trägermaterials bekannt, so läßt sich mit dieser Gleichung die Wasserstoffionenkonzentration an der Oberfläche vorhersagen. Bei einem polyanionischen Trägermaterial ist die Wasserstoffionen- Konzentration an der Oberfläche höher als in der Lösung, bei einem polykationischen Trägermaterial geringer.

Die pH-Änderungen können aus Gleichung (6.2) berechnet werden. Hierfür werden beide Seiten durch H_l^+ dividiert und anschließend logarithmiert.

$$\ln\left\{\frac{H_o^+}{H_l^+}\right\} = (-e\psi \;/\; kT)$$

$$2.303\log\left\{\frac{H_o^+}{H_l^+}\right\} = (-e\psi \;/\; kT)$$

$$\mathrm{pH} \;=\; 0.43\,(e\psi \;/\; kT)$$

Das pH-Aktivitätsprofil eines Enzyms hängt mit der Dissoziation kritischer Gruppen vom aktiven Zentrum zusammen. Diese Beziehung läßt sich dazu verwenden, für ein immobilisiertes Enzym Änderungen für das pH-Optimum zu berechnen. Beinahe jedes Enzym besitzt sein eigenes pH-Optimum. Die pH-Wahl bei Verfahren, die nacheinander mehrere Enzyme benötigen, wirft daher Probleme auf. Die Ladungseigenschaften des Trägermaterials können derart modifiziert werden, daß jedes Enzym bei dem entsprechenden optimalen pH immobilisiert werden kann. So ist die maximale Aktivität sichergestellt. Über ionisierbare Reaktanten läßt sich auf ähnliche Weise der Einfluß von Ladungseffekten auf die Reaktantenkonzentration an der Trägeroberfläche berechnen. Bei hohen Ionenstärken verwischen sich im übrigen die angesprochenen pH-Effekte in der unmittelbaren Umgebung (Abb. 6.3).

Die Effekte eines externen Massentransfer-Widerstandes lassen sich modellmäßig erfassen. Hierfür wird ein linearer Reaktanten-Gradient durch eine nicht gerührte Grenzschicht hindurch angenommen. Man erhält für K_{m} und V_{max} einen modifizierten Ausdruck.

$$\frac{-\mathrm{d}[R]}{\mathrm{d}t} = \frac{V'_{\mathrm{max}}\,[R]}{[R] + K'_m}$$

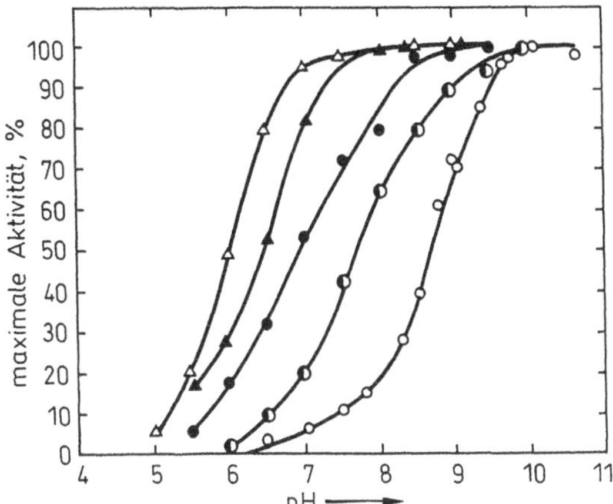

Abb. 6.3. Auswirkungen von Immobilisierung und Ionenstärke auf die Beziehung zwischen pH und Aktivität am Beispiel von Trypsin und einem polyanionischen, Ethylen-Maleinsäure(EMS)- Copolymer-Derivat von Trypsin (EMS-Trypsin) bei unterschiedlichen Ionenstärken: Trypsin—△, 3.5 x 10^{-2}; ▲, 1.0; EMS-Trypsin-◐, 6.0 x 10^{-3}; ○,3.5 x 10^{-3}; •, 1.0. Trägermaterial ist Benzoyl-L-Argininethylester (aus Goldstein, 1976).

wobei

$V'_{\max}$ = gemessene $V_{\max}$
$[R]$ = Konzentration des Reaktanten in der Lösung

und

$$K'_{\mathrm{m}} = \frac{V'_{\max}\,\delta}{D_l}$$

wobei

D_l = Diffusivität des Reaktanten
δ = Dicke der Grenzschicht

Für Festbettreaktoren läßt sich die Dicke der Grenzschicht aus der Fließgeschwindigkeit der überstehenden Flüssigkeit berechnen, für Rührkessel aus der Rührgeschwindigkeit. Die Dicke der Grenzschicht ist für das Modell lediglich eine Hilfsannahme und ist ohne physikalische Bedeutung. Sie wird daher meist in Form des Massentransfer-Widerstandes (K_l) angegeben.

$$K_l = \frac{D_l}{\delta}$$

K_l kann aus der Sherwood-Zahl (Sh) berechnet werden. Die Sherwood-Zahl ist eine dimensionslose Größe und gibt das Verhältnis zwischen dem gesamten Massentransfer im System und dem Massentransfer, der sich allein aus molekularen Kräften ergibt (Diffusivität), an,

$$Sh =: \frac{K_l\, d_p}{D_l}$$

wobei d_p = Partikeldurchmesser.

Die Sherwood-Zahl läßt sich auch aus der Korrelation mit der Fließdynamik des Systems berechnen.

$$Sh = c\, Re^a\, Sc^b$$

a, b und c sind Konstanten. Ihre Größe ist von der Reynolds-Zahl (Re) abhängig.

$$Sc = \text{Schmidt} - \text{Zahl}$$

Liegt die Reynolds-Zahl zwischen 20 und 120, so können als Konstanten die Zahlenwerte a = b = 0.33 und c = 4.6 eingesetzt werden.

Die Reynolds-Zahl läßt sich als das Verhältnis der Impuls-, bzw. Trägheitskräfte im System zu den viskosen Kräften interpretieren. Eine niedrige Re-Zahl (< 100) repräsentiert ein viskositätsbeherrschtes System mit laminarem Fluß. Eine hohe Re-Zahl (> 2000) entspricht dagegen einem vollständig turbulenten Fließverhalten (McCabe et al., 1985).

Die Definition der Reynolds-Zahl ist vom Reaktortyp abhängig. Für einen Festbettreaktor gilt:

$$Re = \frac{\mu\, d_p\, \rho}{\nu}$$

Für Rührkessel gilt:

$$Re_i = \frac{(n\, d_i)\, d_i\, \rho}{\nu}$$

wobei

d_i = Durchmesser des Rotors
μ = Geschwindigkeit der Flüssigkeit
d_p = Partikeldurchmesser
ρ = Flüssigkeitsdichte
ν = dynamische Viskosität
n = Rührergeschwindigkeit

Die Schmidt-Zahl ist das Verhältnis zwischen Diffusivität und Viskosität:

$$Sc = \frac{D_l\, \rho}{\nu}$$

Die Sherwood-Zahl kann also für gegebene experimentelle Bedingungen berechnet werden und nach der Geschwindigkeit für den Massentransfer aufgelöst werden.

Der Effekt des internen Massentransfers auf die gefundene Reaktionsrate resultiert wiederum aus der geringeren verfügbaren Konzentration der Reaktanten. Bei einer hohen Enzymbeladung wird der Reaktant schneller verbraucht, als dessen Diffusion in das Polymer erfolgt. Dies hat einen Konzentrationsgradienten innerhalb der Immobilisierungsmatrix zur Folge. Die mathematische Beschreibung dieses Phänomens erfolgt über das Massengleichgewicht in einem infinitesimal kleinen Volumenelement im Polymer. Der Term ist allerdings so komplex, daß eine einfache analytische Lösung nur für Systeme möglich ist, die einem Geschwindigkeitsgesetz erster Ordnung folgen. In der Praxis werden die Auswirkungen des internen Massentransfers aus verallgemeinerten Wirksamkeits-Plots berechnet. Hierbei wird für einen Bereich des dimensionslosen Thiele-Modul (ϕ) das Verhältnis V_{max}(beob.) / V_{max}(ber.) gegen K_{m} / $[R]_0$ aufgetragen. $[R]_0$ gibt die Reaktantenkonzentration an der Eintrittsstelle zum Reaktor an. Der Thiele-Modul ist wie folgt definiert:

$$\phi = L \sqrt{\frac{V_{\mathrm{max}}}{K_{\mathrm{m}}\, D_{\mathrm{c}}}}$$

wobei

L = der Radius des Partikels für den limitierten externen Massentransfer immobilisierte Enzym ist

D_{c} = Diffusivität des Reaktanten durch die Immobilisierungsmatrix hindurch

Interner Massentransfer-Widerstand und externe Fließdynamik hängen nicht direkt zusammen. (Indirekt ist der externe Widerstand zusätzlich zum internen Widerstand zu beachten.) Die Ursache des internen Widerstands sind die kleinen Porendurchmesser und die gewundenen Fließwege im Polymerträger, die der Lösung keinen ungehinderten Fluß durch das Bett erlaubt. Als Folge davon ist die beobachtete Diffusivität kleiner als in freier Lösung (Furui und Yamashita, 1985; Hannoun und Stephanopoulos, 1986). Die tatsächliche Diffusivität in der Polymerphase läßt sich wie folgt darstellen:

$$D_{\mathrm{c}} = \frac{D_{\mathrm{l}}\, \chi}{\tau}$$

wobei

χ = Porosität

τ = effektive Weglänge

Wie vielleicht erwartet, verhält sich die tatsächliche Diffusivität proportional zum Wassergehalt des Trägermaterials und umgekehrt proportional zur Molekülgröße des Reaktanten. Die Auftragung für den Wirksamkeitsfaktor (Abb. 6.4) ergibt sich aus der numerischen Integration des Massengleichgewichtes für den Reaktanten, verteilt über das Partikel (Horvath und

Engasser, 1974). Aus der Auftragung läßt sich entnehmen, daß sich der Wirksamkeitsfaktor für kleine Werte von ϕ ‚1' annähert, aber daß ϕ mit zunehmender Partikelgröße ansteigt. Aus den K_m / $[R]$–Verläufen ist ersichtlich, daß hohe Reaktantenkonzentrationen die Effekte aus dem internen Massentransfer-Widerstand überkompensieren. Allerdings kann bei hohen Reaktantenkonzentrationen der Umsatzgrad der Reaktion vermindert sein. In einem Festbettreaktor variiert die Reaktantenkonzentration entlang der Reaktorstrecke. In diesem Fall ist der Wirksamkeitsfaktor eine Funktion der axialen Position im Reaktor.

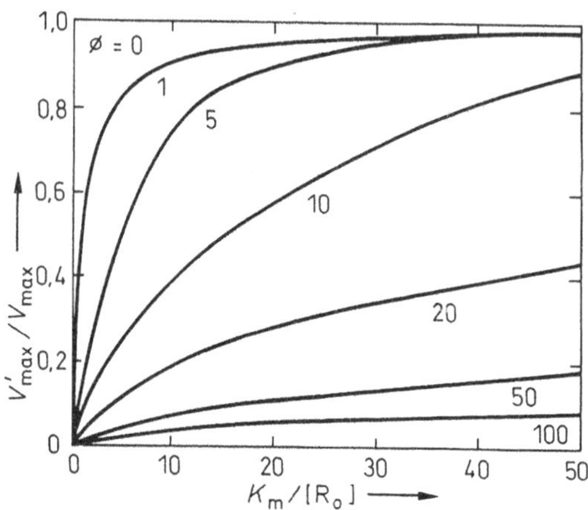

Abb. 6.4. Thiele-Modul-Auftragung für den internen Massentransfer-Widerstand. Aufgetragen ist die Gesamt- Reaktionsgeschwindigkeit, $V'_{max'}$, in einer Enzymmembran, normiert auf $V_{max'}$ gegen die dimensionslose Substratkonzentration an der Oberfläche, K_m / $[R_0]$, für mehrere Werte von ϕ (Thiele-Modul). Die Diffusionseffekte nehmen mit steigenden Werten von ϕ zu und führen, im Vergleich zu einer kinetisch kontrollierten Reaktionsgeschwindigkeit (diese liegt vor, wenn $\phi = 0$), zu einer verringerten Gesamtgeschwindigkeit (aus Horvath und Engasser, 1974).

In bezug auf die Frage der Enzymbeladung wirkt sich der interne Massentransfer so aus, daß ein Kompromiß zwischen einem hochaktiven Präparat mit geringem Wirksamkeitsfaktor und einem wenig aktiven Präparat mit hohem Wirksamkeitsfaktor gefunden werden muß.

Wegen der abgesenkten tatsächlichen Reaktantenkonzentration ist das Phänomen des internen Massentransfers im allgemeinen unerwünscht. Hat man es allerdings mit einer Reaktanteninhibierung zu tun, kann dieser Effekt sogar von Vorteil sein (Atkinson, 1985). Abb. 6.5 gibt eine Zusammenstellung, welche Auswirkungen eine Enzymimmobilisierung auf die Aktivität haben kann.

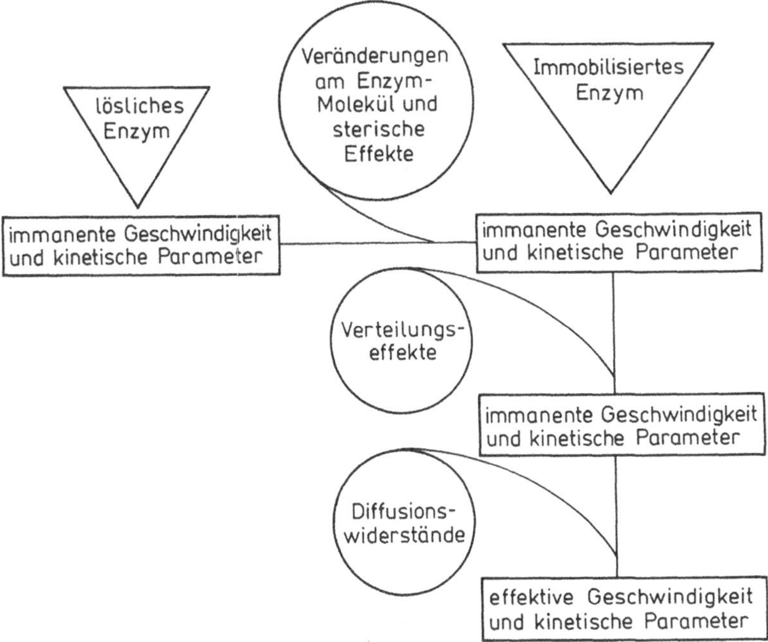

Abb. 6.5. Schematische Darstellung von Einflüssen auf die Aktivität immobilisierter Enzyme (aus Engasser und Horvath, 1976).

6.3.2 Immobilisierung und Enzymstabilität

Die erhöhte Enzymstabilität gilt häufig als ein Vorteil der Enzymimmobilisierung. Bei oberflächlicher Betrachtung der Literatur über immobilisierte Enzyme wird auch tatsächlich impliziert, daß eine Immobilisierung beinahe immer eine erhöhte Stabilität nach sich zieht. Beispiele für eine erhöhte Stabilität werden aber wohl bevorzugt veröffentlicht, so daß die Ergebnisse ein gefiltertes Bild wiedergeben. Wie auch bei den freien Enzymen sollte zwischen der Lagerungs- und der Arbeitsstabilität unterschieden werden. Für ein immobilisiertes Enzym ist zweifellos die Arbeitsstabilität das wichtigste Kriterium. Im Vergleich dazu läßt sich die Lagerungsstabilität zwar sehr leicht bestimmen, jedoch ist zwischen den charakteristischen Größen keine eindeutige Korrelation möglich. Daten zur Lagerungsstabilität eignen sich nur wenig für Vorhersagen zur Arbeitsstabilität eines Enzyms (Vieth und Venkatasubramanian, 1973).

Zwar sind keine mathematischen Zusammenhänge zwischen Immobilisierung und Aktivität formulierbar, jedoch sind Tendenzen zu erkennen. Bei proteolytischen Enzymen wird häufig eine Stabilisierung beobachtet, wohl wegen einer verminderten Autolyseneigung. Im Gegensatz zu löslichen Enzymen, deren Aktivitätsabnahme häufig einer Kinetik erster Ordnung folgt, gehorchen immobilisierte Enzyme meist einer mehrstufigen Kinetik,

d. h. der Aktivitätsverlust ist zu Reaktionsbeginn relativ gering und steigt mit fortlaufender Reaktion an (Cheetham, 1983). Eine Erklärung könnte sein, daß im Zuge der Immobilisierung häufig eine heterogene Population von Enzymmolekülen mit unterschiedlicher Orientierung erhalten wird. Unter Umständen zeigen die Populationen unter den herrschenden Bedingungen unterschiedliche Stabilität. Diese Vermutung wird dadurch gestützt, daß eingeschlossene Enzyme, im Gegensatz zu den gekoppelt vorliegenden Enzymen, ähnliche Aktivitäten aufweisen wie die freien Enzyme. Die Möglichkeiten für eine Kopplung sind zahlreich und komplex, so daß sich nur schwer Vorhersagen machen lassen. Im allgemeinen müssen experimentelle Daten unter den angestrebten Reaktionsbedingungen gesammelt werden. Weiterhin können neben den strukturellen Auswirkungen der Enzymimmobilisierung auch Massentransferbeschränkungen (wenn sie unbeachtet bleiben) zu anomalen Stabilitätsdaten führen. So kann z. B. eine Probe mit einer hohen anfänglichen Aktivität, jedoch einer geringen Wirksamkeit, zu Reaktionsbeginn eine nur geringfügige Absenkung in der Leistungsfähigkeit aufweisen. Nach Erreichen eines kritischen Punktes sinkt dann die Leistungsfähigkeit jedoch sehr schnell ab. Makroskopisch zeigt sich im Wirkungsgrad die Abnahme als zweistufig, obgleich die Geschwindigkeit, mit der die Enzymaktivität abnimmt konstant bleibt. Ebenso kann in diffusionsbestimmten Systemen ein anomaler Verlauf der Leistungsfähigkeit festgestellt werden, wenn die Abnutzung des immobilisierten Enzyms zu einer Partikelverkleinerung und somit zu einem geringeren Massentransferwiderstand führt.

Verteilungseffekte in den pH-Aktivitätsprofilen beeinflussen die Stabilität ebenfalls. Muß ein Prozeß bei einem nicht idealen pH-Wert geführt werden, so läßt sich die Enzymstabilität erhöhen, wenn mit Hilfe eines geeignet geladenen Trägermaterials ein optimaler lokaler pH-Wert eingestellt werden kann.

6.4 Schlußbemerkungen

Immobilisierung scheint sich häufig vorteilhaft auf die Enzymstabilität auszuwirken. In der Praxis lassen sich aber keine Voraussagen a priori machen. Unter manchen Bedingungen beruht die Stabilitätserhöhung lediglich auf Artefakten (Massentransfereffekte), die die wahre Situation verschleiern. Wegen der Komplexität der Einflüsse auf die Enzymstabilität ist es derzeit nur sinnvoll, Daten unter den aktuellen experimentellen Bedingungen zu sammeln. In einer kürzlich erschienenen Monographie zur Charakterisierung immobilisierter Biokatalysatoren wird eine Standardisierung solcher Stabilitätsabschätzungen angeregt (Goldstein und Katchalski- Katzir, 1979).

7 Enzyme in Landwirtschaft und Lebensmittelindustrie

7.1 Einleitung

Das erste Beispiel einer im Nahrungsmittelbereich gezielt eingesetzten enzymatischen Reaktion beruht wohl auf der zufälligen Entdeckung, daß Milch, die in Ziegenmägen aufbewahrt wurde, gerann und das Produkt als nützliches Lebensmittel erkannt wurde. Die Verwertung dieser Reaktion erforderte keine tiefgreifenden Kenntnisse über den zugrunde liegenden Reaktionsmechanismus. Systematisch wird die Wirkung von Enzymen erst seit relativ kurzer Zeit untersucht. Weitere natürliche enzymatische Prozesse sind das Zartwerden und die Geschmacksverstärkung von Fleisch bei der Lagerung, Aromaveränderungen bei der Käsereifung und die Bildung fermentierbarer Zucker aus Gerste beim Mälzen. In der herstellenden und verarbeitenden Industrie werden mehr und mehr Enzyme eingesetzt. Einerseits werden traditionelle Verfahren weiterentwickelt und andererseits ergeben sich aus dem vertieften Verständnis von Enzymeigenschaften neue Verfahren. Dieses Kapitel behandelt den Einsatz von Enzymen in der Landwirtschaft und in der Lebensmittelindustrie. Auch wirtschaftliche Aspekte der Verfahren werden angesprochen.

7.2 Weiterentwicklung traditioneller Verfahren

7.2.1 Milchprodukte

Das bedeutendste Milchprodukt ist Käse. Käse entsteht durch Ausfällen und Aufarbeitung des in der Milch enthaltenen Caseins. Die Fällung kann auf zwei Möglichkeiten erfolgen. Zum einen kann der pH-Wert der Milch durch Abbau der Lactose zu Milchsäure unter Mithilfe von Bakterien auf Werte unterhalb des isoelektrischen Punktes (4.6) von Casein abgesenkt werden; zum anderen kann Casein enzymatisch aufgespalten und zur Coagulation gebracht werden (Taylor et al., 1979). Das jeweilige Vorgehen hängt vom Käsetyp ab, der hergestellt werden soll. Die enzymatische Coagulation erfolgt bei einem höheren pH-Wert (5.8–6.5) und liefert ein zarteres, elastisches Präzipitat, das sich leichter trocknen läßt. Das Enzym der Wahl hierfür ist Chymosin, ein Enzym, das aus dem Labmagen von noch säugenden Kälbern extrahiert wird. Dieses Enzym kann Casein unter nur geringfügiger Proteolyse ausfällen. Bei älteren Kälbern wird Chymosin hauptsächlich durch Pepsin ersetzt. Pepsin hat eine wesentlich ausgeprägtere proteolytische Wirkung. Die gebildeten kurzen, bitter schmekkenden Peptide beeinträchtigen den Geschmack des fertigen Käse.

Chymosin eignet sich hervorragend zur Käseherstellung, ist jedoch nur in begrenztem Umfang lieferbar. Die beträchtlichen Engpässe hatten erhöhte Preise zur Folge. Daraufhin wurde eine Reihe weiterer Enzyme auf ihre mögliche Verwendung hin überprüft. Ebenso wie auch Chymosin sollten sie wirkungsvoll ausfällen und gleichzeitig möglichst wenig proteolytisch wirken. Der bislang beste Ersatz stammt aus dem Schimmelpilz *Mucor miehei*. Die Spezifität dieses Enzyms ähnelt der des Chymosins. Es ist stabiler und neigt daher nach der Coagulation zu einer – unerwünschten – weiteren Proteolyse. Enzyme aus *Mucor miehei* werden aber dennoch kommerziell eingesetzt und können bei einigen Herstellungsverfahren sogar erfolgreich das Chymosin ersetzen und dies ohne tiefgreifende Änderungen bei der Prozeßführung. Chymosin kann aber nicht immer ersetzt werden. Um den Chymosinmangel zu beheben, haben einige Biotechnologiefirmen gentechnische Projekte in die Wege geleitet, um Chymosin aus Mikroorganismen herstellen zu können (s. Kap. 2) (Beppu, 1983).

Auch Lipasen, die ebenfalls in der Milch vorkommen, sind an der Käseproduktion beteiligt. Diese Enzyme hydrolysieren das Milchfett. Dabei entstehen charakteristische Geschmacksveränderungen. Für manche Käsesorten läßt sich der Anteil der natürlich vorkommenden Lipasen durch den Zusatz von weiterem Enzym erhöhen. Auch andere, natürlicherweise in der Milch vorkommende Enzyme, können bei der Herstellung vieler Milchprodukte eine wichtige Rolle spielen.

7.2.2 Proteolyse

Der enzymatische Proteinabbau wird aus vielerlei Gründen, wie z. B. zu Veränderungen im Geschmack, in der Struktur und im Erscheinungsbild von Lebensmitteln, gezielt eingesetzt (Adler- Nissen, 1986). So werden z. B. die aus Pflanzen gewonnenen Proteasen Papain und Bromelain als Zartmacher für Fleisch (meat-tenderizer) verwendet. Andere mikrobiell gewonnene Proteasen können die löslichen Proteine im Bier abbauen. Unbehandelt würden diese Proteine beim Kühlen ausfallen und Schleier bilden. Dieser Prozeß ist unter dem Begriff „Kaltbrauen" bekannt. Weiterhin werden für die Gelatinehydrolyse Proteasen eingesetzt. So wird eine Gelierung in Lebensmitteln verhindert. Auch der Abbau von Gluten im Brotteig erfolgt enzymatisch. Damit soll die Teigviskosität für die Bearbeitung sowie die Struktur und das Erscheinungsbild des fertigen Brotes verbessert werden.

Proteasen werden oft lediglich dazu eingesetzt, erwünschte Produkteigenschaften zu verstärken oder unerwünschte abzuschwächen, sind also oft für den Herstellungsprozeß nur von untergeordneter Bedeutung. Manchmal sind sie allerdings unbedingt erforderlich, wie z. B. zur Herstellung von Soja- Eiweiß-Hydrolysaten oder von Sojasaucen (Yokotsuka, 1985). Entfettete Sojabohnen sind ein weitverbreitetes Nahrungsmittel. Sie zeichnen sich durch einen hohen Proteingehalt aus, der ernährungsphysiologisch aus einem ausgewogenen Angebot an Aminosäuren besteht. Allerdings sind sie wegen ihren strukturellen Eigenschaften für viele Anwendungen ungeeignet. Um dieses Problem zu umgehen, werden zwei unterschiedliche Sojabohnen-Hydrolysate, nämlich ein hochfunktionelles und ein extrem lösliches, hergestellt. In ersterem ist ein Teil der Struktur erhalten geblieben. Es wird normalerweise anderen Nahrungsmitteln in kleinen Mengen zugesetzt. Das extrem lösliche Hydrolysat läßt sich in großen Mengen zusetzen und erhöht den Proteingehalt von Nahrungsmitteln, die auf flüssigen Rohstoffen basieren. Die Herstellung von Sojasauce ist eine spezielle Anwendung der Hydrolyse von Soyaprotein. Der Fermentationsprozeß läuft mit Hilfe von *Aspergillus oryzae* ab. Die Proteinhydrolyse erfolgt eigentlich durch die Proteasen, die von dem Pilz freigesetzt werden.

7.2.3 Abbau von Kohlenhydraten

Bei den traditionellen Brauverfahren ist der Abbau von Stärke zu löslichen Zuckern ein wichtiger Verfahrensschritt (Godfrey, 1983). Früher wurde der Stärkeabbau in der Gerste durch Keimung in Gang gebracht. Mit dem Keimwachstum bilden sich kohlenhydratabbauende Enzyme. Der Keimvorgang läßt sich durch Erhitzen und Trocknen abbrechen. Dabei entsteht ein rohes Enzympräparat. Die Enzyme können durch Mahlen des angekeimten Korns und nachfolgendes Wässern in lauwarmem Wasser aktiviert werden. Die Stärkehydrolyse läuft dann weiter. Die für diesen Prozeß wichtigen Enzyme sind zwar in der Gerste alle enthalten, ihr Gehalt ist allerdings für ein qualitativ gutes Produkt manchmal nicht ausreichend. Daher wird heute der gemälzten Gerste zusätzlich noch exogenes Enzym zugesetzt (Tab. 7.1). Damit lassen sich schwankende Gerstequalitäten ausgleichen. Außerdem können für Gerste preiswerte Ersatzstoffe herangezogen werden. Weitere Stärkeprodukte sind zwar schon seit langem verfügbar, konn ten jedoch wegen fehlender natürlicher Enzyme in der Brauindustrie noch nicht eingesetzt werden (Marshall et al., 1982).

Cellulose kommt in biologischen Systemen von allen Kohlenhydraten am häufigsten vor. Die jährliche Biosynthese beträgt ca. 10^{11} Tonnen. Cellulose könnte für viele Industriezweige eine riesige potentielle Rohstoffquelle sein und in diese Richtung wird auch viel geforscht (Gaden et al., 1976; Ward, 1985). Einzelne Verfahren, die auf Cellulasen beruhen, werden weiter unten behandelt. Auch viele bereits bestehende Prozesse können durch Zusatz von Cellulasen verbessert werden, wie z. B. die Herstellung von Silage, die Gewinnung von Alginat und die Verarbeitung von Früchten.

Tabelle 7.1. Typische exogene Enzyme im Brauprozeß (aus Godfrey, 1983).

Enzymart	Gewünschte Reaktion	Anwendung
Bakterielle α-Amylasen	Verflüssigung	Dekoktkessel (Getreidekocher)
	Verflüssigung Malzverbesserung	Maischekessel
	Dickmaische	Maischekessel
	Positive Stärkewürze	Läuter- bzw. Maischekessel
α-Amylasen aus Pilzen (maltogene Wirkung)	Verbesserte Fermentierbarkeit	Fermentation
	Herabsetzung des Brennwertes, ‚Diät'-Bier	Fermentation
	Dickmaische	Maischekessel
	Positive Stärkewürze	Läuter- bzw. Maischekessel
Amyloglucosidasen aus Pilzen	Herabsetzung des Brennwertes, ‚Diät'-Bier	Fermentation
	Maximale Fermentierbarkeit	Fermentation
	Austausch der Erst-Enzyme	2. Fermentation oder Nach-Pasteurisierung
Enzyme aus seitenketten-entfernende Bakterien	Maximale Fermentierbarkeit	Fermentation
Bakterielle Glucanasen	Erhöhung der Extraktmenge	Maischekessel
	Verbesserte Würzetrennung	Maischekessel
	Verbesserte Filtrierbarkeit	Maischekessel/ Fermentation/ Triebbehälter
Glucanasen aus Pilzen (einschl. den Cellulasen)	Verbesserte Extraktion	Maischekessel
	Verbesserte Würzetrennung	Maischekessel
	Verbesserte Filtrierbarkeit	Maischekessel/ Fermentation/ Triebbehälter
	Vermehrtes Adjunkt (vor allem Sorghum)	Maischekessel/ Dekoktkessel
	Vorbeugung von Trübungen	Maischekessel
	Entfernung von Trübungen	Fermentation/ Triebbehälter
Bakterielle neutrale Proteinase	Vermehrtes Adjunkt	Maischekessel
	Stickstoffregulation	Maischekessel/ Fermentation
Proteinasen aus Pflanzen (Papain)	Kaltbrauen als Vorbeugung gegen Trübungen	Triebbehälter
Pentosanasen aus Pilzen	Vorbeugung vor Entfernung von einzelnen Verbindungen, die Trübungen verursachen	Maischekessel/ Fermentation/ Triebbehälter
	Verbesserung des Extraktes (vor allem bei Weizen und Sorghum)	Maischekessel

Silage wird als Tiernahrungsmittel verwendet und entsteht bei der Fermentation von Gras. Im Prinzip handelt es sich hierbei um einen Konservierungsprozeß. Der pH des Rohstoffes sinkt schnell, so daß ein Verderb durch Bakterien verhindert wird. Der Prozeß läßt sich durch Cellulasen beschleunigen. Sie setzen fermentierbaren Zucker und Stickstoffverbindungen frei.

Alginate sind Polysaccharide, die bei Anwesenheit divalenter Kationen, wie z. B. Ca^{2+}, gelieren. In vielen Industriezweigen erfüllen sie wichtige Aufgaben. Die hauptsächliche Rohstoffquelle für Alginate ist derzeit braunes Seegras. Das pflanzliche Material wird mit zellwandabbauenden Enzymen behandelt, damit sich anschließend das Alginat besser extrahieren läßt.

Cellulasen helfen auch zur Solubilisierung der Früchte bei der Fruchtsaftherstellung. Bei ähnlichen Prozessen verbessern sie die Pigment- bzw. Pektinextraktion aus Fruchtschalen.

7.2.4 Raffinierung von Zucker

Raffinose, ein Trisaccharid, das die Kristallisation verhindert, erschwert die Saccharoseextraktion aus Zuckerrübenmelassen. Die Raffinose läßt sich enzymatisch abbauen. Der enzymatische Abbau der Raffinose bewirkt sowohl eine verbesserte Kristallisation als auch die Bildung von Saccharose als ein Hydrolyseprodukt. Somit kann die Zuckerausbeute und der Produktdurchsatz erhöht werden. Das Enzym α-Galactosidase wird von dem Schimmelpilz *Mortierella vinacea raffinosutilizer* gebildet. Die Mycelkugeln, die dieser Pilz bildet, können bequem immobilisiert werden. Die Hydrolysereaktion erfolgt bei einem pH- Wert von über 5, um die säurekatalysierte Inversion der Saccharose zu vermeiden. Zuckerrohr wird manchmal ähnlich verarbeitet. In diesem Verfahren wird die Stärke vor der Kristallisation mit Hilfe der α-Amylase abgebaut (Park et al., 1983).

7.2.5 Abfallbehandlung

Sollen Abfallprodukte enzymatisch behandelt werden, so ist zu unterscheiden, ob das Abfallprodukt des einen Prozesses als Rohmaterial für einen nachfolgenden Prozeß eingesetzt werden kann (z. B. bei der Stärkekonversion) oder ob lediglich eine Kostenreduzierung bei der Abfallbehandlung erzielt werden soll. Bei vielen nahrungsmittelverarbeitenden Industriezweigen fallen Abfallprodukte an, die eine weitere Behandlung erfordern (s. Tabelle 7.2).

Diese komplexen Polymere sind mikrobiell nur schwer abzubauen. Enzyme können solche Stoffe aufbrechen, die Spaltprodukte sind dann für einen mikrobiellen Abbau besser zugänglich. Beispielsweise können Lipasen, zusammen mit Bakterienkulturen, Fettablagerungen an den Wänden von Abflußrohren beseitigen. Weitere polymerabbauende Enzyme sind z. B. Cellula-

Tabelle 7.2. Biologische Abfallprodukte und hauptsächliche Verursacher (aus Godfrey, 1983).

Abfallmaterial	Industriezweig
Stärke	Brot, Mehl, Konditoreigewerbe Brauwesen
Getreide	Nahrungsmittel aus Getreide Destillationen
Zucker	Fertignahrungsmittel Lebensmittelzusätze Papier, Klebstoffe Süßstoffe Textilien
Cellulose	Papier, Holzverarbeitung
Lignocellulose	Brauwesen, Destillationen
Proteine	Schlachthöfe Metzgereien Getreideextraktionen Milchprodukte Geflügelprodukte Fertignahrungsmittel Brauwesen, Destillationen Fischverarbeitung Gemüseverarbeitung Leder Gelatine Einzeller-Fermentationen Verarbeitung von Ölsaaten
Fette	Schlachthöfe Metzgereien
Öle	Geflügelprodukte Milchprodukte Fischverarbeitung Verarbeitung von Ölsaaten Fertignahrungsmittel Getreideprodukte

sen, Proteasen und Amylasen. Eine spezielle Anwendung, die im weitesten Sinne auch eine Abfallbeseitigung ist, sind Proteasen in den sogenannten biologischen Waschpulvern (Barfoed, 1983).

Enzyme bauen nicht nur bestimmte Polymere in Abfallmaterialien ab, sondern auch Toxine, die ihrerseits mikrobielle Verfahren hemmen könnten. So kann z. B. die Meerrettich-Peroxidase gezielt Phenole und aromatische Amine in industriellen Abwässern abbauen (Klibanov et al., 1983). Auf längere Sicht werden Verfahren mit gentechnisch veränderten Organismen wirtschaftlich wohl konkurrenzfähiger werden.

7.3 Die Entwicklung neuer Verfahren

Die Entwicklung neuer Nahrungsmittel bzw. neuer Prozeßwege mit Hilfe von Enzymen genießt großes Interesse. Die meisten dieser Entwicklungen erfolgten auf dem Gebiet der Kohlenhydratverarbeitung. Bei vielen Industriezweigen entstehen Kohlenhydratabfälle, wie z. B. Stärke, Cellulose oder Lactose. Sie könnten potentiell als Rohstoffe für eine Vielzahl höherwertiger Produkte eingesetzt werden. Im Gegensatz zum pharmazeutischen Markt - hier werden Medikamente für Tausende von Mark pro Kilogramm verkauft - müssen die Preise für Produkte aus kohlenhydratverarbeitenden Verfahren bei einigen Pfennigen pro Kilogramm liegen. Daher muß sich dieser Industriezweig auf preiswerte Verfahren mit hohem Durchsatz konzentrieren. Aus der Sicht der Verfahrenstechnik liegen auf diesem Gebiet für Enzyme die am besten entwickelten Anwendungsformen vor.

7.3.1 Der Abbau von Cellulose

Ein weiterer Verwendungszweck von Cellulose ist die Bildung von Ethanol. Hierfür muß Cellulose vor der ethanolbildenden Fermentation verzuckert werden. Noch ist ein solcher Prozeß durch die Eigenheiten der Struktur der natürlichen Cellulose beschränkt. Das derzeit wirksamste Enzympräparat wird aus dem Pilz *Trichoderma reesei* gewonnen. Das katalytisch wirksame Präparat besteht aus einer Mischung von Cellulase- und Cellobiase-Aktivitäten. Auch Lignin ist in diesem Komplex enthalten, wird aber durch die kommerziellen Cellulaseprodukte nicht angegriffen. Leider weisen kommerzielle Präparate nur eine geringfügige Cellobiaseaktivität auf, die durch ein Hydrolyseprodukt (Glucose) sogar noch weiter herabgesetzt wird. Daher wird noch weitere Cellobiase aus anderen Quellen zugesetzt.

Bevor ein erfolgreicher enzymatischer Abbau erfolgen kann, muß die Cellulose in einer mehrstufigen Vorbehandlung in eine reaktionsfähigere Form überführt werden. Hierfür wird die Probe gemahlen und das Lignin mit Hilfe heißer Lösungen höherer Alkohole extrahiert. Auch chemisches Quellen mittels Alkalien oder Dampfexplosion (hierbei werden Cellulosefasern zuerst unter Druck mit Dampf gesättigt; schneller Druckabfall führt dann zur Explosion der Fasern) sind erfolgreiche Verfahren. Keiner dieser Prozesse wird derzeit industriell eingesetzt, jedoch kann mittlerweile in einer Pilotanlage pro Tag etwa eine Tonne cellulosehaltiges Material mit Hilfe von gleichzeitiger enzymunterstützter Verzuckerung und Fermentation zu Ethanol umgewandelt werden. Diese Pilotanlage muß erst noch auf industriell interessante Maßstäbe vergrößert werden, wobei eher ökonomische als technische Gründe eine Rolle spielen.

7.3.2 Die Hydrolyse von Lactose

Lactose ist mit etwa 4 % Massenanteile das vorherrschende Kohlenhydrat in der Milch. Bei der Käseherstellung fallen große Mengen an Molke an. Sie enthält viel Lactose. Molke hat einen extrem hohen biologischen Sauerstoffbedarf (BSB). Sie als Abfallprodukt zu behandeln, wäre sehr kostenintensiv. Daher wurde eine Reihe von Verfahren zur Ausnutzung der organischen Inhaltsstoffe von Molke entwickelt. In einem ersten Schritt werden dabei im allgemeinen die noch vorhandenen Proteine zurückgewonnen. Zurück bleibt eine Lösung, die Lactose und verschiedene Salze enthält. Lactose ist zwar vielseitig verwendbar, u. a. als Futtermittel, zur Formulierung pharmazeutischer Produkte oder als Rohstoff für Fermentationen; jedoch sind seine Anwendungsmöglichkeiten wegen der begrenzten Verdauungsfähigkeit durch Lebewesen und wegen seiner geringen Süßkraft begrenzt. Die Löslichkeit, die Verdauungsfähigkeit und auch die Süßkraft wird verbessert, wenn Lactose in seine Monosaccharidkomponenten (D- Galactose und D-Glucose) hydrolysiert wird. Hier handelt es sich also um eine wünschenswerte Verarbeitung eines niedrigwertigen Rohstoffes (Gekuas und López-Leiva, 1985).

Chemische Lactosehydrolyse ist zwar möglich, jedoch wird die Verwendung von β-Galactosidase zunehmend interessant. Für den industriellen Einsatz wird dieses Enzym mikrobiell gewonnen. Die Enzymstabilität und -aktivität hängt von der Quelle ab. Aus Sicherheitsgründen wird β-Galactosidase normalerweise aus den Nahrungsmittelhefen *Klyveromyces fragilis* bzw. *Klyveromyces lactis* gewonnen. Das Enzym wird sowohl in löslicher als auch in immobilisierter Form eingesetzt. Im großen Maßstab arbeiten derzeit zwei Verfahren mit immobilisierten Enzymen.

7.3.3 Die Umwandlung von Stärke

Herstellungsverfahren für Süßstoffe, die auf Stärkeabbau beruhen, werden schon seit vielen Jahren betrieben. Ursprünglich beruhten sie meist auf einer säurekatalysierten Hydrolyse. Im Rahmen der Entwicklung und Expansion der stärkeverarbeitenden Industrie wurde die Säurekatalyse immer mehr durch enzymatische Verfahren verdrängt. Die hohe Reaktionsspezifität der Enzyme und die hohe Aktivität der im Handel erhältlichen Präparate erlauben einen erhöhten Durchsatz und die Minimierung unerwünschter Nebenprodukte (Coker und Venkatasubramanian, 1985).

Das im industriellen Maßstab bei weitem erfolgreichste enzymatische Verfahren ist die Herstellung von Glucose-Sirup mit einem hohen Fructoseanteil (High Fructose Corn Syrup, HFCS). Dieses Verfahrens zielt darauf ab, aus einem billigen Rohstoff (Getreidestärke) ein Produkt zu gewinnen, dessen Süßkraft mit der der Saccharose vergleichbar ist (Antrim, 1980). Das Verfahren benötigt nacheinander drei verschiedene Enzyme. In einem ersten Schritt wird die Stärke (Polymer der D-Glucose) mit Hilfe bakterieller α-Amylase partiell abgebaut. Dieses Produkt wird solange weiter abgebaut, bis in der Lösung ca. 94–96% des Kohlenhydratanteils als D-Glucose vorliegt. Für Glucose finden sich in der Nahrungsmittel- und in der pharmazeutischen Industrie einige Anwendungsmöglichkeiten. Ihre begrenzte Löslichkeit bei hohen Konzentrationen und ihre im Vergleich zu Saccharose nur geringe Süßkraft schränkt die Verwendungsmöglichkeiten ein. Daher wird der weitaus größte Teil der Glucoselösung mit Hilfe des Enzyms Glucoseisomerase zu einer Mischung aus Fructose und Glucose umgesetzt.

Das anfängliche Interesse an HFCS stieg wegen der hohen Rohzuckerpreise auf dem Weltmarkt an. Allerdings wurden weitere Fortschritte wegen eines zu geringen Angebotes an Isomerase-Enzym vereitelt. Die natürliche Glucoseisomerase benötigt in stöchiometrischen Mengen das teure Coenzym ATP. Damit ist sie für einen großtechnischen Prozeß uninteressant. In den 50er Jahren wurde entdeckt, daß die natürlich vorkommenden Xyloseisomerasen unter bestimmten Bedingungen auch Glucose isomerisieren können. Nach weiteren Forschungen wurden Veränderungen in der katalytischen Aktivität Substitutionen essentieller Metallionen zugeschrieben. Diese Ergebnisse ermöglichten die Modifikation bakterieller D-Xyloseisomerasen, so daß D-Glucose isomerisiert werden konnte (Kap. 9). Während die α-Amylasen und die Glucoamylasen extrazelluläre Enzyme sind, handelt es sich bei der Isomerase um ein intrazelluläres Enzym. Naturgemäß ist es katalytisch weniger wirksam und auch weniger thermisch stabil. Der Stärkeabbau wird normalerweise im Chargenbetrieb mit löslichen Enzymen durchgeführt, die Isomerisierung meist in Festbettreaktoren mit immobilisiertem Katalysator. Auf dem Markt sind viele unterschiedliche Isomerase-Präparate (manche basieren auf durch Erwärmen fixierte immobilisierte Zellen, andere auf extrahierten immobilisierten Enzymen). Dies zeigt deutlich, daß es zwischen dem Einsatz immobilisierter Zellen oder Enzymen keine allgemeingültige Entscheidung gibt.

Das Rohmaterial (Getreidekörner) wird vermahlen, die so erhaltenen Stärkekörner werden zu einer 30–35 gew%igen Aufschlämmung suspendiert. Diese Aufbereitung ist wegen ihrer Viskosität und dem suspendierten gekörnten Material schwierig handzuhaben. Daher wird die suspendierte Stärke in einem nächsten Schritt verflüssigt. Dies geschieht mit Hilfe einer aus Bakterien gewonnenen α-Amylase. Die mit dem Enzym vermischte Stärkeaufschlämmung wird 2–4 Stunden bei pH 6–6.5 auf 80-110° gehalten. Zur Aktivierung der α-Amylase wird Ca^{2+} zugegeben. Das Enzym α-Amylase katalysiert die Hydrolyse von $\alpha 1 \rightarrow 4$-verbundenen Glucoseeinheiten, kann jedoch keine verzweigten Ketten aufbrechen. Der Abbau wird daher durch die Anzahl der Verzweigungen in der Kette limitiert. Daher muß das Grenzdextrin unter Mitwirkung des Enzyms Pullulanase weiter abgebaut werden. Vor der Zugabe der Glucoamylase muß die verflüssigte Stärkelösung auf 60°C abgekühlt und der pH auf einen Wert zwischen 4 und 5 einjustiert werden. Die Lösung verbleibt zwischen 24 und 90 Stunden im Reaktor. Die genaue Zeitdauer hängt vom erforderlichen Durchsatz und somit von der Menge des zugegebenen Enzyms ab. Für die weitere Isomerisierung muß das Produkt einen Dextrosegehalt zwischen 94 und 96% Dextrose aufweisen.

HFCS wird für Nahrungsmittelzwecke eingesetzt. Daher gelten bezüglich seiner Zusammensetzung strenge Richtlinien . Um diese erfüllen zu können, muß das verzuckerte Material vor dem Isomerisierungsschritt gereinigt werden. Auch im Hinblick auf die Lebensdauer der immobilisierten Isomerase im Reaktor ist ein sauberes Ausgangsmaterial wichtig. Im Zuge der Reinigung werden ausgefällte Proteine und Partikel abfiltriert. Die enzymatisch katalysierte Hydrolyse senkt die Wahrscheinlichkeit, daß gefärbte Nebenprodukte entstehen. Die dennoch entstandene geringfügige Menge an farbigen Abbauprodukten wird durch Adsorption an Aktivkohle entfernt. Der optimale pH für die Isomerisierungsreaktion liegt zwischen 7.5 und 8. 2, d. h. der pH von 4-5, der bei der zweiten Reaktionsstufe (Verzuckerung) eingestellt war, muß erhöht werden. Diese pH-Anpassungen führen zu erhöhten Konzentrationen anorganischer Salze in der Flüssigkeit; daher muß entionisiert

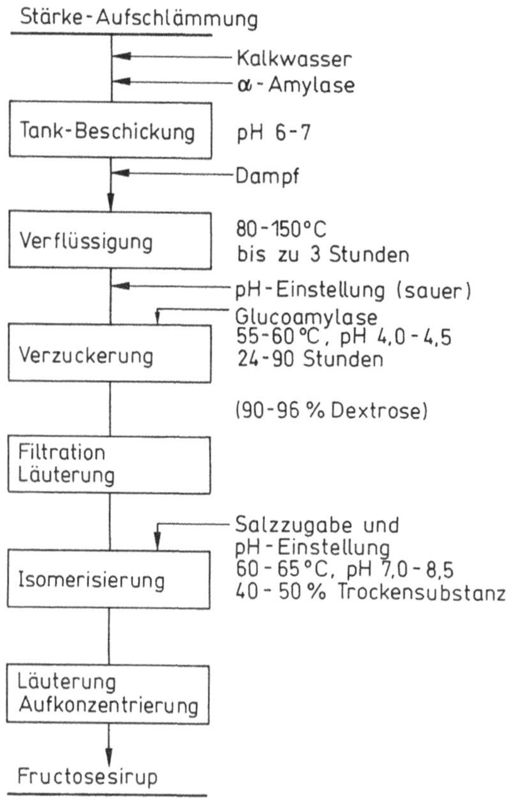

Abb. 7.1. Verfahrensfolge zur Verflüssigung und Verzuckerung von Stärke (aus Antrum et al., 1979).

werden. Im letzten Arbeitsgang werden durch Verdampfen der Feststoffgehalt eingestellt und Magnesiumionen als Aktivator zugegeben.

Das Ausgangsmaterial für den Isomerasereaktor soll 40-45 % Feststoffgehalt aufweisen. Bei 60°C beträgt die Gleichgewichtskonstante für diese Reaktion ungefähr 1, jedoch bilden sich bei einer realistischen Verweildauer lediglich 42% Fructose. Anfänglich wurde nur dieses Produkt vermarktet. Einige Anwendungen erfordern allerdings einen höheren Fructosegehalt. Neuere Entwicklungen bei der Adsorptionschromatographie erlauben nun eine selektive Anreicherung von Fructose. Derzeit können, gemessen am Gesamtkohlenhydratgehalt, 90% Fructose erreicht werden. Dieses Produkt ist unter der Bezeichnung ,Hochangereicherter Fructose-Getreidesirup' (very enriched fructose corn sirup, VEFCS) auf dem Markt. Es kann mit dem 42%igen Isomerisierungsprodukt zu einer 55%igen Fructoselösung verschnitten werden. Dieses Produkt ist für kommerzielle Anwendungen ein ideales Süßungsmittel. Der gesamte Produktionsweg ist in Abb. 7.1 noch einmal zusammengestellt.

7.3.4 Enzymatische Produktion von Aminosäuren

Die Enzymtechnologie eignet sich gut für die Produktion von Aminosäuren. Aminosäuren können zwar auf rein chemischem Wege hergestellt werden (Wiseman, 1985), man erhält dabei jedoch ein racemisches Gemisch der D- und L-Isomeren. Biologisch aktiv ist lediglich das L-Isomere. Das Reaktionsprodukt muß daher in seine Komponenten aufgetrennt werden. Dies kann mit Hilfe des Enzyms Aminoacylase erfolgen. Dafür wird das DL-Aminosäuregemisch in einem ersten Schritt acetyliert. Behandelt man die Mischung mit Aminoacylase, so wird die Acetyl-Gruppe selektiv vom L-Isomer entfernt. Das entstehende Produkt kann dann abgetrennt werden. Dieses Verfahren wird in Japan seit etwa 10 Jahren angewendet. Es ist das erste Beispiel für die Verwendung eines immobilisierten Enzyms in industriellem Maßstab. Das Verfahren ist so ausgelegt, daß in einem Reaktor mit 1 m^3 Füllmenge die quantitative Konversion des L-Isomeren erfolgt. Die Produktivität schwankt mit der entsprechenden Aminosäure, sie liegt zwischen 4.5 und 10.5 Tonnen pro Enzymbeladung der Säule. Die Arbeitstemperatur liegt bei 50°C, die Halbwertszeit für den Katalysator beträgt ca. 65 Tage.

Geht man einen Schritt weiter, so ist es ausgehend von organischen Säurevorstufen möglich, Aminosäuren auf enzymatischem Wege herzustellen. Ein Beispiel hierfür ist die Produktion von Asparaginsäure aus Ammoniumfumarat. Die Katalyse dieser Reaktion erfolgt durch die Aspartaseaktivität von immobilisierten *E. coli* Zellen. Die ganzen Zellen sind hierfür typischerweise in Partikeln des Polysaccharids Carrageen (Irländisch Moos) eingeschlossen. Um einige unerwünschte Nebenreaktionen zu vermeiden, wird das Präparat vor der Anwendung wärmebehandelt. Dieses Verfahren ist seit

Anfang der 70er Jahre in Betrieb. Das immobilisierte Enzym ist dabei um etwa 60% preiswerter als die früheren Fermentationsverfahren.

Weitere bedeutende Aminosäurenproduktionen mit enzymatischer Beteiligung sind die Herstellung von D-Phenylglycin, das bei der Synthese von halbsynthetischen Penicillinen eine Rolle spielt, und L-Tryptophan, eine essentielle Aminosäure, die aus Indol dargestellt werden kann. Hier werden enzymtechnologische Verfahren vorangetrieben. Die Produktion essentieller Aminosäuren im großen Maßstab ist für die Ergänzung von Nahrungsmitteln von besonderer Bedeutung. Sollte sich Einzeller-Eiweiß auf den Märkten für Tier- und Humannahrungsmittel durchsetzen, so entsteht auch ein erhöhter Bedarf an essentiellen Aminosäuren. Vielen mikrobiellen Proteinen mangelt es nämlich gerade an einigen dieser wichtigen Stoffe.

7.4 Wirtschaftliche Überlegungen

Im Unterschied zu pharmazeutischen Zielsetzungen erfordert der Einsatz von Enzymen in der Nahrungsmittelindustrie, daß ein Produkt von geringem inneren Wert preiswerter hergestellt werden kann als mit den bereits bestehenden Alternativen. Enzyme bei diesem Verfahren müssen ungewöhnlich stabil sein, so wird z. B. als Arbeitshalbwertszeit für immobilisierte Glucoseisomerase 70 bis 120 Tage bei 60°C angegeben. Im allgemeinen wird ein Präparat über zwei Halbwertszeiten verwendet, d. h., die Arbeitsstabilität beträgt ca. 9 Monate (Daniels, 1985). Ursprünglich wurde der Kostenanteil des immobilisierten Enzyms am fertigen Produkt zu ca. 14 US$ pro Tonne geschätzt.

Denjenigen, die im Laboratoriumsmaßstab mit Enzymen arbeiten, ist klar, daß die Bedingungen, unter denen HFCS hergestellt wird, in allen Stufen extrem sind. Bei biochemischen Untersuchungen werden normalerweise niedrige Substratkonzentrationen eingesetzt und die Reaktionen werden entweder bei Raumtemperatur (25°C) oder unter physiologischen Bedingungen (37°C) verfolgt. Eine wirtschaftliche Prozeßführung bei der Produktion von HFCS beruht auf Substratkonzentrationen von ca. 50 % Massenanteil, auf quantitativer Umsetzung und einer Verweildauer der Festkörper im Festbettreaktor von ca. 0.5–5 min. Trotz dieser Zwänge muß das Glucoseisomerasepräparat eine Arbeitsstabilität von mehr als 30 Tagen aufweisen. Somit ist es klar, warum nur einige Verfahren in großem Maßstab enzymtechnologisch arbeiten. Jedoch wird an der Enzymmodifikation und der -stabilisierung weiter geforscht (Kap. 6 und 9). Sind Substrat- bzw. Produktlöslichkeit die limitierenden Faktoren in den Verfahren, wird der Einsatz nichtwäßriger Lösungsmittel erwogen. Hier eröffnet sich ein Feld sowohl für akademische als auch für wirtschaftlich ausgerichtete Forschung (s. Kap. 10).

Letztendlich wird der Einsatz von Enzymen auch dadurch erschwert, daß viele synthetische Reaktionen sehr teure Enzymcofaktoren benötigen.

Dieses Problem stellt das größte Hemmnis dar, obwohl an der Regenerationsmöglichkeit von Coenzymen gearbeitet wird. Es ist jedoch interessant, daß vor kurzem eine westdeutsche Firma ein Verfahren zur Aminosäuregewinnung eingeführt hat, bei dem das Coenzym NADH als Substrat eine Rolle spielt. Im Reaktor befindet sich dabei eine Ultrafiltrationsmembran, die das NADH, das an ein lösliches Polymer gebunden vorliegt, zurückhält. Das NADH kann *in situ* mit Hilfe der Formiatdehydrogenase regeneriert werden (Wandrey und Wichmann, 1985). Im Labormaßstab sind zwar schon Systeme zur Regenerierung von Coenzymen bekannt, hier handelt es sich jedoch um das erste wirtschaftlich eingesetzte Verfahren.

8 Biosensoren

8.1 Einleitung

Die ersten Enzymanwendungen wurden für analytische Zwecke entwickelt. Mit den vorhandenen Techniken lassen sich viele Verbindungen nicht direkt messen. Sie müssen zuerst zu Produkten umgesetzt werden, die besser quantitativ erfaßt werden können. So ist z. B. bei vielen chemischen, kolorimetrischen Analysenmethoden ein vorgeschalteter Reaktionsschritt notwendig. Enzyme für analytische Zwecke sind lediglich eine logische Erweiterung dieses Ansatzes.

Die Erfassung einer speziellen Komponente in einer komplexen biologischen Flüssigkeit wie z. B. Plasma wird häufig durch die Gegenwart störender weiterer Verbindung sehr erschwert. Dieses Problem läßt sich zum Beispiel so angehen, daß die Komponente in einem ersten Schritt abgetrennt und nachfolgend mit einem empfindlichen, jedoch unspezifischen Sensor analysiert wird. Ein Beispiel hierfür ist die hochauflösende Flüssigkeitschromatographie (HPLC), die heute für viele biologische und pharmazeutische Analysen eingesetzt wird. Als Alternative ist ein spezifischer Detektor denkbar, der durch die anderen Komponenten in der Analysenprobe nicht gestört wird. Wegen ihrer biologischen Aktivität und Spezifität bieten sich für einen solchen Detektortyp die Enzyme an.

Die einfachste Möglichkeit wäre eine Analytik, die direkt auf dem Einsatz von Enzymen beruht, d. h. die schwer zu analysierende Verbindung wird mittels eines passenden Enzyms verändert, und das dabei entstehende Haupt- bzw. Nebenprodukt kann leichter analysiert werden. Hierbei sind häufig mehrere Reaktionsschritte nötig. Jedoch konnten auch für solche Fälle Reaktionsfolgen entwickelt werden, wobei dann das Endprodukt analytisch erfaßbar ist. Aus experimentellen Gründen werden solche Reaktionssequenzen häufig an die Oxidation bzw. Reduktion des Coenzyms Nicotinamid-Adenin- Dinucleotid (NAD/NADP(H)) gekoppelt. Bei dessen Oxidation bzw. Reduktion verändert sich die Extinktion bei 340 nm charakteristisch (Abb. 8.1).

Für NADH beträgt der molare Extinktionskoeffizient bei 340 nm 6,22 x 10^3 l mol^{-1}. Die Reaktion eines Mikromols NAD^+ zu NADH in einer 3 ml Küvette mit einem Lichtweg von 1 cm bewirkt eine Extinktionsveränderung von mehr als zwei Einheiten. Dies bedeutet, daß sich mit modernen Spektrophotometern Konzentrationen im Nanomolbereich erfassen lassen.

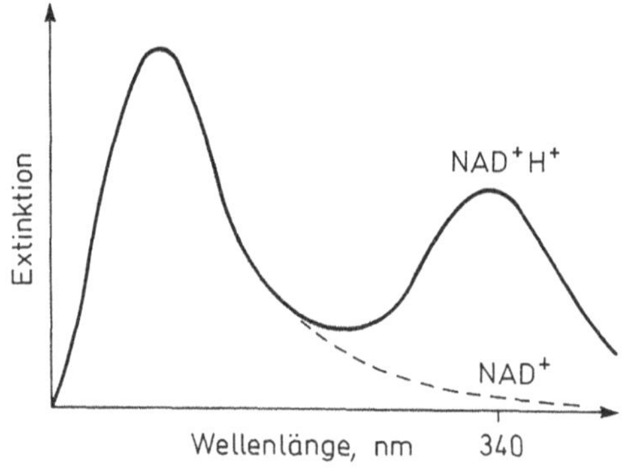

Abb. 8.1. Extinktion von NAD^+ bzw. NADH in Abhängigkeit von der Wellenlänge.

Diese Analysenmethode wird bei vielen medizinisch interessanten Verbindungen eingesetzt.

Ammoniumionen

$$\text{2-Oxoglutarat} + NH_4^+ + \text{NADH} \xrightarrow{\text{Glutamat-Dehydrogenase}} \text{Glutamat} + NAD^+ + H^+$$

Glucose

$$\text{Glucose} + \text{ATP} \xrightarrow{\text{Hexokinase}} \text{Glucose-6-phosphat} + \text{ADP}$$

$$\text{Glucose-6-phosphat} + NADP^+ \xrightarrow{\text{Glucose-6-phosphat-Dehydrogenase}} \text{6-Phosphogluconat} + \text{NADPH}$$

Derartige enzymunterstützte Analysen werden seit Jahren durchgeführt. Da hochreine Enzyme in immer größerem Ausmaß zur Verfügung stehen, wird dies wohl auch in Zukunft so bleiben. Eine Zusammenstellung solcher enzymunterstützter Analysen findet sich in dem von Bergmeyer herausgegebenen Handbuch (1986). In der analytischen Chemie spielen sie zwar eine bedeutende Rolle, sie verursachen jedoch hohe Kosten und sind zeitintensiv. Für Routineanalysen sollte ein gewisser Grad an Automatisierung und eine Wiederverwendung der teuren Enzyme möglich sein.

8.2 Immobilisierte Enzyme

Weiterentwicklungen bei den Techniken zur Enzymimmobilisierung beeinflußten das Gebiet der enzymunterstützten Sensoren stark. Immobilisierte Enzyme in der Analyse bieten die folgenden Vorteile (Bowers und Carr, 1980):

(1) erhöhte Stabilität
(2) mögliche Wiederverwendung des Katalysators
(3) mögliche Trennung von Probe und Enzym für weiteren analytischen Einsatz
(4) vorhersehbare Abnahme der Enzymaktivität

Weiterhin können instabile Reagenzien mit Hilfe von Multienzymsystemen *in situ* generiert werden, so daß eine Instabilität keine Probleme aufwirft.

Die Anwendungen immobilisierter Enzyme in analytischen Systemen lassen sich in zwei Kategorien einteilen. So kann einerseits ein Enzymreaktor mit dem immobilisierten Enzym konstruiert werden, in dem ein oder auch mehrere, mit herkömmlichen Methoden detektierbare (z. B. aufgrund von Extinktionsänderungen) Produkte gebildet werden. Zum anderen kann das Enzym auf oder um einen Meßwertumformer (Wandler) immobilisiert werden. Der Wandler kann dann physikalische oder chemische Veränderungen in seiner direkten Umgebung aufzeichnen.

8.3 Reaktoren für die Analyse

Solche Reaktoren beruhen auf dem Prinzip der Fließ-Injektions-Analyse. Im Grunde entspricht ein solches System der Flüssigkeitschromatographie, jedoch ohne Trennungsschritt (Abb. 8.2) (Pedersen und Horváth, 1981). Der Reaktor selbst ist entweder ein Festbettreaktor oder ein offener Rohrreaktor.

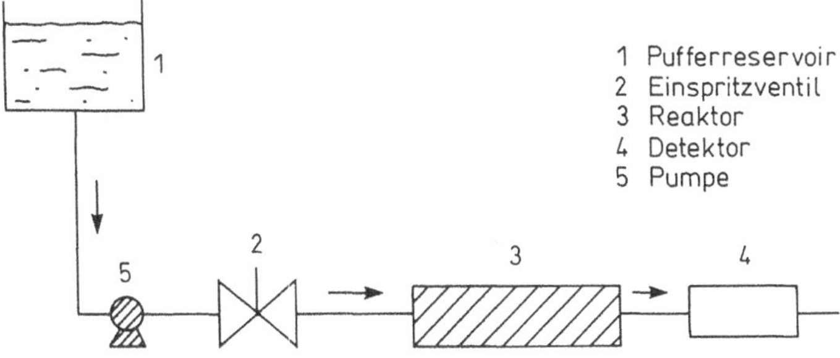

Abb. 8.2. Anordung für die Fließinjektionsanalyse (FIA)

8.3.1 Festbettreaktor

Das Enzym liegt auf einem partikulären Substrat, das in eine Säule gepackt ist, immobilisiert vor. Die flüssige Probe durchläuft die Säule. Die Bedingungen werden dabei so gewählt, daß die Reaktion vollständig ablaufen kann. Der Vorteil solcher Festbettreaktoren liegt in der großen Oberfläche, die für die Immobilisierung zur Verfügung steht, d. h. es kann eine hohe Enzymbeladung erzielt werden. Die Umsatzrate ist eine Funktion der Enzymbeladung und des Durchsatzes. Der Probendurchsatz kann daher umso schneller erfolgen, je höher die Enzymbeladung ist. Allerdings kann die Probe beim Passieren der Säule dispergieren. Dies bedeutet eine Proben- bzw. Produkt-Verdünnung und senkt die Empfindlichkeit. Wird die Reaktion anhand eines Peaks in einem Diagramm verfolgt, so verursacht Dispersion eine Absenkung der Peakhöhe, gekoppelt mit einer Peakverbreiterung. Je breiter der Peak, desto weniger Proben können pro Zeiteinheit analysiert werden. Für kontinuierliche Messungen eignen sich Festbettsysteme wegen ihrer höheren Aktivität besser; müssen jedoch viele Proben gemessen werden, so können sie Nachteile aufweisen.

8.3.2 Offene Rohrreaktoren

Hier wird das Enzym an die Innenwand eines Kapillarrohres, das typischerweise einen Innendurchmesser von 1 mm besitzt, immobilisiert. Die Probe wird durch diese Reaktoranordnung durchgeleitet. Nachteilig ist, daß für die Immobilisierung, wenn die Rohrlängen noch praktikabel bleiben sollen (< 10m), nur eine relativ kleine Oberfläche zur Verfügung steht. In der Praxis ist dieser Reaktortyp für die Analytik sehr interessant, da er eine segmentierte Fließanalyse zuläßt. Traditionell wird dieser Reaktortyp in der klinischen, pharmazeutischen und Umwelt-Analytik eingesetzt. Auch für Reaktionen mit langer Inkubationszeit ist dieser Reaktortyp geeignet (die Analysengenauigkeit bleibt in diesen Fällen erhalten). Jede Probe tritt in das System als flüssiges Volumenelement ein. Die axiale Dispersion ist begrenzt und eine Überlappung der Proben wird weitgehend vermieden. Die geringe Oberfläche ist zwar potentiell problematisch, kann jedoch, wie Studien an Nylon-Kapillarrohrreaktoren zeigten, durch einen höheren Massendurchsatz kompensiert werden.

Analytische Enzymreaktoren sind weit verbreitet. Erstmals fanden sie im Jahre 1966 zur Analyse von Lactat und Glucose Anwendung. Weitere Entwicklungsarbeiten mündeten 1976 in einer Analytik für Nitrat. Aufgrund der Vorteile dieser Methode wurde sie in den USA als eine offizielle Analysentechnik anerkannt.

8.4 Wandlergebundene Enzyme

Analysatoren, die auf Enzymen basieren, sind zwar weitverbreitet, jedoch ein kompliziertes und teures Bauteil im Analysensystem. Eine Alternative ist die Verbindung des Enzyms mit dem Detektor, wodurch das Meßverfahren vereinfacht wird. Ideal ist ein preiswerter, robuster Sensor, der möglichst kontinuierlich messen kann. Ein solcher Sensor sollte neben dem Substrat keine weiteren externen Reaktanten mehr erfordern und das System möglichst wenig stören, d. h. er sollte nur eine kleine Substratfraktion verbrauchen.

Die einfachste Ausführung eines solchen Enzymwandlers ist die Enzymelektrode (Danielsson, 1985). Hier liegt das Enzym gebunden an eine ionenselektive Elektrode vor. Detektiert wird die Anwesenheit eines Substrats bzw. eines Produkts aus der enzymkatalysierten Reaktion. So läßt sich z. B. mit einem Fühler für Ammoniumionen, an den Urease assoziiert ist, über den bei der Hydrolyse von Harnstoff entstehenden Ammoniak die Harnstoffkonzentration in einer Lösung messen (Abb. 8.3).

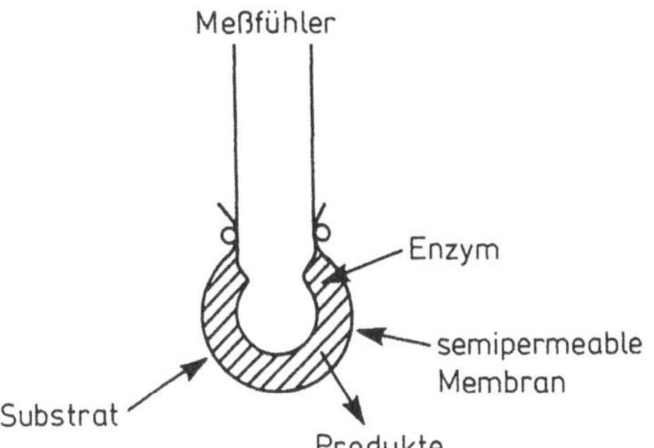

Abb. 8.3. Eine einfache Enzymelektrode

Viele Enzymelektroden arbeiten mit einem Sauerstoffühler und enzymatischen Redoxreaktionen. Ein Beispiel hierfür ist die Analyse von Glucose mit dem Enzym Glucoseoxidase (s. Kap. 5). Mit fortschreitender Reaktion sinkt die Sauerstoffkonzentration; sie läßt sich mit dem Fühler kontinuierlich verfolgen. In der Praxis hängt die Ansprechzeit von vielen externen Faktoren ab. Die Messungen werden normalerweise erst dann durchgeführt, wenn der Gleichgewichtsszustand erreicht ist d. h., wenn sich die Geschwindigkeit für den Substratnachschub zum Enzym und die Verbrauchsgeschwindigkeit angeglichen haben. Dies ist meist nach 30 Sekunden bis 10 Minuten der Fall.

Die Meßsonden für enzymatische Elektroden beruhen entweder auf potentiometrischen oder auf amperometrischen Effekten. Potentiometrische Sonden, wie z. B. die Glas-pH-Elektrode, bestimmen die Potentialdifferenz zwischen einer Referenzelektrode und der Meßelektrode (Williams und Wilson, 1975). In Abb. 8.4 ist der Aufbau einer kombinierten Sonde gezeigt.

Dieses System entspricht einer elektrischen Zelle. Das beobachtete Potential setzt sich aus drei Komponenten zusammen:

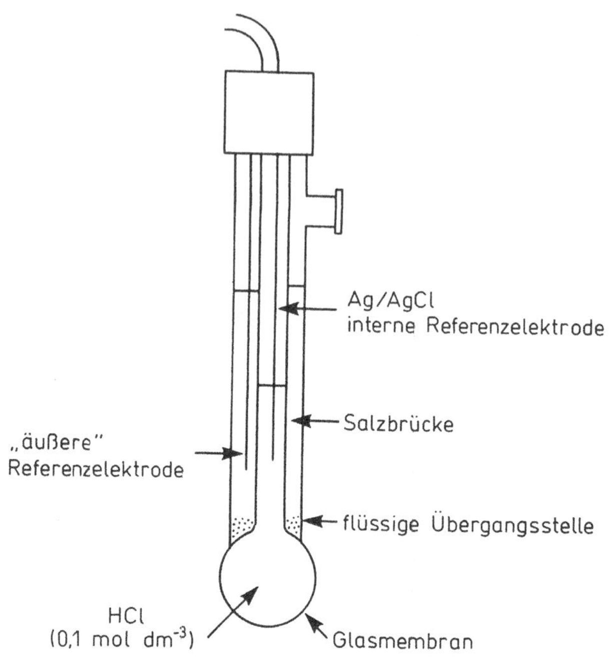

innere Referenzelektrode in einer Lösung (Ag/AgCl 0,1 mol dm^{-3} HCl)	Glasmembran	Lösung mit unbekanntem pH	gesättigtes KCl als Salzbrücke	Referenzelektrode (Kalomel)

b

Abb. 8.4. (a) Aufbau eines kombinierten pH-Meßfühlers. (b) Halbzellenreaktion in einem kombinierten Meßfühler.

(1) Die interne Referenzelektrode
(2) Das asymmetrische Potential
(3) Das Potential, das sich aus der unterschiedlichen Wasserstoffionenkonzentration auf den beiden Membranseiten ergibt

Für ein und dieselbe Elektrode bilden die beiden ersten Punkte eine konstante Größe. Somit bleibt als variable Größe nur noch die Wasserstoffionenkonzentration. Sie hängt entweder vom Transfer der Wasserstoffionen durch das Glas oder von einem Ionenaustausch-Prozeß ab. Die Reaktion des Meßfühlers auf den pH läßt sich wie folgt quantifizieren:

$$E_{G'} = E_{\text{ref}} + E_{\text{asym}} + 0.059(\text{pH}_x - \text{pH}_k) \qquad (25°\text{C})$$

wobei

$E_{G'}$ = gemessenes Potential der Glaselektrode
E_{ref} = Potential der internen Referenzelektrode
E_{asym} = asymmetrisches Potential
pH_k = pH der internen Lösung in der Glaselektrode (konstant)
pH_x = pH der unbekannten Lösung

Die Umformung und Zusammenfassung ergibt dann

$$pH_x = \frac{(E_{G'} - E_{konst})}{0.059}$$

Die Temperaturabhängigkeit des Sensors kann wie folgt beschrieben werden:

$$E_{G'} = \frac{E_G - 2.303RT}{F} \cdot pH$$

wobei

$E_{G'}$ = Potential des Sensors
E_G = Standardpotential
R = Gaskonstante
F = Faraday Konstante
T = absolute Temperatur

Der pH-Wert beeinflußt bekanntlich die Enzymkinetik (Kap.4). Er ist also kein idealer Parameter. Ändert sich der pH-Wert mit dem Reaktionsfortschritt der enzymkatalysierten Reaktion, so ändert sich parallel dazu die Enzymaktivität. Somit liefert der Meßfühler in bezug auf die Konzentrationsveränderung einen nichtlinearen Zusammenhang. Die Glasmembran kann allerdings so modifiziert werden, daß der Meßfühler selektiv auf andere Ionen, die sich besser zur Registrierung mit einem Enzym- Meßfühler eignen, wie z. B. NH_4^+ oder K^+, anspricht. Aus theoretischen Überlegungen ergibt sich, daß die Meßwerte einer Enzymelektrode mit externen Temperaturveränderungen schwanken. Diesbezüglich ist das Verhalten von Glaselektroden sehr gut charakterisiert und die meisten Geräte können Temperaturschwankungen ausgleichen. Allerdings müssen die Auswirkungen von Temperaturschwankungen auf die Enzymaktivität und -stabilität noch berücksichtigt werden.

Der zweite Elektrodentyp arbeitet amperometrisch. Das bekannteste Beispiel hierfür ist die Clark-Elektrode; sie erlaubt die Bestimmung von Sauerstoffkonzentrationen. Eine Platin-Kathode und eine Silber-Anode tauchen dabei in die gleiche Kaliumchloridlösung. Sie sind jedoch von den Testlösungen durch eine Polytetrafluorethylen (PTFE)-Membran getrennt. An die Elektroden wird eine Spannung von 0.5–0.8 V angelegt. Der Stromfluß ist dann proportional zur Substratkonzentration in der Testlösung. Die Reaktionen in einer Sauerstoffelektrode lassen sich wie folgt formulieren:

$$\text{Anode} \quad 4Ag + 4Cl^- \longrightarrow 4AgCl + 4e^-$$

$$\text{Kathode} \quad 4H^+ + 4e^- + O_2 \longrightarrow 2H_2O$$

$$4\,H^+ + 4Ag + O_2 + 4Cl^- \longrightarrow 4AgCl + 2H_2O$$

Die unterschiedliche Wirkungsweise dieser beiden Fühlertypen eröffnet unterschiedliche Einsatzmöglichkeiten. Potentiometrische Meßfühler messen das Potential, wobei ein hoher Impedanzkreislauf aufgebaut wird, d. h. es fließt praktisch kein Strom bzw. es wird kein Substrat oder Produkt entfernt. Die amperometrische Sauerstoffelektrode verbraucht dagegen wegen der im Meßfühler ablaufenden Reaktion einen geringen Substratanteil der enzymkatalysierten Reaktion.

Das Ansprechverhalten des Meßfühlers wird durch folgende Prozesse beeinflußt:

Diffusion aus der Lösung

$$[R] \longrightarrow [R]_{\text{Elektrodenoberfl.}}$$

Interne Diffusion

$$[R]_{\text{Elektrodenoberfl.}} \longrightarrow [R]_{\text{Enzym}}$$

Diese Prozesse beschreiben den Transport des Reaktanten. Die Abnahme des Reaktanten läßt sich mit Hilfe der Enzymkinetik und, bei amperometrischen Meßfühlern, anhand der Reaktion an der Sondenoberfläche beschreiben. Der Diffusionswiderstand kann über das Modell des bei der chemischen Reaktion entstehenden Massentransfer erfaßt werden, ähnlich wie bei den Einschluß-Enzymreaktoren (Kap. 6). In der Praxis wird eine Sonde nach den folgenden Kriterien beurteilt:

(1) Ansprechzeit
(2) Regenerierungsdauer
(3) linearer Meßbereich

Die Ansprechzeit ist die Zeitdauer, die vergeht, bis der Massentransfer einerseits und der katalytisch bedingte Substratverbrauch andererseits im Gleichgewicht stehen. Unter der Regenerierungszeit versteht man die Zeitspanne, die ein Sensor, wenn er in eine Lösung ohne Reaktant getaucht ist, benötigt, um wieder zu seinen Anfangswerten zurückzukommen. Der lineare Meßbereich hängt vom K_m-Wert des Enzyms ab. Bei Konzentrationen deutlich unterhalb K_m spricht der Sensor mit einer Kinetik erster Ordnung an und reagiert somit linear. Steigt die Konzentration bis zur Sättigung des Enzyms, so nähert sich das kinetische Verhalten nullter Ordnung, d. h. die Sonde spricht nicht-linear an. Bei einem hohen Massentransferwiderstand ist die Substratkonzentration in der Schicht um das immobilisierte Enzym kleiner als in der Lösung und der lineare Meßbereich ist ausgeweitet. Allerdings muß dafür eine längere Ansprechzeit und Regenerierungsdauer, sowie ein geringere Probendurchsatz in Kauf genommen werden.

Die amperometrische Sauerstoffelektrode wird auf vielen Gebieten eingesetzt. Ihr linearer Meßbereich ist wegen der begrenzten Sauerstofflöslichkeit eingeschränkt. Besser lösliche Elektronenakzeptoren, wie z. B. Benzochinon, können hier Abhilfe schaffen (Williams et al., 1970). In Tabelle 8.1 sind einige Enzymelektroden, ihre Einsatzmöglichkeiten und ihre charakteristischen Daten zusammengestellt.

Enzymelektroden sind zwar erfolgreich, ihre Entwicklung wird aber von Fortschritten bei anderen Enzymsensoren gebremst. Enzymelektroden sind robust, einfach herzustellen und unkompliziert handzuhaben.

8.5 Enzymthermistoren

Diese Technik wurde aus der Mikrokalorimetrie entwickelt. Die ersten Analysensysteme arbeiteten analog zu den Enzymreaktoren (s. o.). Dabei wurde die Wärmeentwicklung einer exothermen Reaktion, die durch ein immobilisiertes Enzym katalysiert wurde, anhand der Temperaturänderung der Reaktionslösung gemessen. Diese Sensoren waren zwar sehr empfindlich, hatten jedoch eine lange Ansprechzeit. Mit der Entwicklung von Thermistoren auf der Basis von halbleitenden Materialien, die auf Temperaturänderungen mit hohen Widerstandsänderungen reagieren, konnten die Enzym-Mikrokalorimeter miniaturisiert werden und es konnten Enzymthermistoren entwickelt werden (Mosbach und Danielsson, 1981). In das Zentrum einer gut isolierten Säule, die mit immobilisiertem Enzym gefüllt ist, wird ein Thermistor plaziert. Der Wandler spricht bereits auf extrem kleine Temperaturänderungen mit einer Impedanzänderung an. Auf diese Weise kann ungefähr die Hälfte der bei einer enzymkatalysierten Reaktion entstehenden Wärmemenge als Temperaturveränderung erfaßt werden. Die Änderungen liegen typischerweise zwischen 0.004°C und 1.0°C und damit im Empfindlichkeitsbereich des Sensors.

Eine typische Sensorummantelung ist in Abb. 8.5 zu sehen. Abb. 8.5a zeigt schematisch einen einfachen, einzelnen Thermistor, Abb. 8.5b ein System mit einem Referenzthermistor. Beim Einsatz von Thermistoren soll die externe Temperatur möglichst wenig schwanken. Häufig reichen Wasserbäder oder isolierte Gehäuse bereits aus. Manchmal läßt sich die Analysenempfindlichkeit mit einem Referenzthermistor erhöhen.

Tabelle 8.1. Beispiele für amperometrische bzw. potentiometrische Enzymelektroden

Substrat	Enzym	Elektrode	Ansprechzeit	Linearität	Stabilität
Alkohole	Alkohol-Oxidase	Pt (O_2) −0,6 V gg. SCE	~ 2 min	Bis 5 mg% Ethanol	~ 120 d
		Pt (H_2O_2) +0,6 V gg. SCE	~ 2 min	$1–25 \times 10^{-9}$ M Methanol	~ 24 h
	Alkohol-Dehydrogenase	Pt (NADH)	–	0–1 m nichtlinear	~ 8 Proben
L-Aminosäuren	L-Aminosäure-Oxidase	Pt (H_2O_2) Potentialabtastung	30–60 s	$1–400 \times 10^{-6}$ M	10–12 d
		Pt (O_2) −0,6 V gg. SCE	1–2 min	$0,1–1 \times 10^{-3}$ M Phenylalanin	> 120 d
Glucose	Glucose-Oxidase	Pt (H_2O_2) +0,6 V gg. SCE	1 min (Gleichgewichtszustand)	$0,5–15 \times 10^{-3}$ M	300 d
		Pt	3–10 min	$1–20 \times 10^{-3}$ M	–
		Clark (O_2) Elektrode	–	0,1–2,0 mg l^{-1}	–
Diamine	Diamin-Oxidase	Pt (O_2) −0,6 V gg. SCE	< 15 s	$20–400 \times 10^{-6}$ M	25 % Abnahme in 14 d

Tab. 8.1 *(Fortsetzung)*

Substrat	Enzym	Elektrode	Ansprechzeit	Linearität	Stabilität
Lactat	Lactat-Dehydrogenase	Pt ($Fe(CN)_6$) +0,25 V gg. SCE	~ 1 min	0,1–5 × 10^{-3} M	–
		Glaskohlenstoff (NADH) +0,7 V gg. SCE	3–4 min	0,1–4 × 10^{-3} M nichtlinear	20 % Abnahme in 2 h
Harnsäure	Harnsäure-Oxidase	Pt (O_2) −0,6 V gg. SCE	2–3 min	0,1–1 mg l^{-1}	~ 100 d
Phosphat	Alkalische Phosphatase/ Glucose-Oxidase	Pt (O_2) −0,6 V gg. SCE	1–2 min	1–10 × 10^{-3} M	~ 90 d
Harnstoff	Urease	Beckmannsche Elektrode (einwertiges Kation)	25–60 s für 98 %	0,02–8 mg l^{-1}	> 14 d
			60–90 s	10^{-4}–10^{-2} M	> 21 d
		Laborausrüstungen CO_2-Elektrode	1–6 min	10^{-4}–10^{2} M	> 3 d
		Nonactin in Silicon-Gummi	60–80 s	3 × 10^{5}–3 × 10^{-3} M	> 7 d
		Luftspalt	1 min @ > 10^{-2} M 4 min @ < 10^{-3} M	10^{-4}–2 × 10^{-2} M	> 21 d (300 Ansätze)
		NH_3-Gassensor	1,5–2 min@ 10^{-2} M, pH 9	5 × 10^{-4}–5 × 10^{-2} M	~ 20 d
		pH, Glas	–	5 × 10^{-5}–5 × 10^{-3} M	> 14 d

Tab. 8.1 *(Fortsetzung)*

Substrat	Enzym	Elektrode	Ansprechzeit	Linearität	Stabilität
Glucose	Glucose-Oxidase	Iodionen selektiv			
		pH-Elektrode	–	10^{-3}–10^{-1} M	> 14 d
Amygdalin	β-Glucosidase	Unterschiedlich	5 min	10^{-4}–10^{-1} M	~ 7 d
		CN^--Festkörperelektrode	< 1 min	5×10^{-7}–5×10^{-3} M	> 14 d
Penicillin	Penicillinase	pH, Glas	> 2 min	10^{-3}–10^{-2} M	> 7 d
		pH, Glas			
Creatinin	Creatininase	NH_3-Gassensor	6–10 min @ < 5×10^{-3} M	7×10^{-5}–10^{-2} M	~ 4
			2–5 min @ > 5×10^{-3} M		
L-Aminosäuren	L-Aminosäure-Oxidase	Beckmannsche Elektrode (einwertiges Kation)	1–2 min	10^{-4}–10^{-3} M	14 d
Uronsäure	Uronsäure-Oxidase	CO_2-Gassensor	5–15 min	2×10^{-4}–3×10^{-3} M	~ 10 d

(Aus Bowers und Carr, 1980)
SCE ist die Standard-Kalomel-Elektrode

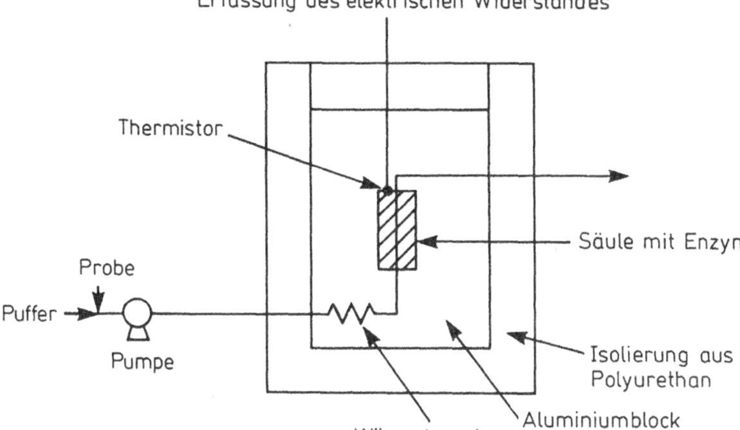

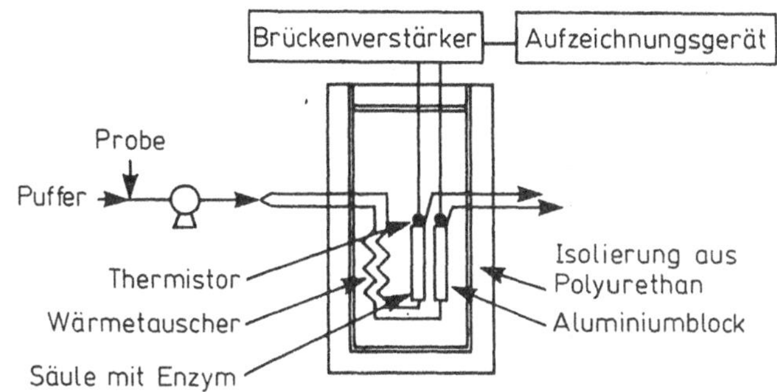

Abb. 8.5. (a) Ein Gehäuse für einen Enzymthermistor mit nur einem Sensor. (b) Ein duales Thermistorsystem (aus Mosbach und Danielsson, 1981).

Ein Thermistor spricht auf Temperaturänderung wie folgt an:

$$R_2 = R_1 \exp\left(\frac{B}{T_2} - \frac{B}{T_1}\right)$$

wobei

B = charakteristische Temperaturkonstante
T_1 = Thermistortemperatur
T_2 = Thermistortemperatur
R_1 = Thermistorwiderstand bei T_1
R_2 = Thermistorwiderstand bei T_2

Der Einfluß der Temperatur auf den Thermistor kann somit aus den Widerstandsänderungen berechnet werden. Die Wärmekapazität der mit dem immobilisierten Enzym gepackten Säule läßt sich über einen Draht mit bekanntem Widerstand, der in das das Bett eingebaut ist, bestimmen. Hierfür wird ein konstanter elektrischer Strom durch den Draht geschickt. Die Wärmekapazität ergibt sich aus dem Verhältnis zwischen dem Energieaufwand und der Temperaturänderung.

Arbeitet man mit einem Referenzthermistor, werden am einfachsten beide Thermistoren in eine Differentialbrücke eingebaut (Abb. 8.6) (Hubble, 1986). Wird nur ein Thermistor einer Temperaturveränderung ausgesetzt, so verändert sich die Brückenspannung. Werden beide Thermistoren den gleichen Veränderungen ausgesetzt, so bleibt der Gleichgewichtszustand erhalten und es resultiert keine Spannungsänderung. Die Verhältnisse lassen sich wie folgt formulieren:

$$v = \left(\frac{R_1}{R_1 + R_2} - \frac{R_1 + \delta R}{R_1 + \delta R + R_2} \right) \cdot V$$

wobei

v = Änderung der Ausgangsspannung
R_1 = Widerstand des Meß-Thermistors
R_2 = Widerstand des Referenz-Thermistors
V = Anregungsspannung
δR = Widerstandsänderung im Meß-Thermistor

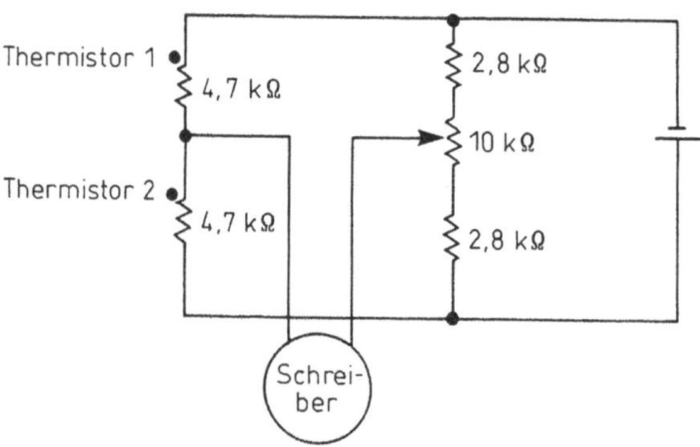

Abb. 8.6. Beispiel einer Brückenschaltung für den Einsatz in einer Anordnung mit zwei Thermistoren.

Die Empfindlichkeit des Regelkreises nimmt also mit wachsender Anregungsspannung zu. Dieser Zusammenhang stimmt bis zu einem Maximalwert. Bei hohen Anregungsspannungen führt der Leistungsverlust des Thermistors jedoch zur Problemen durch lokalisierte Erwärmung in der Säule.

Systeme mit Enzymthermistoren sind in der Analytik weitverbreitet. Ihre Anwendbarkeit hängt allerdings mit der Enthalpieänderung bei der Reaktion zusammen (Tabelle 8.2).

Tabelle 8.2. Molare Enthalpien einiger enzymkatalysierter Reaktionen (aus Mosbach und Danielsson, 1981).

Enzym	EC-Nummer	Substrat	$-\Delta H$ kJ mol^{-1}
Katalase	1.11.1.6	Wasserstoffperoxid	100,4
Cholesterol-Oxidase	1.1.3.6	Cholesterol	52,9
Glucose-Oxidase	1.1.3.4	Glucose	80,0
Hexokinase	2.7.1.1	Glucose	27,6
Lactat-Dehydrogenase	1.1.1.27	Na-pyruvat	62,1
Trypsin	3.4.21.4	Benzoyl-L-argininamid	27,8
Urease	3.5.1.5	Harnstoff	6,6
Uricase	1.7.3.3	Urat	49,1

Parallel zu den direkten Analysenmethoden (d. h. das Enzym wird direkt zur Messung des Substrates verwendet) wurden mit Hilfe von Enzymthermistoren mehrere indirekte Methoden entwickelt. Ein sehr gutes Beispiel hierfür bietet der Nachweis von Pestiziden anhand ihrer Fähigkeit, das Enzym Acetylcholinesterase zu hemmen. Hierfür wird im Puffer eine relativ hohe Substratkonzentration eingestellt, so daß sich ein konstanter Meßwert für die Temperatur ergibt. Während die Pestizidproben durch den Reaktor fließen, wird die Reaktionsgeschwindigkeit herabgesetzt. Dies hat eine Temperaturabsenkung zur Folge. Eine weitere interessante Abänderung ist der thermische Enzymimmunoassay (TELISA = thermal enzyme-linked immunosorbent assay). Im Prinzip entspricht das Vorgehen der ELISA-Methode (Kap. 5). So wird z. B. ein Antikörper für ein Arzneimittel in der Reaktionssäule immobilisiert vorgelegt und anschließend die Probe (Antigen) appliziert. Im Zuge der Reaktion wird ein Teil der Antikörperplätze blockiert. Nun wird ein Teil des Enzym-Arzneimittel Konjugates durch die Säule geschickt, wobei es mit noch nicht gebundenem Antikörper reagiert. Wenn das Substrat die Säule passiert, stellt sich eine Temperaturänderung ein, die von der Enzymmenge, die gebunden wird, und somit von der in der Probe enthaltenen Arzneimittelmenge abhängt.

Die Enzymthermistoren wurden hauptsächlich im Hinblick auf die Analytik einzelner Proben behandelt. Die Empfindlichkeit von Thermistoren ist zwar beschränkt (bis ca. 10^{-5} mol l^{-1}), wird jedoch durch eine Trübung der Proben nicht beeinträchtigt. Für Thermistoren stehen also breitgefächerte Einsatzgebiete offen. Für kontinuierliche Analysen sind Thermistoren wegen ihrer mangelnden Grundlinienstabilität zwar nur bedingt geeignet, es wurde jedoch vorgeschlagen, sie zur kontinuierlichen Aufzeichnung des Ausstoßes von Bioreaktoren zu verwenden. So können mit Hilfe von Enzymthermistoren Änderungen in der Konzentration des Reaktorausganges aufgezeichnet bzw. der Reaktantenzufluß in einen Reaktor mit immobilisiertem Enzym zur Hydrolyse von Lactose zu D-Glucose und D-Galactose kontrolliert werden (Danielsson et al., 1979).

8.6 Enzymatische Feldeffekttransistoren (ENFET)

Diese Geräte entsprechen den schon besprochenen Enzymelektroden. Der ionenselektive Feldeffekttransistor (ISFET) wirkt als ein Verstärker (Abb. 8.7). Der durch die Anordung fließende Strom ist dann proportional zur externen Ionenkonzentration. In diese Geräte können integrierte Schaltkreise eingesetzt werden, sie eignen sich also für eine Massenproduktion (Moss et al., 1978). Die Vorteile eines ISFET im Vergleich zu ionenselektiven Elektroden sind:

(1) die kleine Bauweise und nur feste Bauteile ermöglichen eine erhöhte Zuverlässigkeit und Robustheit
(2) der kleine Detektorraum und die dünne Membran erlauben eine kurze Ansprechzeit
(3) es lassen sich integrierte Schaltkreise mit mehreren ISFETs, auch für unterschiedliche Aufgaben, aufbauen
(4) die Bauteile lassen sich leicht in schon bestehende Anordnungen einbauen

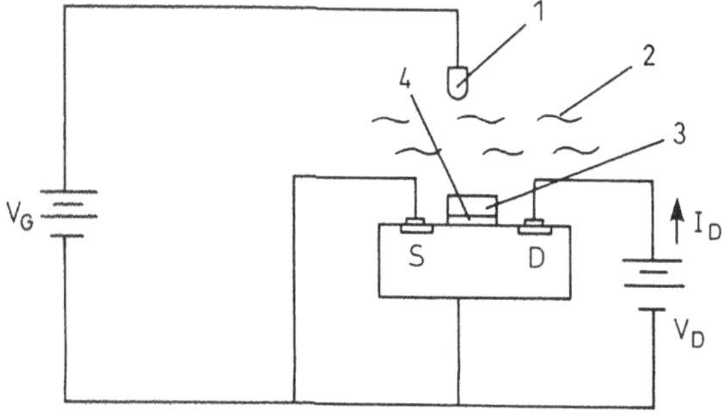

Abb. 8.7. Schematische Darstellung eines ionenselektiven Feldeffekttransistors (aus Moss et al., 1978).

Ähnlich wie bei einem ionenselektiven Meßfühler lassen sich die Membraneigenschaften und somit auch die Meßempfindlichkeiten variieren. Weiterhin kann der Detektor mit einem Enzym beschichtet werden, so daß das Ansprechverhalten proportional zur Enzymaktivität wird (Winquist et al., 1982). Am Beispiel des Enzyms Penicillinase wurde dies ausgetestet (Caras und Janata, 1980). Das Enzym wurde dabei als eine mit Albumin vernetzte Membran auf die Oberfläche eines H^+-empfindlichen FET aufgebracht. Wegen der kleinen Detektorausmaße und der dünnen Membran wird nur wenig Enzym benötigt und die Ansprechzeiten sind kurz (1 x 10^{-4} i. u. bzw. 25 Sekunden). Trotz der kurzen Ansprechzeiten müssen Massentransfer und Überlegungen bezüglich der Reaktion immer noch einkalkuliert werden. Der Einsatz von ENFETs wird hauptsächlich durch die Enzymstabilität beschränkt. Die Produktionskosten der Meßgeräte wären wegen der Massenherstellung gering, jedoch beeinträchtigt die begrenzte Stabilität die günstigen Kosten.

8.7 Direkte Wechselwirkungen zwischen Enzym und Elektrode

Dieser Ansatz entspringt dem Konzept der Brennstoffzellen. Die enzymatische Oxidation einer Verbindung regt einen Elektronenfluß durch einen externen Kreislauf an. Ein einfaches Beispiel ist die Oxidation von Methanol zu Formaldehyd unter Mitwirkung der Methanoldehydrogenase (Plotkin et al., 1981). Die Stöchiometrie der Reaktion läßt sich wie folgt formulieren:

$$\underset{\text{Methanol}}{CH_3OH} + \tfrac{1}{2}\,O_2 \longrightarrow \underset{\text{Formaldehyd}}{CH_2O} + H_2O$$

Sie kann in zwei Halbzellenreaktionen aufgetrennt werden:

$$CH_3OH \longrightarrow CH_2O + 2H^+ + 2e^-$$

$$\tfrac{1}{2}O_2 + 2H^+ + 2e^- \longrightarrow H_2O$$

In der Anordnung in Form einer Brennstoffzelle (Abb. 8.8) sind die beiden Halbzellen durch eine Ionenaustauschmembran getrennt. Ein direkter Transfer der Elektronen vom Enzym zur Elektrode konnte noch nicht erreicht werden, es muß ein Vermittler eingesetzt werden. Hierbei handelt es sich häufig um einen Redoxfarbstoff, der vom Enzym reduziert und von der Elektrode wieder oxidiert werden kann,wie z. B. Phenazinethansulfat (PES). Die bei dieser Reaktion generierten Protonen können durch die Kationenaustauschmembran hinduchdiffundieren, während die Elektronen im externen Kreis einen meßbaren Stromfluß erzeugen. Die Oxidation von Methanol entweder zu Formaldehyd oder zu Formiat konnte in einer Brennstoffzelle verwirklicht werden; obwohl nur geringe Ströme erzeugt werden, könnte hiermit der Grundstein für extrem empfindliche Analysensysteme gelegt sein. Während es unwahrscheinlich ist, daß Brennstoffzellen in der näheren

Zukunft eine Alternative zur Energiegewinnung darstellen, könnten sie für spezielle Probleme (z. B. die *in vivo* Energieversorgung von Herzschrittmachern) oder für manche militärische Zwecke, z. B. zur Energieversorgung von Kommunikationssystemen, eine Lösung bieten.

Für rein analytische Zwecke ist die Anordnung entsprechend einer Brennstoffzelle nicht von Bedeutung. Fließen nur kleine Ströme, so brauchen die beiden Elektroden nicht durch eine Ionenaustauschmembran getrennt sein und folglich kann die Anordnung sehr klein werden. Möglicherweise kann solch ein Meßfühler in der Größe einer Spritzennadel zur *in vivo* Messung der Glucoseblutkonzentration bei Diabetikern entwickelt werden.

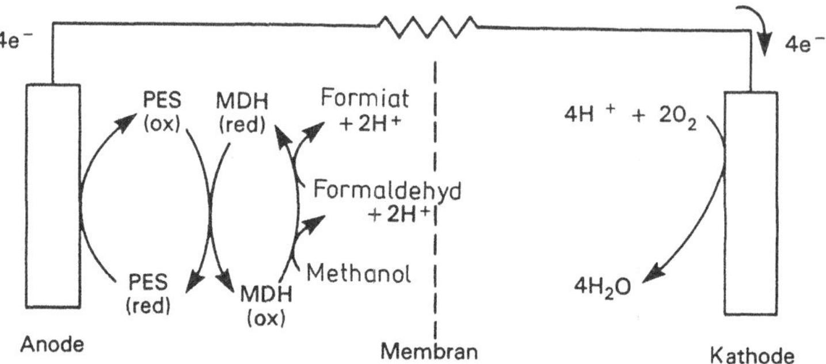

Abb. 8.8. Beispiel für eine einfache biolektrochemische Brennstoffzelle auf Basis der Methanoldehydrogenase (MDH) (aus Plotkin et al., 1981).

Zwischen einer Enyzmelektrode (einer mit einem Enzym gekoppelten ionenselektiven Elektrode) und einer enzymmodifizierten Elektrode (entspricht einem direkten Sensor, bei dem die Elektronen vom immobilisierten Enzym zu einem gleichzeitig immobilisierten Mediator und anschließend auf das Elektrodenfestbett fließen) muß genau unterschieden werden.

Bei enzymmodifizierten Elektroden kann die Stromdichte wesentlich geringer als bei einer Brennstoffzelle sein. Dies schlägt sich in einem wesentlich geringeren Enzymbedarf nieder (Turner et al., 1984). Bei den Oxidase-Reaktionen wirkt die Elektrode als Elektronenakzeptor. Der Vorteil der enzymmodifizierten Elektroden liegt in ihrer Unempfindlichkeit gegenüber Sauerstoffkonzentrationsänderungen in der zu messenden Probe. Speziell die Glucoseoxidase-modifizierten Elektroden mit Ferrocen als Mediator zeigen einen wesentlich größeren linearen Meßbereich als sich aus dem K_m-Wert des Enzyms abschätzen läßt. Da der Meßfühler schnell anspricht ($<$ 30 Sekunden), wird vermutet, daß für den erweiterten linearen Meßbereich Änderungen in den kinetischen Eigenschaften des Enzyms und nicht Änderungen beim Massentransferwiderstand verantwortlich sind. Für ein Patent aus dem Jahre 1981 ist ein solcher Glucosedetektor die Grundlage. Vermutlich eignen sich derartige Sensoren sehr gut zur Aufzeichnung der Glucosekonzentration bei Diabetes-Patienten. Mit zunehmendem Verständnis für diese „enzymunterstützten" Elektronentransferreaktionen werden vermutlich auch weitere Anwendungsbereiche erschlossen.

Für die Zukunft wird erwartet, daß die direkte Kopplung zwischen Enzym und Elektrode über eine leitende Verbindung einen Mediator überflüssig werden lassen wird. Dies wäre eine fundamentale Voraussetzung für die Entwicklung von „Biochips" (Weaver und Burns, 1981; Yanchinsky, 1982).

8.8 Weitere Sensoren

Die Bestimmung von menschlichem Serumalbumin (human serum albumin, HSA) gelang mit einer „Affinitäts"-Elektrode. Hierfür wird eine von zwei identischen Titandioxid-Elektroden durch die Zugabe des reaktiven Textilfarbstoffes Cibacron Blau F3G–1A modifiziert (Lowe et al., 1983). Dieser Farbstoff zeigt gegenüber HSA eine hohe Affinität und wird auch bei der Affinitätschromatographie eingesetzt (Kap. 5). Belichtet man das System, so verläuft die Potentialdifferenz zwischen der farbstoffmodifizierten Titandioxid-Elektrode und der nichtmodifizierten Referenzelektrode bis zu einer Konzentration von 10 g ml^{-1} HSA linear. Das Protein maskiert nämlich die Photozellen-Reaktion. Das Farbstoffmolekül ist ziemlich stabil, der Meßfühler kann zwischen den Meßvorgängen in 8M Harnstoff regeneriert werden. Diese Methode könnte sich zur Messung von Enzymreaktionen eignen.

Auch optoelektronische Sensoren arbeiten auf biologischen Grundlagen. Hierbei führt die Konzentrationsänderung einer Komponente zur Farbänderung eines Farbstoffes. Baut man die Reaktionskammer zwischen eine lichtemittierende Diode und eine Photozelle, so läßt sich die Konzentration aus den Extinktionsänderungen ermitteln. So wurden beispielsweise Farbänderungen eines Farbstoffes bei der Bindung an Proteine ausgenutzt. Auch Penicillin, Glucose und Harnstoff konnten mit Hilfe pH-empfindlicher Farbstoffe analysiert werden. Die Optoelektronik läßt sich als Miniaturisierung spektrophotometrischer Techniken, die ihrerseits von der neuesten Entwicklung auf mikroelektronischem Gebiet profitierten, ansehen. Einige Beispiele für optoelektronische Sensoren zeigt Tabelle 8.3.

Tabelle 8.3. Leistungscharakteristiken einiger optoelektronischer Sensoren (aus Lowe et al., 1984)

Substrat	Ansprech-bereich mM	Ausgangs-spannungs-änderung bei 10 mM $\Delta mV\ \mathrm{min}^{-1}$	Stabilität
Albumin	0,07–0,5 (5–35 mg ml^{-1})	–	≫1 Jahr
Penicillin G	0,3–5,0	45,5	> 1 Jahr
Ampicillin	0–10	24,1	
Cephaloridin	0–10	13,0	
Methicillin	–	0	
Vancomycin	–	0	
Cloxacillin	–	0	
Harnstoff	0–40	125,0	$t_{1/2} \sim 17$ d
D-Glucose	0–70	1,5	$t_{1/2} \sim 7$–8 d

8.9 Die Bestimmung des Biologischen Sauerstoffbedarfs (BSB)

Die bisher behandelten Sensoren dienten alle zur Bestimmung einer einzigen Substanz. Zur Kontrolle der Wasserverschmutzung wird der biologische Sauerstoffbedarf (BSB) bestimmt, d. h., der Beitrag aller biologisch abbaubarer Moleküle muß erfaßt werden. Herkömmliche Methoden benötigen bei 20°C lange Inkubationszeiten (5 Tage), waren jedoch, wegen fehlender Alternativen seit 1936 die Methode der Wahl. Erst vor kurzem wurde eine Analytik, die auf immobilisierten Zellen und einem Sauerstoff-Meßfühler basiert, vorgeschlagen. Diese Anordnung kann in einen Autoanalyser eingebaut werden und die Ergebnisse lassen sich mit dem herkömmlichen 5-Tage-Test vergleichen. Trotz des geringen Durchsatzes (2 Proben pro Stunde) ist diese Methode im Vergleich zur herkömmlichen Methode wesentlich schneller.

Auf der Suche nach preiswerteren und stabileren Sensoren wurde auch die Möglichkeit von Meßfühlern mit Präparationen aus dem gesamten Gewebe untersucht. Prinzipiell besteht bei solchen Sensoren Kontaminationsgefahr. Jedoch zeigten sich Harnstoffsensoren, auf der Basis von Ammonium-Meßfühlern und immobilisiertem Mehl aus Jack-Bohnen (*Canavalia ensiformis*) als stabiler und dabei mindestens ebenso empfindlich wie Sensoren mit gereinigter Urease.

8.10 Schlußbemerkungen

Enzymsensoren lassen sich auf verschiedenen Wegen realisieren (Guibault, 1984; Ichinose, 1986). Sie eignen sich wegen ihrer Eigenschaften für gezielte Anwendungen, müssen aber sehr oft gegen konkurrierende Sensortypen bestehen. Das heißt aber nicht, daß die in diesem Abschnitt angesprochenen Entwicklungen hinfällig wären. Einerseits sind bioelektronische Sensoren aufgrund der möglicherweise problemlosen Verwendung in Meßkreisen sehr interessant, andererseits jedoch eignen sie sich nicht für alle Reagenzien. Letztlich bestimmt die zu analysierende Substanz die Analysenmethode. Jedes der angesprochenen Entwicklungsgebiete ist für industriell einsetzbare Produkte gut.

9 Enzymmodifikationen

9.1 Einleitung

Eigenschaften und Spezifität von Enzymen entwickelten sich vermutlich zum Vorteil des Wirtsorganismus. Enzyme aus vielen Organismen konnten zwar für wirtschaftliche oder auch andere Zwecke eingesetzt werden, doch lassen sich manche Eigenschaften dieser Proteine immer noch verbessern. So kann es z. B. vorteilhaft sein, die Wärmestabilität eines Enzyms zu verbessern oder das pH-Optimum zu verschieben, um die Effizienz eines bestimmten Verfahrens zu erhöhen. Manchmal ist es auch wünschenswert, die Aktivität eines Enzyms gegenüber einem speziellen Substrat oder einem möglichen Substrat zu erhöhen.

Für Enzymmodifikationen wurden viele Verfahren entwickelt. Sie reichen von sehr einfachen Techniken, wie z. B. dem Austausch eines Cofaktors, bis hin zu sehr raffinierten molekularbiologischen oder auch computerunterstützten Techniken. In diesem Kapitel sollen einige Methoden zur „Verbesserung" von Enzymleistungsfähigkeiten angesprochen und die damit erföffneten Möglichkeiten näher behandelt werden.

9.2 Die Auswahl der geeigneten Enzymquelle

Noch bevor man eine Enzymmodifikation erwägt, sollte man klarstellen, ob gegenwärtig auch die am besten geeignete Enzymquelle eingesetzt wird. Enzyme für ein und dieselbe Reaktion lassen sich oft aus mehreren verschieden Organismen gewinnen; so sind z. B. die *alpha*-Amylasen aus Tieren, Pflanzen bzw. aus Mikroorganismen unterschiedlich thermostabil.

Die Thermostabilität von α-Amylasen spielt bei der enzymatischen Stärkehydrolyse eine Rolle. Bei der Verflüssigung werden die unlöslichen Stärkekörner durch Erhitzen (60°C bis 105°C, in Abhängigkeit vom Ausgangsmaterial), aufgebrochen. Die so erhaltene Lösung ist hochviskos. In einem nachfolgenden Schritt wird die Viskosität durch partielle Hydrolyse abgesenkt (s. Kap. 7). Wird mit weniger stabilen Enzymen gearbeitet, so müssen der Hitzeaufschluß und die partielle Hydrolyse in zwei getrennten Verfahrensschritten durchgeführt werden. Seit thermostabile Enzyme im industriellen Maßstab zur Verfügung stehen (Tabelle 9.1), insbesondere die Enzyme aus *Bacillus licheniformis*, lassen sich diese beiden Schritte zu einem Verfahrensschritt zusammenlegen. Hier kann also alleine mit der Auswahl der passenden Enzymquelle ein spezielles Verfahrensproblem wesentlich vereinfacht werden. Damit wird der Gesamtprozeß effizienter und die Verfahrenskosten sinken. Auch manch andere Verfahren lassen sich ohne die geringste Enzymmodifikation wesentlich verbessern. Auf der anderen Seite ist die Verwendung der idealen Quelle nur eine Vorbedingung für sinnvolle Modifikationen.

Tabelle 9.1. Die Thermostabilität von α-Amylasen aus verschiedenen Quellen

Enzymquelle	Übliche Verwendungstemperatur (° C)	Maximale Verwendungstemperatur (° C)
Pancreas (Schwein)	40–45	50
Aspergillus sp.	55–60	65
Bacillus amyloliquefaciens	70	85–90
Bacillus licheniformis	92	110

Die angegebenen Temperaturen sind Durchschnittswerte, da die Stabilität der Enzyme von den Konzentrationen von Substrat und Ca^{2+}-Ionen abhängt.

9.3 Substitution gebundener Metallionen

Viele Enzyme enthalten für die Aktivität essentielle Metallionen. Die Entfernung des Metallions bedeutet einen vollständigen Aktivitätsverlust. Andererseits läßt sich dieses Metallion durch andere Kationen substituieren, wobei häufig interessante Ergebnisse erhalten werden. Ein besonders gutes Beispiel hierfür wären einige der D-Glucoseisomerasen (die Verwendung dieser Enzyme wird in Kap. 7 eingehend diskutiert). Die meisten der als D-Glucoseisomerasen bekannten Enzyme sind eigentlich D-Xyloseisomerasen, da *in vivo* ihre Hauptaufgabe in der Isomerisierung der D-Xylose zur D-Xylulose besteht. Sie lassen sich häufig mit D-Xylose induzieren, wogegen D-Glucose unwirksam ist. Aus Bequemlichkeit und weil die industriell interessante Reaktion die Isomerisierung der D-Glucose zur D- Fructose ist, soll im folgenden die Bezeichnung D-Glucoseisomerase beibehalten werden.

Die Glucoseisomerase aus dem HN–88 Stamm des Bakteriums *Bacillus coagulans* zeigt in Gegenwart verschiedener Metallionen, die sich in die meisten Enzyme dieser Gruppe einführen lassen, interessante Eigenschaften. Ohne die Fremdmetallionen wirkt das gereinigte Enzym spezifisch auf D-Xylose und zeigt weder gegenüber D-Glucose noch D-Ribose irgendeine Aktivität (Tabelle 9.2). Der Zusatz von 10 mM $MnCl_2$ erhöht die absolute Enzymaktivität. D-Xylose ist zwar immer noch das bevorzugte Substrat,

Tabelle 9.2. Die Substratspezifität von D- Xyloseisomerase aus *Bacillus coagulans*

Additiv (10^{-2} M)	Relative Aktivität[a]		
	D-Glucose	D-Xylose	D-Ribose
Keines	0	4	0
$CoCl_2$	100	27	100
$MnCl_2$	16	100	20
$MgCl_2$	15	40	18
EDTA	0	0	0

[a] Die relative Aktivität wird als Prozentsatz der Aktivität ausgedrückt, die bei Einsatz von D-Glucose als Substrat in Gegenwart von 10^{-2} mol l^{-1} $CoCl_2$ erhalten wird (aus Danno, 1970).

jedoch läßt sich in geringem Maß die Isomerisierung von D-Glucose und D-Ribose beobachten. Gibt man anstatt $MnCl_2$ 10mM $CoCl_2$ zu, so zeigt sich eine vollständig veränderte Substratspezifität. Jetzt sind D-Glucose und D-Ribose die bevorzugten Substrate und die Aktivität gegenüber D-Xylose ist relativ gering. Gibt man den Chelatbildner EDTA zu, so verschwindet die Aktivität gegenüber den drei Substraten vollständig.

Aus diesen Ergebnissen könnte geschlossen werden, daß für jeden der drei Zucker eine andere aktive Bindungsstelle vorhanden ist. Konkurrenzexperimente deuten jedoch auf ein und dieselbe aktive Bindungsstelle für alle drei Zucker hin. Weiterhin zeigte sich, daß das Metallion nicht direkt am katalytischen Prozeß beteiligt und daß die Bindungsstelle für das Kation nicht mit der aktiven Bindungsstelle identisch ist. Das Kation induziert vielmehr eine Konformationsänderung in der Proteinstruktur und führt zu einer veränderten Bindung des Substrats. Selbst einfache Techniken, wie die Substitution eines Metall-Cofaktors, können also tiefgreifende Veränderungen in der Substratspezifität eines Enzyms auslösen.

9.4 Kovalente Enzymmodifikationen

Die chemische Modifikation eines Proteins dient häufig zur Aufklärung von Mechanismen von Enzymwirkungen. Chemische Modifikationen können aber auch physikalische Eigenschaften, Substratspezifität oder sogar den Reaktionstyp, den das Enzym katalysiert, beeinflussen. Einige dieser Aspekte werden im folgenden näher behandelt. Auch die Enzymimmobilisierung, ganz gleich auf welche Methode, ist eine Möglichkeit, Enzymeigenschaften zu verändern. Da diese Art der Enzymmodifizierung bereits abgehandelt wurde (Kap. 6) soll hier nicht näher darauf eingegangen werden.

Chemische Veränderungen einzelner Aminosäuren Dieser Idee liegt zugrunde, daß eine kovalente Veränderung einer bestimmten Aminosäure die Bindungs- oder auch die katalytischen Eigenschaften eines Enzyms verändern kann (Kaiser et al., 1985). Um die Ergebnisse erfolgreich deuten zu können, muß die Struktur des untersuchten Proteins bekannt sein. Die meisten Arbeiten auf diesem Gebiet werden daher an den gut charakterisierten Proteasen durchgeführt. Meist wird versucht, entweder das pH-Optimum oder die Substratspezifität eines Enzyms zu beeinflussen. Die folgenden Beispiele behandeln beide Aspekte.

Die Cysteinprotease Papain benötigt an der aktiven Bindungsstelle eine reduzierte Thiol-Gruppe und funktionale Tryptophanreste. Behandelt man Papain zum Schutz der Sulfhydryl-Gruppe mit Hydroxyethyldisulfid und anschließend mit N-Bromsuccinimid, so werden ein oder zwei der fünf vorhandenen Tryptophan-Reste (entweder Trp-67, oder Trp-67 und Trp-177) oxidiert. Ist nur Trp-67 modifiziert, so weist das modifizierte Enzym bei der pH-Abhängigkeit sowohl für k_{kat} als auch für k_{kat}/K_m den gleichen pK_a-Wert auf, wie das ursprüngliche Enzym Papain. Sind Trp-67 und Trp-177 jedoch oxidiert, so liegen die pK_a- Werte sowohl für k_{kat} als auch für k_{kat}/K_m um eine Einheit höher. Eine Erklärung könnte sein, daß die hydrophoben Eigenschaften der aktiven Bindungsstelle im Papain durch die Modifizierung von Trp-177 beeinflußt werden und sich in pH-Effekten bei den kinetischen Konstanten niederschlagen.

Mit der selektiven Modifizierung von Aminosäuren läßt sich die relative katalytische Aktivität einer Protease gegenüber Proteinen und niedermolekularen Estern beeinflussen. So führt z. B. die Behandlung der Serinprotease Subtilisin Carlsberg mit Tetranitromethan nur zur Nitrierung der Aminosäure Tyr-104. Die proteolytische Aktivität gegenüber positiv geladenen Makromolekülen, wie z. B. Clupein erhöht sich dadurch um das Sechsfache, während neutrale Proteine, wie z. B. Casein nicht verstärkt abgebaut werden. überraschenderweise verändert sich jedoch die relative Hydrolysegeschwindigkeit von *p*-Toluol-sulphonyl-L-arginin-methylester (positiv geladen) und Benzoyl-tyrosinethylester (neutral) nicht. Die auf den ersten Blick widersprüchlichen Ergebnisse könnten unter Beachtung der Substratgröße zu erklären sein. So reagieren kleine Substrate vermutlich lediglich mit der primären Bindungsstelle im Subtilisin, die von der Modifizierung jedoch unbeeinflußt bleibt. Größere Substrate dagegen reagieren zusätzlich mit einer sekundären Bindungsstelle, an der auch das nitrierte Tyr-104 beteiligt ist. Die Nitrierung von Subtilisin geht mit einer Absenkung des pKa für die Hydroxylgruppe an der Tyr-104 einher, d. h. es wird eine negative Ladung in die sekundäre Bindungsstelle eingeführt. Aus diesem Grund können positiv geladene Makromoleküle an das derivatisierte Enzym besser gebunden werden, während die Wechselwirkung mit den niedermolekularen Estern unbeeinflußt bleibt.

Die chemische Veränderung einzelner Aminosäuren kann tiefgreifende Veränderungen bei der Enzymaktivität nach sich ziehen. Dieser Technik sind aber leider Grenzen gesetzt, denn die meisten Reagenzien, die an den chemischen Reaktionen beteiligt sind, wirken nicht völlig spezifisch gegenüber einer einzigen Aminosäure und häufig ergeben sich bei der Reaktionsbegrenzung Schwierigkeiten. Diese Methode ist zwar einfach einzusetzen und preiswert wäre, jedoch aus obigen Gründen im industriellen Umfeld nicht weit verbreitet.

9.5 Enzymatische Enzymmodifikationen

Prinzipiell lassen sich Enzymeigenschaften durch die Behandlung mit Proteasen oder Glykanohydrolasen verändern. Die Modifizierung von Oligosacchariden in Glykoproteinen mittels Glykanohydrolasen im Rahmen von Enzymanwendungen auf medizinischem Gebiet wurde bereits behandelt (Kap. 5). Auch eine begrenzte Hydrolyse kann eine Enzymaktivität beeinflussen.

Die proteolytische Modifikation tritt auch *in vivo* auf. Sie ist häufig sogar die Voraussetzung für die Bildung eines aktiven Enzyms (z. B. die Proteolyse von Trypsinogen zu Trypsin). Im folgenden soll ein Beispiel für eine solche, wirtschaftlich bedeutende, Modifikation diskutiert werden. Die DNA-abhängige DNA-Polymerase I aus *Escherichia coli* kann unter streng kontrollierten Bedingungen DNA synthetisieren. Paradoxerweise kann das gleiche Enzym DNA abbauen, da es sowohl 5'→ 3'-, als auch 3'→ 5'-Exonucleaseaktivitäten besitzt. Diese offensichtlich widersprüchlichen Eigenschaften können mit der *in vivo* Wirkung der DNA-Polymerase zwar in Einklang gebracht werden, jedoch ist die Exonucleaseaktivität (vor allem die 5'→ 3' Exonuclease) während der DNA-Synthese *in vitro* äußerst hinderlich (s. weiter unten). Es wäre also wünschenswert, daß die DNA Polymerase in geeigneter Weise modifiziert werden kann und die 5'→ 3' Exonuclease verschwindet.

Die unerwünschte 5'→ 3' Exonucleaseaktivität kann mittels der begrenzten Proteolyse der DNA-Polymerase auf einfache Art und Weise entfernt werden (Jacobson et al., 1974). Behandelt man das Enzym mit Subtilisin Carlsberg, so bilden sich zwei Fragmente, die mittels Chromatographie auf Hydroxylapatit aufgetrennt werden können. Das größere Fragment, bekannt unter der Bezeichnung Klenow-Enzym, trägt die Polymerase- und die 3'→5'-Exonuclease-Aktivität, das kleinere, N-terminierte Fragment nur die 5'→ 3' Exonuclease (Tabelle 9.3). Die simple proteolytische Behandlung von DNA-Polymerase liefert also ein Enzym, das eine der drei Aktivitäten verloren hat. Das Klenow-Enzym wird in industriellem Maßstab gehandelt und findet bei der Sequenzierung von DNA und bei Verfahren zur oligonucleotiden Mutagenese Anwendung (s. weiter unten).

Tabelle 9.3. Die Aktivitäten von DNA-Polymerase Fragmenten nach der begrenzten Proteolyse (aus Jacobson et al., 1974).

Fragment	Aktivität (in Mol bezogen auf Verbrauch bzw. Freisetzung von Deoxynucleotid min^{-1} mol $Enzym^{-1}$) Polymerase	$5' \rightarrow 3'$ Exonuclease	$3' \rightarrow 5'$ Exonuclease
Groß	227,0	1,1	40,0
Klein	<0,2	135,0	0,6

Interessant sind die Fortschritte bei den Herstellungsmethoden. Mehrere Firmen bieten bereits Klenow-Enzympräparate an, die über Genklonierung hergestellt sind, somit wird also der proteolytische Schritt umgangen. Aus patentrechtlichen Gründen produzieren jedoch die meisten Firmen Klenow noch auf dem herkömmlichen Weg.

9.6 Enzym-Coenzym Komplexe

Derzeit beschränkt sich die industrielle Verwertung von Enzymen auf einfache Hydrolasen. Der Einsatz von Dehydrogenasen und von Kinasen bei synthetischen Reaktionsschritten ist noch nicht verwirklicht. Zum Teil hängt dies mit den enormen Kosten für Coenzyme, wie z. B. ATP und NAD^+, zusammen. Diese Coenzyme können derzeit noch nicht zurückgewonnen und wiedereingesetzt werden. Mit Hilfe der Immobilisierung von Coenzymen auf lösliche bzw. unlösliche Matrizes wurden viele Techniken entwickelt, die Coenzyme im Reaktor zurückzuhalten. Eine bestechende Idee ist jedoch die kovalente Knüpfung des Coenzyms an die aktive Bindungsstelle im Enzym.

Es gibt bereits mehrere stabile Enzym-Coenzym Komplexe mit endogener katalytischer Aktivität. Derivate des NAD^+ konnten auf verschiedene Weisen an die Lactatdehydrogenase gebunden werden, wobei die entstehenden Komplexe Aktivitäten aufweisen, die nahezu den theoretischen Werten entsprechen, wie sie sich aus der Stöchiometrie der Coenzymbindung errechnen lassen (Gacesa und Venn, 1979). Leider kann an diese Komplexe jedoch nur wenig NAD^+ gebunden werden. Zudem muß das reduzierte Coenzym wiederverwendet werden. Damit wird die Einsatzmöglichkeit dieser Komplexe eingeschränkt.

Das Konzept der kovalenten Ankoppelung eines Cofaktors läßt sich auch auf andere Enzyme als Oxidoreduktasen und Kinasen ausdehnen. So läßt sich z. B. ein Redoxcoenzym Analogon an die aktive Bindungsstelle eines einfachen hydrolytisch wirksamen Enzyms koppeln, so daß eine vollkommen neue Aktivität entsteht (Kaiser und Lawrence, 1984). Bei den Modifizierungen ist vieles zu bedenken. Sind die folgenden fünf Grundvoraussetzungen erfüllt, so erhöhen sich nach Ansicht führender Forscher die Erfolgsaussichten:

(1) Das Enzym sollte hochrein und in genügender Quantität zur Verfügung stehen.
(2) Die Röntgenstruktur des Enzyms sollte bekannt sein.
(3) In der Nähe der aktiven Bindungsstelle sollte eine genügend reaktive Aminosäureseitenkette vorliegen.
(4) Die Ankopplung des Cofaktors sollte die Enzymaktivität genügend stark beeinflussen.
(5) Das potentielle Substrat sollte möglichst einen unbehinderten Zutritt zur aktiven Bindungsstelle haben.

Die bedeutendste Entwicklung auf diesem Gebiet sind wohl die halbsynthetischen Flavo-Papaine. Sie entstehen durch die kovalente Ankopplung von Flavin-Analoga an das an der aktiven Bindungsstelle vorhandene Cystein (Cys-25) im proteolytischen Enzym Papain. Cys-25 ist für die normale hydrolytische Aktivität des Papains essentiell, daher verliert das Enzym nach der Substitution an dieser Position seine Hydrolyseaktivität gegenüber Proteinen. Mit dem Verlust an proteolytischer Aktivität läßt sich aber andererseits die fortschreitende Substitution durch den Cofaktor verfolgen. Auch jede andere neu eingeführte Aktivität läßt sich leichter beobachten.

Die freie Sulfhydryl-Gruppe im Papain wurde im wesentlichen mit zwei Flavin- Typen, die an unterschiedlichen Positionen entweder mit einer Bromacetyl- oder einer Brommethyl-Gruppe substituiert sind, derivatisiert (Abb. 9.1). Die katalytische Aktivität der von den Bromacetyl-substituier-

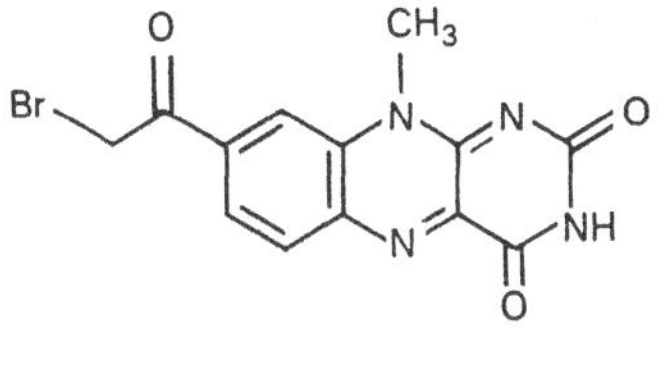

8-α-Bromacetyl-10-methylisoalloxazin

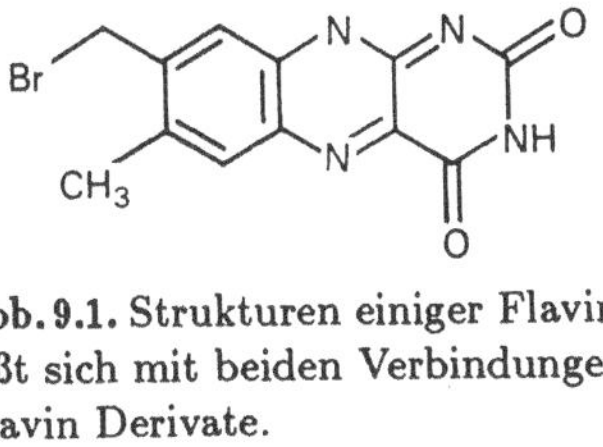

8-α-Brommethyl-7-methylisoalloxazin

Abb. 9.1. Strukturen einiger Flavin-Analoga. Die Sulfhydryl- Gruppe am Papain (Cys-25) läßt sich mit beiden Verbindungen alkylieren. Es bilden sich die entsprechenden Enzym-Flavin Derivate.

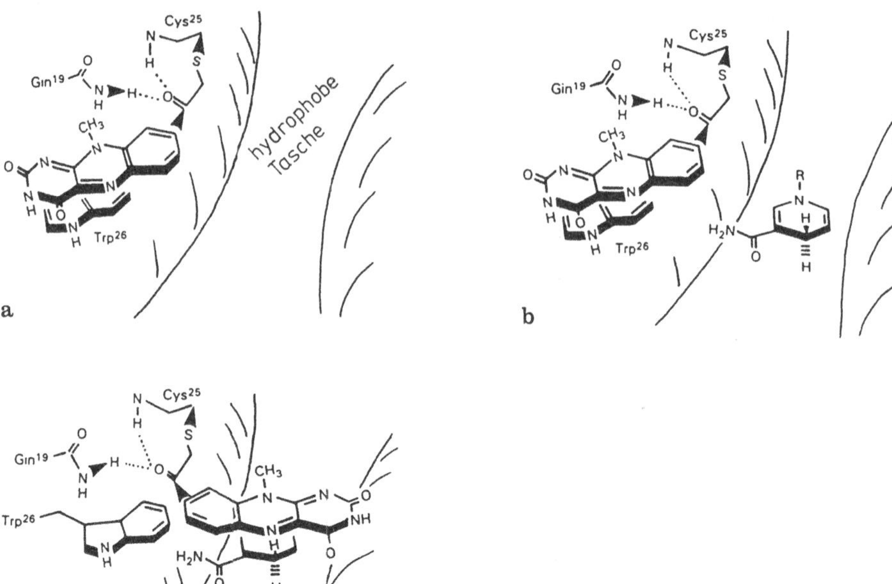

Abb. 9.2. Die aktive Bindungsstelle eines Flavo-Papain Derivats. (a) Die aktive Bindungsstelle eines halbsynthetischen Enzyms, das aus der Alkylierung von Papain und 8α-Bromacetyl-10-methylisoalloxazin entstanden ist. Die Acetyl- Seitenkette im Flavinteil ist über Wasserstoffbrückenbindungen an Gln-19 und Cys-25 im Enzymgerüst gebunden. Das Flavin ist am Charge-Transfer-Komplex mit Trp-26 beteiligt. (b) Michaelis- Komplex. Das Dihydronicotinamid ist in die hydrophobe Tasche, die das Flavo-Enzym ausbildet, eingebettet. (c) ES'-Zwischenprodukt. Der Flavin-Trp-26 Charge-Transfer Komplex ist aufgebrochen und das Flavin ist nun direkt oberhalb vom Nicotinamid-Substrat positioniert. Jetzt kann das pro-R Wasserstoffatom zur N-5 Position am Flavin transferiert werden (aus Kaiser und Lawrence, 1984).

ten Isoalloxazinen abgeleiteten Flavo-Papaine ist höher als die katalytische Aktivität der Brommethyl enthaltenden Verbindungen. Dies hängt damit zusammen, daß die Carbonylgruppe der ersteren Verbindung sowohl zum Gerüstamid des Cys-25 als auch zur Seitenkettenamid-Gruppe des Glu-19 (Abb. 9.2) eine Wasserstoffbrückenbindung ausbilden kann. Diese Wasserstoffbrückenbindung stellt sicher, daß das substituierte Isoalloxazin-Ringsystem flexibel in der Nachbarschaft der hydrophoben Substratbindungsstelle gehalten wird.

Das vom 8α-Bromacetyl-10-methylisoalloxazin abgeleitete Flavo-Papain besitzt viele wichtige Eigenschaften einer Oxidoreduktase. So zeigt das halbsynthetische Enzym in seinem kinetischen Verhalten Sättigungserscheinungen und oxidiert Dihydronicotinamid-Derivate in einer Reaktion zweiter Ordnung bis zu 500 mal schneller als in der entsprechenden rein chemischen Umsetzung. Weiterhin ist die Geschwindigkeitskonstante (zweite Ordnung) für das halbsynthetische Enzym vergleichbar mit der des ursprünglichen Flavo-Enzyms (Tabelle 9.4). Das 7α-Bromacetyl-10-isoalloxazin-substituierte Enzym zeigt ein weiteres Charakteristikum der Flavo-Papaine, nämlich die bevorzugte Entfernung des 4A(proR)-Wasserstoffatoms am NADH (Abb. 9.3) während der Oxidation. Die Stereospezifität dieser Abstraktion am C4 ist für die natürlichen Oxidoreduktasen charakteristisch.

Anhand der Flavo-Papaine konnte bewiesen werden, daß sich die katalytischen Eigenschaften von Enzymen vollständig verändern lassen. Vor allem wäre es sehr interessant, katalytische Aktivitäten, die normalerweise nur mit teuren Enzymen zugänglich sind, nun auch mit preiswerten und leicht zugänglichen Proteinen, wie dem Papain, zu gewinnen. Die Flavo-Papaine sind von allen Modellsystemen die am besten untersuchte Substanzklasse. Auf diesem Gebiet lassen sich sicherlich noch weitere Entwicklungen erzielen.

Tabelle 9.4. Geschwindigkeitskonstanten (zweite Ordnung) für Flavo-Enzyme. Die Daten wurden aus der Oxidation von N'-Hexyl-1-4- dihydronicotinamid unter vergleichbaren Bedingungen erhalten (aus Kaiser und Lawrence, 1984).

Enzym	k_{kat}/K_m, $mol^{-1}s^{-1}$
NADH-spezifische FMN Oxidoreductase	$3{,}3 \times 10^5$
NADPH-spezifische FMN Oxidoreductase	$8{,}5 \times 10^5$
Old Yellow-Enzym	$6{,}1 \times 10^2$
Flavo-Papain	$5{,}7 \times 10^5$

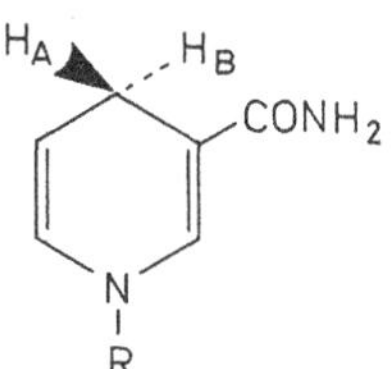

Abb. 9.3. Die Struktur des Dihydronicotinamids.

9.7 Unspezifische Veränderungen

Auch durch *in vivo* Veränderungen lassen sich Enzyme modifizieren bzw. neue Enzymaktivitäten hervorrufen.

Mikrobielle Evolution. Eine Möglichkeit, neue Enzymaktivitäten zu erhalten, ist, spezielle Bakterienmutanten auszuwählen. Dafür werden diese Organismen auf nur geringfügig bzw. nicht metabolisierten Substraten gezüchtet. Diese Technik beruht im wesentlichen darauf, daß sich oftmals ein gewisser Teil einer Bakterienpopulation auf eine neue Wachstumskomponente einstellen kann. Dieses Verhalten ist manchmal auf die Bildung neuer Enzymmutanten, manchmal auf einer veränderten Genregulierung zurückzuführen. Diese Technik nennt man auch mikrobielle Evolution (Clarke, 1980). Es gibt einige gut untersuchte Beispiele. Das Bakterium *Klebsiella aerogenes* wächst in Gegenwart der Pentose D-Arabinose nur langsam. Jedoch lassen sich Mutanten mit einer erhöhten Wachstumsgeschwindigkeit selektieren. Bei diesen Mutanten ist die L- Fucoseisomerase, die gegenüber der D-Arabinose nur eine sehr geringe Aktivität zeigt, dereguliert, das Enzym wird nun konstitutiv (dauernd produziert). Das neue, nun konstitutive Enzym, das in wesentlich erhöhtem Ausmaß produziert wird, kann, wenn auch nicht sehr wirksam, die Isomerisierung der D-Arabinose bewältigen - ohne daß eine strukturelle Genmutation nötig gewesen wäre. Weiterhin können Mutanten isoliert werden, deren Strukturgen so verändert ist, daß die L-Fucoseisomerase gegenüber der D-Arabinose eine erhöhte Affinität aufweist. Wegen des schnellen Wachstums und der schnellen Teilung von Mikroorganismen können in relativ kurzer Zeit neue Enzymaktivitäten erhalten werden. Die eleganten Arbeiten über die Amidase aus *Pseudomonas aeruginosa* sind ein weiteres Beispiel für die mikrobielle Evolution. Hierbei besteht der Evolutionsprozeß wiederum darin, daß zuerst mutierte Regulationsmechanismen auftreten, gefolgt von Mutationen des Strukturgens. Die Amidase des ursprünglichen Typs *P. aeruginosa* zeigt gegenüber Acetamid und Propionamid beträchtliche Aktivität. Einige Mutanten können Verbindungen wie Valeramid oder Phenylacetamid hydrolysieren, manchmal sogar unter Verlust der ursprünglichen Aktivität.

Die Auswahl von Mutanten kann zwar im Prinzip nur bei Mikroorganismen erfolgen, jedoch lassen sich so Enzyme erhalten, die gegenüber bestimmten Verbindungen aktiv sind. Der enzymatische Mechanismus muß dabei nur wenig bis überhaupt nicht bekannt sein.

9.8 Ortsspezifische Mutagenese

Mittels Strahlung (z. B. UV-Licht) und Chemikalien (z. B. Hydroxylamin) lassen sich in einer DNA zufällige Mutationen hervorrufen. Mittlerweile können wesentlich spezifischere Mutationen durchgeführt werden (Smith, 1982). Zusammen mit der modernen Technologie der rekombinierten DNA lassen sich so innerhalb des DNA-Moleküls an vorbestimmten Stellen Mutationen hervorrufen. Damit können die verschlüsselten Enzyme gezielt verändert werden.

9.8.1 Chemische Mutagenese

Einige Chemikalien können in der DNA die Strukturen ausgewählter Basen verändern. Weitverbreitet ist z. B. die Desaminierung von Cytosin zu Uracil durch die Behandlung der DNA mit Natriumbisulfit (Uracil ist in der DNA ursprünglich nicht vorhanden, wirkt aber äquivalent zu Thymin). Die mutagene Wirkung besteht darin, daß bei der *in vivo* DNA- Replikation Cytosin

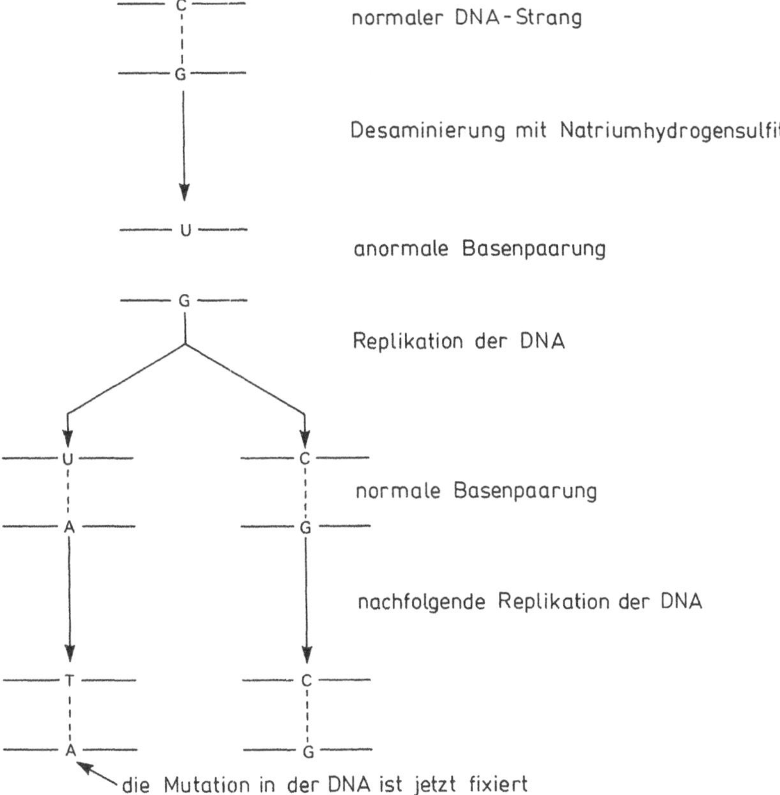

Abb. 9.4. Die Auswirkungen der Cytosin-Desaminierung auf die DNA-Replikation.

als Gegenstück für Guanin und Uracil als Gegenstück für Adenin agiert (Abb. 9.4). Diese Experimente müssen mit einem *E. coli* Stamm ausgeführt werden, der keinen DNA-Uracil-N-glycosidase Reparaturmechanismus mehr besitzt, denn sonst wird das Uracil erkannt und durch die richtige Base ersetzt.

Die Natriumbisulfit-Methode ist deshalb elegant, weil sich die Desaminierung begrenzen läßt. Cytosin wird nur dann wirksam durch Natriumbisulfit desaminiert, wenn es in einem einzelnen DNA-Strang vorliegt. Schneidet man also mit spezifisch wirksamen Endo- und Exonucleasen ein kleines Teilstück eines Stranges einer normalerweise doppelsträngigen DNA heraus, so läßt sich der Ort der Mutagenese vorherbestimmen. Einsträngige DNA ist auch mit Hilfe des Phagen-Vektors M13 zugänglich (s. unten). Leider kann mit dieser Technik lediglich die Veränderung Cytosin – Uracil erreicht werden. Zwar können andere chemische Verbindungen auch in anderen Basen Mutationen hervorrufen, jedoch ist die Anwendungsfähigkeit dieser Methode etwas beschränkt.

9.8.2 Oligonucleotidmutagenese

Mit der Oligonucleotidmutagenese wurde einer der größten Fortschritte der Enzymtechnologie erreicht. Im Prinzip erlaubt diese Methode, die auf der spezifischen Mutation des verschlüsselnden Gens beruht, die Veränderung einer einzigen Aminosäure in einem Protein an einer vorherbestimmten Stelle. Wesentlich verbesserte Möglichkeiten der chemischen Synthese von Oligonucleotiden und Fortschritte bei der Charakterisierung und Handhabung von Phagen-Filamenten, wie z. B. M13, erleichterten diese Methode wesentlich.

Der Mechanismus der Oligonucleotidmutagenese ist besser zu beurteilen, wenn Grundlagen über den Lebenszyklus eines M13-Phagen bekannt sind. Die genetische Information eines M13 ist auf einem einsträngigen DNA-Molekül (ssDNA) enthalten. Bei der Infektion anfälliger *E. coli* Zellen (solche mit dem F-Episom) wird die ssDNA in die doppelsträngige Replikationsform (RF DNA) umgewandelt. Nachfolgend werden innerhalb der *E. coli* Zelle, noch bevor die letzten Stufen der Phagenreifung erreicht werden, etwa 200 Kopien der RF DNA hergestellt. Die RF DNA-Moleküle dienen bei der Produktion von Mehrfachkopien des ‚plus' ssDNA-Stranges als Matrizen. Die ss-DNA-Kopien werden dann in neue virale Partikel gepackt (Abb. 9.5) und die intakten M13 Phagen zum Schluß hinausgeschleust, ohne daß die infizierte *E. coli* Zelle lysiert oder abgetötet wird. Isoliert man die M13-DNA aus infizierten *E. coli* Zellen, erhält man also die doppelsträngige RF-Form, extrahiert man sie aus der überstehenden Kultur, so erhält man die ssDNA.

Die Oligonucleotidmutagenese beginnt mit der Klonierung des gewünschten Gens in die kommerziell erhältliche RF-DNA eines M13-Phagenderiva-

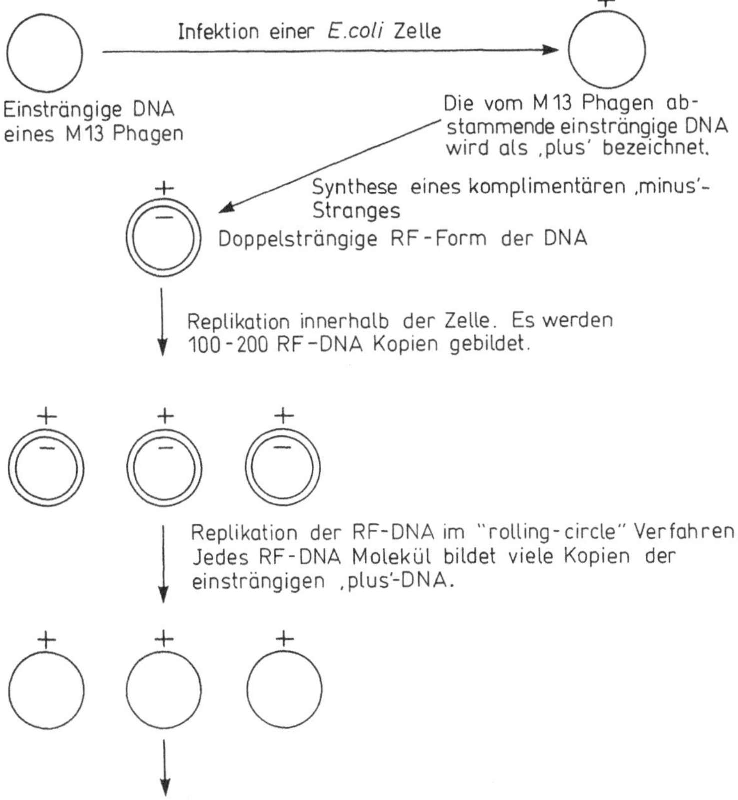

Abb. 9.5. Lebenszyklus des filamentösen Phagen M13

tes. Diese M13-Derivate sind bereits gentechnisch so vorbehandelt, daß sie einen Teil des *lac Z* Gens besitzen (codiert die β-Galactosidase) (Gronenborn und Messing, 1978). Die fremde DNA wird zuerst in das *lac Z* Gen des Phagen ligiert. Anschließend wird das so erhaltene rekombinierte Material in einen *E. coli* Stamm transformiert, dem die β-Galactosidase fehlt. Werden die transformierten *E.coli* auf Agar-Platten, die das chromogene Substrat für β-Galactosidase (5-Brom-4-chlor-3-indolyl β-D-Galactopyranosid (X-gal)) enthalten, gezüchtet, so läßt sich der rekombinierte Phage (mit dem durch Insertion inaktivierten β-Galactosidase Gen) erkennen (Abb. 9.6). Die fremde DNA kann nach dem Zufallsprinzip auf zwei Orientierungen inseriert sein. Für die Oligonucleotidmutagenese ist es jedoch von Bedeutung, daß das kodierende Gen im ‚plus'- Strang des Phagen ligiert ist (Abb. 9.6). Die Orientierung des inserierten Gens läßt sich anhand der partiellen Dideoxynucleotid Sequenzierung der DNA leicht bestimmen. Der ‚plus' DNA-Strang, der die kodierende Sequenz für das Enzym, das mutiert werden soll, enthält, kann aus den ausgetretenen Phagen, die sich um den selektierten

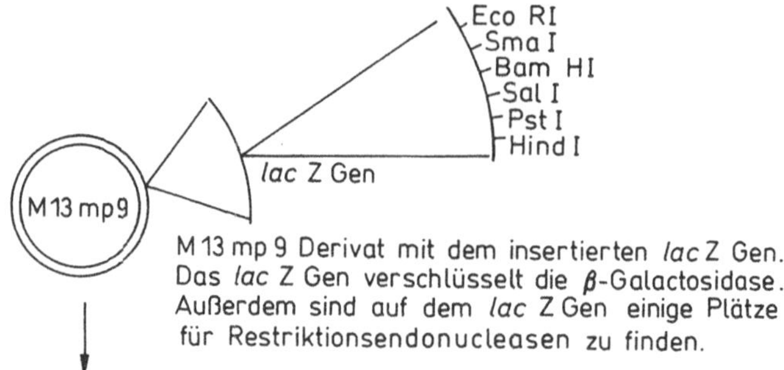

Sowohl die DNA, die geklont werden soll, als auch der M 13 mp 9 werden mit derselben Endonuclease aufgeschnitten. Mit der DNA-Ligase werden das fremde DNA-Stück und der M 13 mp 9 Vektor eingebaut.

↓

Die Mischung wird zu einem *E. coli* Stamm gegeben, dem die β-Galactosidase-Bildungsmöglichkeit fehlt. Anschließend Ausbringen auf eine Platte, die Agar und Isopropyl-β-D Galactopyranosid enthält (induziert β-Galactosidase) sowie X-Gal (ein chromogenes Substrat, das β-Galactosidase anzeigt).

↓

M 13 mp 9 Derivate, die Fragmente der DNA enthalten, die in das *lac* Z Gen insertiert wurde, exprimieren keine β-Galactosidase (Inaktivierung durch Insertion). Es bilden sich weiße Flecken. Nicht rekombinierte M 13 mp 9 Derivate verursachen blaue Flecken, da das intakte *lac* Z Gen arbeiten kann.

↓

Die weißen Flecken werden selektiert, die Phagen-DNA isoliert und anschließend von der Hind III-Seite aus sequenziert, um die Orientierung der insertierten DNA feststellen zu können.

Abb. 9.6. Die Selektionierung eines M13-Phagen, der die rekombinierte DNA enthält.

bakteriellen Klon herum befinden, isoliert werden. Im Prinzip läßt sich in ein Genom des M13- Phagen eine fremde DNA beliebiger Länge insertieren.

Im wesentlichen gibt es für die Festphasen-Synthese eines mutagenen Oligonucleotids zwei Methoden (entweder über den Phosphotriester- oder über den Phosphit-Triester-Weg). Entsprechende Nucleotid-Derivate und Chemikalien sind leicht erhältlich und die Synthesemethoden sind einfach und gut charakterisiert (Gait, 1984). Das Oligonucleotid sollte wenigstens 14 Nucleotide lang sein („14mer"), damit eine zufällige Assoziation möglichst minimiert ist. Häufig ist bereits ein 19mer ausreichend selektiv, d. h. es müssen keine längeren Moleküle synthetisiert werden. Die Mutation sollte möglichst nahe am Oligonucleotidzentrum erfolgen, um die Wahrscheinlichkeit für eine Basenreparatur, entweder durch das Klenow-Enzym (wird im nächsten Schritt eingesetzt) oder durch das Wirtsbakterium selbst, möglichst gering zu halten. Die Basensequenz im mutagenen Oligonucleotid sollte komplementär zum kodierenden Strang sein und einen Teil des ‚minus'-Strangs in der RF-DNA darstellen. Die Ankopplung des

Isolierung von ssDNA aus einem rekombinierten Phagen, der das Gen, das mutiert werden soll, enthält.

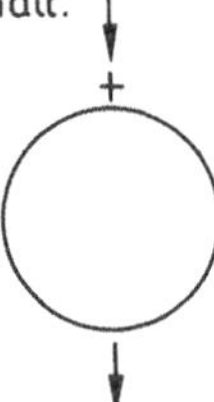

Zugabe eines ‚fehlerhaften' Oligonucleotids. Es erfolgt Basenpaarung mit dem ‚plus'-Strang (ausgenommen der Mutation).

Zugabe des Klenow Enzyms und der DNA-Ligase zur Vervollständigung der Synthese des ‚minus'-Stranges *in vitro*.

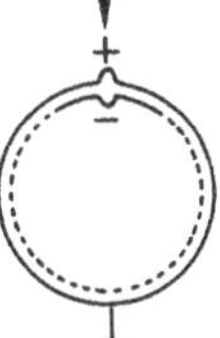

Zugabe eines *E.coli*-Stammes, das kein Fehler-Reparatursystem mehr besitzt.

Produktion von vielen RF-DNA Stücken; einige enthalten die Mutation (max. ca. 45 %).

Transfektion frischer *E.coli* (niedrig konzentriert). Individuelle Flecken, die den Mutanten verraten, werden selektiert (z.B. mit einem markierten Oligonucleotid-Meßfühler bzw. durch Sequenzierung, ausgehend von Hind III-Platz im M13 mp 9).

Auswahl des M13 mp 9, der die Mutation enthält.

Klonierung des Gens mit der Mutation in einen geeigneten Wirtsorganismus.

Expression des ortsspezifisch veränderten Proteins.

Abb. 9.7. Die Oligonucleotid-Synthese mit M13-Phagenvektoren.

Oligonucleotids an den ‚plus'-Strang und die Synthese des ‚minus'-Stranges wird *in vitro* mit Hilfe des Klenow-Enzyms und der DNA-Ligase durchgeführt (Abb. 9.7).

Die Tranformation eines *E. coli* Stammes mit der RF- DNA führt zu einer gemischten Phagenpopulation aus mutierten und nicht-mutierten Phagen, d. h. aus Phagen, die vom ‚minus'- bzw. vom ursprünglichen ‚plus'-Strang abstammen (Abb. 9.5). Die meisten *E. coli* Stämme bilden nur etwa

5% an Mutanten aus, da das Bakterium die Defekte bei der Basenpaarung korrigieren kann. Setzt man jedoch *E. coli* Stämme ein, denen das notwendige Reparatursystem fehlt, können bis zu 45% der Phagenpopulation das mutierte Enzym codieren. Die Reinfektion eines frischen Bakterienrasens mit einer gemischter Phagenpopulation mit niedrigem Titer erlaubt die Selektion reiner, mutierter Klone (bei niedrigem Titer wird angenommen, daß jeder Fleck von einem einzelnen Phagen abstammt). Die Flecken mit mutierten Phagen lassen sich mit Hilfe einer radioaktiven DNA- Sonde, die auf das mutierte Oligonucleotid anspricht, oder mit Hilfe der Gensequenzierung herausfinden. Das mutierte Gen läßt sich dann in einen passenden Exprimierungsvektor klonen und das modifizierte Enzym kann von einem entsprechenden Organismus synthetisiert werden.

Die Techniken zur Oligonucleotidmutagenese sind zwar noch neueren Ursprungs, jedoch gibt es schon relativ viele bedeutende Veröffentlichungen. So wurde z. B. das Subtilisin BPN' aus *Bacillus amyloliquefaciens* als Modell für mehrere Modifizierungsarten herangezogen. Subtilisin wird durch die Oxidation des Methionin-Restes an der Position 222 relativ schnell inaktiviert. Experimente zeigten, daß der Ersatz von Met-222 durch jede beliebige andere der neunzehn Aminosäuren die Empfindlichkeit des Enzyms gegenüber Oxidation verschwinden läßt, allerdings unter teilweisem Verlust der katalytischen Aktivität. Ein Subtilisin-Derivat jedoch (Met-222 Cys-222) erwies sich einerseits gegenüber Oxidation stabil und besaß andererseits einen k_{kat}/K_m-Wert von 56% des Wildtyps (Estell et al., 1985).

Anhand der Oligonucleotidmutagenese des Subtilisin BPN' wurde gezeigt, wie sich der pK_a-Wert einer Gruppe an der aktiven Bindungsstelle verändern läßt (Thomas et al., 1985). Die Mutation von Asp-99 zu Ser-99 geht mit dem Verlust einer negativen Ladung einher. Aus Modellen läßt sich vorhersagen, daß hiermit eine Absenkung des pK_a- Wertes der Aminosäure His-64 an der aktiven Bindungsstelle verbunden ist, da sich elektrostatische Wechselwirkungen innerhalb des Enzyms verändern. In der Praxis läßt sich bei geringer Ionenstärke (0.1) eine pK_a-Absenkung für His-64 von 7.17 auf 6.88 beobachten. Bei hoher Ionenstärke (1.0) verschwindet dieser Effekt, die Enzyme des Mutanten und des Wildtyps weisen für His-64 den gleichen pK_a-Wert auf. Dieses Verhalten deutet auf eine elektrostatische Wechselwirkung zwischen Asp-99 und His-64 im Wild-Typ hin. Solche Experimente lassen erkennen, welche Möglichkeiten diese Methode zur Anpassung von pH-Profilen bietet.

Während der letzten Jahre entwickelte sich die Oligonucleotidmutagenese sehr stürmisch. Mittlerweile sind entprechende Standards (Kits) kommerziell erhältlich. Damit steht die Möglichkeit offen, auch ohne ein hochspezialisiertes Forschungsteam sich dieser anspruchsvollen Technik bedienen zu können. Die Oligonucleotidmutagenese wird in Verbindung mit der Computermodellierung (s. Kap. 10) vermutlich schon sehr bald zu einem neuen, sehr schlagkräftigen Instrument. In den nächsten Jahren wird sich dieses Gebiet noch stark weiterentwickeln.

10 Ausblick

10.1 Einleitung

Die letzten 25 Jahre brachten der Enzymindustrie einen enormen Aufschwung. Der Aufschwung verlief allerdings nicht ohne Rückschläge, man denke nur an das Desaster Ende der 60er Jahre. Damals gerieten die enzymhaltigen Waschmittel in den Verdacht, gesundheitsschädlich zu sein. Prompt erlitt der Markt einen plötzlichen Einbruch. Vorhersagen über das Wachstum auf dem Enzymmarkt für die nächsten 25 Jahre oder neue Anwendungsgebiete lassen sich nur schwer machen und sind im Rahmen dieses Werkes wohl auch nicht angebracht. Die Entscheidung, ob eine neue Enzymanwendung industriell verwertet wird, hängt mit der Wirtschaftlichkeit des Verfahrens zusammen. Die wissenschaftliche Seite ist dabei nur ein Faktor unter vielen. Im folgenden sollen nun Herausforderungen, die wir für die nächsten Jahre als besonders dringend einstufen, angesprochen werden. Die Lösung jedes dieser Probleme brächte für die Wissenschaft große Fortschritte.

Im Rahmen dieses Buches wurde versucht, auf die Gebiete in der Enzymtechnologie hinzuweisen, die wir für besonders bedeutende Wachstumsgebiete halten. So sollten z. B. von der Gen- Klonierung (Kap. 2) und der direkten Mutagenese (Kap. 9) einschneidende Wirkungen ausgehen. Im folgenden werden nun vier Forschungsgebiete näher behandelt: Die Vorhersage von Enzymfaltungen bzw. -strukturen, der Einsatz von Enzymen in organischen Lösungsmitteln, künstliche Enzyme und die Regenerierung von Coenzymen. Jedes Gebiet behandelt ein fundamentales Problem. Ein vertieftes Grundwissen auf diesen Gebieten könnte neue, bedeutende Anwendungen fördern. Die Auswahl dieser vier Themen soll das Potential widerspiegeln, das in der Enzymtechnologie steckt, aber keineswegs andere Möglichkeiten ausschließen. Die Themenkreise decken auch die Gebiete ab, auf denen erfolgversprechende Fortschritte bereits erzielt worden sind und sich weitere abzeichnen.

10.2 Die Vorhersage von Enzymfaltung und -struktur

Vor 25 Jahren konnte in entsprechenden Experimenten nachgewiesen werden, daß bereits die primäre Sequenz einer Polypeptidkette alle notwendigen Informationen zur korrekten Proteinfaltung enthält. Auch heute ist es noch nicht möglich, nur aus der Aminosäure-Sequenz für ein neues Polypeptid genaue Voraussagen über das Faltungsmuster zu machen. Die Bestimmung der dreidimensionalen Enzymstruktur ist jedoch extrem wichtig, vor allem, wenn über die ortspezifische Mutagenese Modifikationen eingeführt werden sollen. Bevor wirkungsvolle Ergebnisse erzielt werden können, muß bekannt sein, wo und wie die Aminosäure-Struktur verändert wird. Mit anderen Worten, für gezielte Eingriffe müssen die mechanistischen Grundlagen bekannt sein.

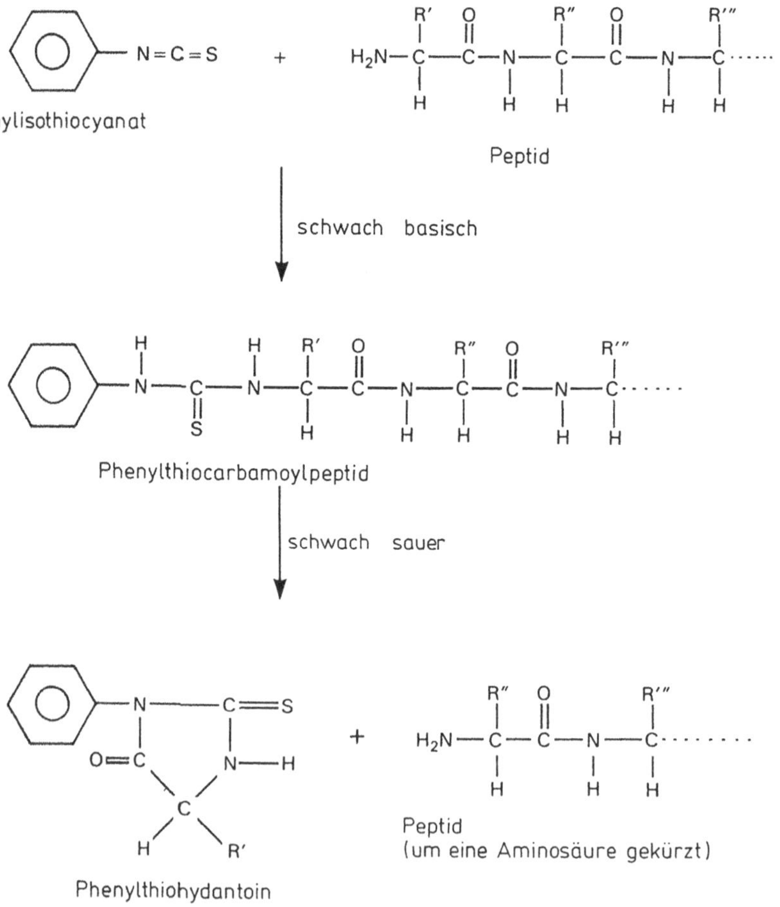

Abb. 10.1. Die Sequenzierung eines Polypeptids mit dem Edman- Reagenz.

Zur Bestimmung der dreidimensionalen Enzymstruktur muß zuerst die Primärstruktur bekannt sein. Hierbei wurden enorme Fortschritte erzielt (Hunkapiller und Hood, 1983). Proteine lassen sich mittels abgewandelter Edman Abbau-Methoden direkt sequenzieren (Abb. 10.1). Vorausgesetzt, es sind eine gute Ausrüstung und qualitativ gute Reagenzien verfügbar, lassen sich mittlerweile Aminosäurereste mit bis zu 70 Einheiten in einem einzigen Lauf sequenzieren. Erst dann setzen Verluste und Nebenreaktionen der Analyse Grenzen. Die Analysen können sowohl per Hand als auch automatisch durchgeführt werden. Heute wird die Primärstruktur eines Proteins bevorzugt indirekt, über die Sequenzierung des Gens, ermittelt (Sanger et al., 1977). Die Isolierung und Klonierung des entsprechenden DNA-Stückes, die nachfolgende Sequenzierung mit Hilfe des M13-Phagensystems und der Dideoxy-Terminationsmethode nach Sanger (Abb. 10.2) geht oft schneller und genauer als die Arbeit direkt am Protein. In der Praxis ergänzen sich die beiden Methoden oft, denn die DNA- Sequenzierung erfaßt keine der post-translationalen Modifikationen, die möglicherweise abgelaufen sind.

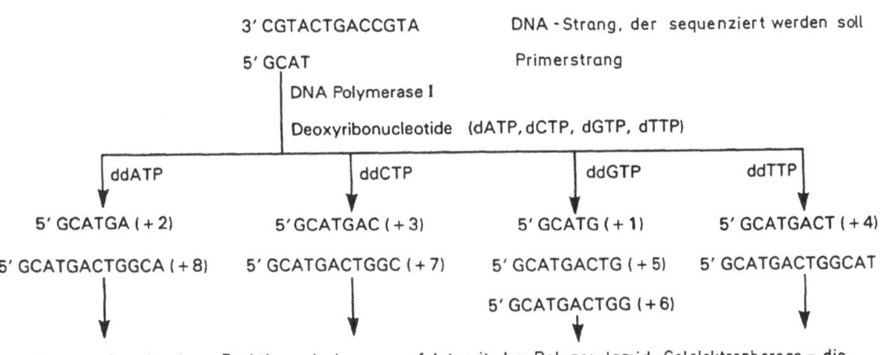

Abb. 10.2. Die Sequenzierung von DNA mit der Dideoxynucleotid- Methodik. Der Primärstrang (Starterstrang) wird mit Hilfe der DNA-Polymerase I herausgeschnitten; die Basensequenz ist von der Sequenz im Komplementärstrang abhängig. Der Einbau eines der Dideoxynucleotide in jede der vier Reaktionsmischungen bewirkt einen vorzeitigen Syntheseabbruch. Die nachfolgende Größenanalyse der Fragmente über Elektrophorese erlaubt die Sequenzbestimmung.

Trotz der Entwicklung leistungsfähiger Algorithmen und dem Einsatz von Großrechnern ist die genaue Vorhersage für eine dreidimensionale Enzymstruktur lediglich aus der Aminosäuresequenz immer noch nicht möglich (van Brunt, 1986). Hierfür sind zwei Faktoren verantwortlich. Zum ersten wird bei den meisten Algorithmen angenommen, daß jede Aminosäure einen gewissen Beitrag zur Gesamtstruktur leistet. Dies ist zwar im Prinzip richtig, jedoch wirken sich in der Realität Feinheiten bei den Wechselwirkungen oft tiefgreifend auf die Proteinkonformation aus. So findet man einerseits, daß die Substitution einer einzigen Aminosäure weder die Enzymstruktur, noch die Enzymstabilität oder dessen Funktion beeinflußt. Andererseits sind aber auch Beispiele dafür bekannt, daß die Veränderung einer einzigen kritischen Aminosäure tiefgreifende Eigenschaftsänderungen hervorruft. Das Problem besteht also darin, die kritische Aminosäure zu entdecken, den Grund für ihre Bedeutung herauszufinden und zu versuchen, ein Modell zu entwickeln, das sich allgemein auf alle Proteine anwenden läßt. Versuche zur genetischen Codierung des Proteinfaltungsvorganges und der Einsatz von Enzymderivaten, die über die ortsspezifische Mutagenese erhalten worden sind, sollen zur Lösung des Problems beitragen. Langsam entwickeln sich auch Erklärungsversuche (King, 1986). Das zweite Problem bei der Vorhersage von Proteinstrukturen besteht darin, daß die Positionsbestimmung einzelner Aminosäuren auf einige Ångström genau einen enormen Rechenaufwand bedarf. Unglücklicherweise wirken sich oft gerade Abstände und Wechselwirkungen im Bereich von weniger als einem Ångström auf die Funktion und die Enzymstabilität kritisch aus. Bei der Computermodellierung und der graphischen Darstellung von Molekülen konnten trotzdem enorme Fortschritte erzielt werden. Angesichts der immer besseren Computerleistungen und der Weiterentwicklung der Algorithmen werden wahrscheinlich eines Tages genaue, verläßliche und allgemein anwendbare Vorhersagen dieser Art möglich sein.

Gegenwärtig beschränkt sich die Möglichkeit zur Bestimmung dreidimensionaler Proteinstrukturen auf die Röntgenstrukturanalyse (Ulmer, 1983). Hierbei werden Kristalle geröntgt und anschließend ihre Beugungsmuster ausgewertet. Die konventionelle Röntgenbeugung läßt allerdings nur die genaue Positionsbestimmung der größeren Atome zu. Eine genaue Lagebestimmung der Protonen ist nicht möglich. In letzter Zeit wurde Synchrotron-Röntgenstrahlung eingesetzt. Hiermit sind die Ergebnisse in kürzerer Zeit zu erzielen. Da bei dieser Strahlungsquelle die Wellenlängen veränderbar sind, brauchen möglicherweise keine isomorphen Kristalle mehr gezüchtet zu werden. Interessanterweise sind ortsspezifisch mutierte Enzyme gleicher ‚Familien' im kristallinen Zustand so gut wie immer isomorph. Zur dreidimensionalen Strukturbestimmung müssen also keine schwermetallhaltigen oder andere Derivate der kristallinen Enzyme mehr angefertigt werden. Proteinkristalle genügend guter Qualität für eine Röntgenbeugung sind nicht leicht zu erhalten, manchmal ist es sogar unmöglich. Mittlerweile sind die Strukturen von etwa zweihundert Proteinen bis in atomare Dimensionen hinein gelöst.

Für Röntgenbeugungsuntersuchungen muß das Enzym kristallin vorliegen. Hierbei stellt sich die Frage, welche Struktur das Molekül in Lösung besitzt. Ein großes Potential steckt in der zweidimensionalen ^{1}H-NMR-Methode (kernmagnetische Resonanz, Referenzartikel sind bei Ulmer, 1981, zitiert). Supraleitende Magnete, die magnetische Felder hoher Stärke ausbilden können, und die zweidimensionale Overhauser-Kernspektroskopie ermöglichten es, daß bereits für beinahe alle Resonanzlinien in einem ^{1}H-NMR-Spektrum von Proteinen individuelle Zuordnungen möglich sind. Darüber hinaus sind halbquantitative Informationen über Proton-Proton Abstände im Bereich von zwei bis fünf Ångström zugänglich. Die Analytik von Proteinstrukturen mit Hilfe von NMR-Messungen beruht auf der Tatsache, daß die Resonanzlage eines Protons von dessen direkter Umgebung abhängt. Im Prinzip korreliert diese Methode die Daten von zwei zweidimensionalen ^{1}H-NMR Analysen. In einem ersten Schritt werden die Interaktionen von nahe benachbarten Protonen bestimmt, die maximal über eine Entfernung von zwei bis drei kovalenten Bindungen miteinander in Wechselwirkung stehen (skalare J-Verknüpfungen, über Bindungen weitergeleitet). Diese Daten werden dann mit Interaktionen von Protonen verglichen, die räumlich benachbart sind (dipolare NOE- Verknüpfungen über den Raum). Korreliert man diese Daten, so läßt sich eine dreidimensionale Anordnung des Proteins entwickeln. Die meisten der bisher bestimmten Strukturen wurden auf bekannte Röntgenbeugungs-Daten bezogen. Die ^{1}H-NMR- Methode erlaubt, bei entsprechender Verfeinerung, darüber hinaus, Informationen über die Proteinstruktur zu erhalten, die sich auf Entfernungen von weniger als einem Ångström beziehen. Ein Kristall ist hierfür keine Vorbedingung. Die dreidimensionale Strukturaufklärung von Enzymen ist immer noch eine der zeitraubendsten Arbeitsgänge in der Enzymtechnologie. Jeder Fortschritt auf diesem Gebiet wird begrüßt.

10.3 Enzyme in organischen Lösungsmitteln

Viele konventionelle industrielle Verfahren verwenden organische Lösungsmittel und hydrophobe Komponenten. Bisher nahm man an, daß Enzyme keine nicht-wäßrigen Lösungen vertragen und sich in solchen Fällen daher nicht als Katalysatoren eignen. Die Annahmen beruhten auf lange zurückliegenden Beobachtungen. So waren z. B. zur selektiven Ausfällung von Proteinen im Zuge von Reinigungsverfahren mit Wasser mischbare organische Lösungsmittel, wie Aceton, eingesetzt worden. Auch wenn Enzyme manchmal in nicht-wäßrigen Systemen wirksam waren, sprachen meist die kinetischen Parameter gegen einen Einsatz. Ein typisches Beispiel hierfür ist die Trypsin-katalysierte Hydrolyse von Benzoylargininethylester in Dioxan-Wasser-Mischungen. Im Vergleich zum rein wäßrigen System steigt der K_M-Wert in 80%igen (Volumentanteil) Dioxansystemen um das 1000– bis 5000fache an. Dieser Effekt wurde einer erhöhten Fernabstoßung (long-range) zwischen dem po sitiv geladenen Trypsin und den Substratmolekülen zugeschrieben; mit abnehmender dielektrischer Konstante nimmt diese Abstoßung zu.

Es wurden viele enzymkatalysierte Umwandlungen in organischen Lösungsmitteln untersucht, vor allem Reaktionen mit ganz besonders wasserunlöslichen Substraten und/oder Produkten (Klibanov, 1986). Die Enzymleistungsfähigkeit in mit Wasser mischbaren Systemen ist streng von der entsprechenden Leistungsfähigkeit in nicht mit Wasser mischbaren Lösungsmitteln zu unterscheiden. Frühe Experimente über diese Thematik ließen den Schluß zu, daß ab einem Gehalt des organischen, mit Wasser mischbaren Lösungsmittels von mehr als etwa 50% Volumenanteil nur noch die robustesten Enzyme aktiv bleiben (einige wichtige Ausnahmen werden weiter unten behandelt). Leider reichen diese Konzentrationen des organischen Lösungsmittels häufig nicht für die hinreichende Solubilisierung eines wasserunlöslichen Substrates oder Produktes aus. So entsteht der falsche Eindruck, daß ein nicht mit Wasser mischbares Lösungsmittel die Denaturierung eines Enzyms fördert. Ein Beweis für diese Behauptung steht noch aus und die Möglichkeiten, die sich durch mit Wasser nichtmischbare Lösungsmittel eröffnen, sind wesentlich größer als anfangs angenommen. Solche Systeme sollen nun näher betrach tet werden.

Der Wassergehalt eines Systems spielt eine wichtige Rolle. Ist er genügend hoch, so bildet sich eine Wasser-in-Öl Mikroemulsion aus. Das Enzym geht dabei in die wäßrige Phase über. Sinkt der Wassergehalt, so können sich in Gegenwart oberflächenaktiver Substanzen reverse Micellen bilden (Abb. 10.3). In der Praxis ist die Unterscheidung, ob reverse Micellen oder Wasser-in-Öl Emulsionen vorliegen, nur schwer zu treffen und häufig werden beide Situationen mit dem Begriff „reverse Micelle" beschrieben (Luisi und Laane, 1986). Wird der Wassergehalt unter einen gewissen Schwellenwert abgesenkt, so bildet das Enzym unlösliche Partikel in einem organischen Lösungsmittel, es entsteht also ein heterogenes Katalyse-System.

Für Spezialanwendungen konnte jede dieser drei Systemarten bereits vorteilhaft eingesetzt werden. So wurde z. B. die Umwandlung von Cholesterol zu Cholestenon sowohl unter Reaktionsbedingungen für reverse Micellen als auch unter extrem wasserarmen Bedingungen untersucht. Die Reaktionsführung über die reversen Micellen (Cetyltrimethylammoniumbromid/Octanol/Octan) war der Reaktionsführung in wäßriger Umgebung sowohl in der Frage der Reaktionsgeschwindigkeit als auch der Arbeitsstabilität überlegen. Noch bessere Ergebnisse konnten jedoch erzielt werden,

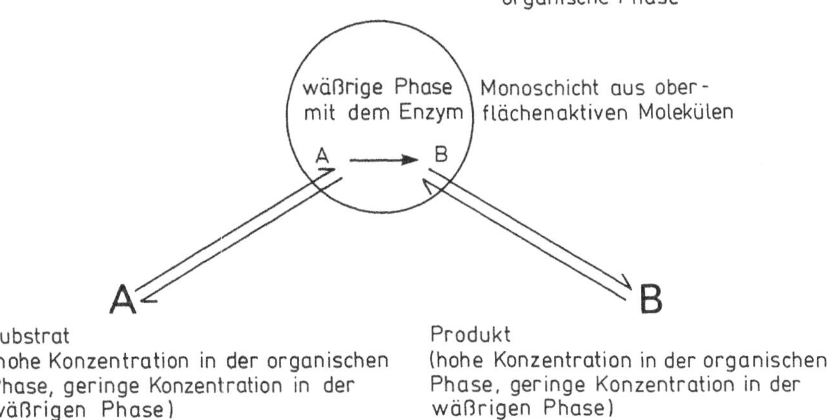

Abb. 10.3. Enzymatische Katalyse in reversen Micellen.

wenn ganze Nocardia-Zellen (enthalten die Cholesteroloxidase) in trockenen organischen Lösungsmitteln eingesetzt wurden. Da sowohl Cholesterol als auch Cholestenon besser in organischen Lösungsmitteln löslich ist, bedeutet dies, daß sich die Substratkonzentration im Vergleich zu einer rein wäßrigen Reaktionsmischung bis auf das 100fache steigern läßt. Im zweiphasigen System agiert die organische Phase einerseits als Cholesterol-Reservoir und andererseits als ‚Falle' für das gebildete Cholestenon. Manchmal sind reverse Micellen oder ähnliche zweiphasige Systeme sogar die Voraussetzung für einen zufriedenstellenden Reaktionsablauf. So ist zur spezifischen Reduktion eines 20-β-Ketosteroids zum entsprechenden 20-β-Hydroxysteroid die 20-β- Hydroxysteroid Dehydrogenase in Verbindung mit einem NADH-regenerierenden System notwendig. Läßt man diese Reaktion in reversen Micellen oder in zweiphasigen Lösungssystemen ablaufen, so lösen sich die Steroide in der organischen Phase, können sich aber auch in die wäßrige Phase mit den Enzymen und den Coenzymen verteilen. Die Gesamtreaktion teilt sich also, ähnlich wie in einer lebenden Zelle, auf Kompartimente auf.

In trockenen organischen Lösungsmitteln können sich Enzyme sehr ungewöhnlich verhalten. Manchmal treten dabei nützliche Eigenschaften auf. Ein Enzym benötigt zur Ausbildung seiner aktiven Konformation zwar eine gewisse Wassermenge, jedoch ist in der Praxis hierfür manchmal nur eine minimale Konzentration die Voraussetzung. In einer rein wäßrigen Lösung beträgt die Wasserkonzentration 55.5 M, und nur ein geringer Teil wird zur Solvatation des Enzyms benötigt. Ein gewisser weiterer Wasseranteil agiert möglicherweise bei der Reaktion als Substrat. Die unmittelbar notwendigen Wassermoleküle sind sehr fest gebunden und lassen sich mit gängigen Trocknungsprozeduren auch nicht entfernen; d. h. auch ein getrocknetes Enzympulver weist immer einen geringen, für die Aktivität noch ausreichenden, Wassergehalt auf. Wird das getrocknete Präparat in ein organisches Lösungsmittel gegeben, so löst es sich nicht auf, sondern verbleibt in Form diskreter Partikel. Das vorhandene Wasser verteilt sich zwischen dem Lösungmittel und dem Enzym. Aus diesem Grund ist es auch wichtig, daß das Lösungsmittel nicht mit Wasser mischbar ist. Wäre dies der Fall, so würde dem Enzym das Wasser weitgehend entzogen werden und die Aktivität würde verschwinden. Weitere Vorteile solcher Systeme mit einem extrem niedrigen Wassergehalt bestehen in der Möglichkeit erhöhter Enzymstabilität und neuartiger Reaktionen.

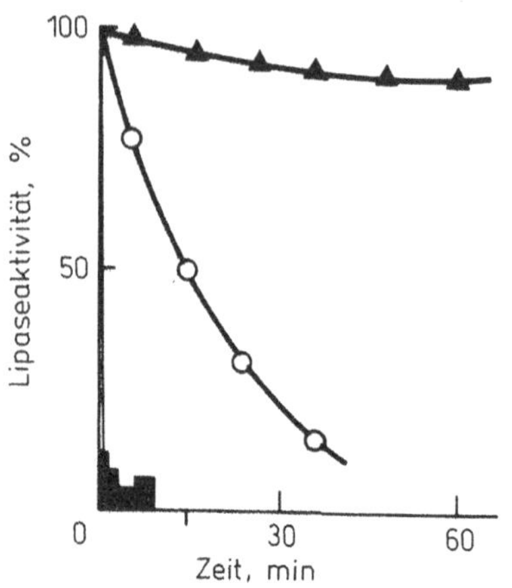

Abb. 10.4. Die Thermostabilität getrockneter Pankreaslipase aus Schweinen bei 100°C in einem 0.1M Phosphatpuffer bei pH 8.0 ( ) und in Tributyrin/2M-*n*-Heptanol mit einem Wassergehalt von 0.8% (○) bzw. 0.015% (△) (aus Zaks und Klibanov, 1984).

An den chemischen und strukturellen Veränderungen, die bei irreversiblen thermischen Enzyminaktivierungen auftreten, ist immer Wasser beteiligt. Daher sollten Enzyme in organischen Lösungsmitteln stabiler sein als in wäßrigen. Dies scheint auch der Fall zu sein. Einige Versuche mit Pankreaslipase aus Schweinen stützen diese Vermutung. Wird getrocknetes Lipasepulver bei 100°C in Wasser gegeben, so erfolgt eine beinahe sofortige Inaktivierung. Wird das Enzympulver jedoch in eine Tributyrin/2M n-Heptanol-Lösung mit einem Wassergehalt von 0.8, bzw. 0.015% gegeben, so beträgt die Halblebenszeit bei 100°C 10 Minuten bzw. 12 Stunden (Abb. 10.4). Das Enzym ist bei dieser Temperatur nicht nur stabil, es kann darüber hinaus eine Esterübertragungsreaktion fünfmal schneller als bei 20° katalysieren.

Die Robustheit der Enzymmoleküle erhöht sich durch den Wassermangel. Dabei lassen sich auch einige Wirkungen auf die Spezifität feststellen. Viele der Enzyme, die in organischen Lösungsmittelsystemen eingesetzt wurden, sind Hydrolasen. Hier liegt es auf der Hand, daß, wenn die Wasserkonzentration nur gering genug ist und andere passende Nucleophile erreichbar sind (z. B. Alkohole, Amine, Thiole, u. s. w.), neue Reaktionen stattfinden können. So katalysieren z. B. Lipasen, sowohl aus Schweinepankreas als auch aus Hefen, in Abwesenheit von Wasser Veresterungen und

Transesterifikationen. So läuft z. B. beim obigen Beispiel der Lipase aus Schweinepankreas in einer *n*-Heptanol-Tributyrin Lösung als Hauptreaktion eine Transesterifikation ab. Es entsteht vor allem der Monoester der Butyrsäure und Dibutyrin; nur in geringem Ausmaß findet Hydrolyse statt. Das Enzym konnte bei dieser Reaktionsplanung zur Transesterifikation von Tributyrin eine breite Palette alkoholischer Substrate verwenden. Interessanterweise ließ sich die Substratspezifität, wenn der Alkohol eine sperrige Gruppe enthielt, wie z. B. *tert*-Butanol, über den Wassergehalt verändern. Beim niedrigsten Wassergehalt (0.015%) wurde *tert*-Butanol nicht verarbeitet, da sich das Enzym am aktiven Zentrum nicht auf auf den sperrigen Substituenten einstellen konnte. Bei einem Wassergehalt von 0.7% war die Flexibiltät bereits so groß, daß die Reaktion ablaufen konnte. Die Anfangsgeschwindigkeiten enzymkatalysierter Reaktionen in organischen Lösungsmitteln sind geringer als in wäßrigen (typischerweise 20–50%). Dies sollte aber kaum Probleme bereiten, denn die Enzyme sind einerseits relativ preiswert und andererseits können auch neuartige Produkte gewonnen werden.

Die größten Fortschritte werden zwar mit Systemen erreicht, die nicht mit Wasser mischbar sind, jedoch sind auch einige Anwendungen von mit Wasser mischbaren Lösungsmitteln bekannt. So kann z. B. die optische Trennung von organischen Säuren oder auch die Peptidsynthese mit Hilfe von Proteasen in mit Wasser mischbaren Lösungsmitteln erfolgen. Die enzym unterstützte Degradation von Lignin in mit Wasser mischbaren Lösungsmit teln, ist ein neues, herausforderndes Arbeitsgebiet. Lignin ist die größte Quelle für erneuerbare aromatische Chemikalien. Allerdings ist es äußerst schwierig, dieses Material selektiv abzubauen, sowohl chemisch als auch enzymatisch. Erst vor kurzem wurde aus einem Pilz in kleinen Mengen ein peroxidaseartiges Enzym (Ligninase) isoliert. Dieses Enzym könnte zwar potentiell wertvoll sein, zur Entwicklung industrieller Verfahren sind aber noch viel zu geringe Mengen davon verfügbar. Arbeiten am Massachusetts Institute of Technology lassen hoffen, daß auch verschiedene andere peroxidaseartige Enzyme zur Ligninhydrolyse gebracht werden können. So kann z. B. die Peroxidase aus Meerrettich natürliches Lignin in einem Dioxan/Wasser-System (95:5 Volumenanteile) teilweise abbauen (ebenso wirksam wie die Ligninase aus Pilzen). In wäßriger Lösung dagegen ist keinerlei Reaktion zu beobachten. In der 95 %igen (Volumenanteile) Dioxan-Mischung kann sich das Lignin partiell lösen und die während der Reaktion entstehenden freien Radikale können absorbiert werden. So unterbleibt die Repolymerisierung zum Polymer. Die Meerrettich-Peroxidase zeigt im 95 %igen (Volumenanteil) Dioxan zwar nur noch 5% der ursprünglichen Aktivität, jedoch ist das Enzym so aktiv und in so großer Menge verfügbar, daß dies kein größeres Problem darstellen sollte. Auch andere Peroxidasen, wie z. B. die Lactoperoxidase, können eine ähnliche Reaktion katalysieren. Hier scheint sich also ein Weg anzudeuten, wie über den Ligninabbau der Zugriff auf aromatische Chemikalien möglich sein könnte.

Die Möglichkeiten von enzymatischen Reaktionen in organischen Lösungsmitteln sind noch lange nicht erschöpft. Die Veränderungen industriell interessanter, hydrophober Moleküle und die Entwicklung neuartiger Reaktionen wird für die Enzyme noch viele neue Anwendungsgebiete eröffnen.

10.4 Synthetische Enzyme

Die Erkenntnisse über den katalytischen Mechanismus von Enzymen sind bereits zur Konzipierung neuartiger Enzyme eingesetzt worden. Ein Enzym besteht zwar aus vielen Aminosäuren, aber nur wenige nehmen am katalytischen Prozeß teil. So besteht z. B. Chymotrypsin aus 245 Aminosäureresten, jedoch spielen die Seitenkettensubstituenten von lediglich drei Aminosäuren bei der proteolytischen Wirkung eine Rolle. Diese Betrachtung ist möglicherweise etwas zu einfach, da noch andere Aminosäuren bei der Ausbildung des substratbindenden Zentrums beteiligt sind, sie hilft jedoch, sich klarzumachen, welch kleiner Teil eines Enzyms an der eigentlichen Katalyse mitwirkt. Neuartige, enzymatisch wirksame Katalysatoren lassen sich, aufbauend auf bereits vorhandene proteinartige bzw. peptidartige Strukturen, konstruieren. Eine weitere Ansatzmöglichkeit ist, auf andere Klassen organischer Verbindungen zurückzugreifen. Beide Ideen sollen im folgenden etwas näher betrachtet werden.

Die Synthese proteinhaltiger Enzymanaloga kann z. B. auf ein bereits existierendes Enzym oder Protein aufbauen, das dann in geeigneter Weise modifiziert wird, oder es kann eine vollständig neue Peptidstruktur aufgebaut werden. Die Enzymmodifizierung wurde bereits in Kap. 9 behandelt. Nun soll kurz die Modifizierung von enzymatisch unwirksamen Proteinen und der Aufbau synthetischer Peptide zu neuartigen Katalysatoren behandelt werden.

Das folgende Beispiel zeigt eine Möglichkeit, wie ein Protein ohne enzymatische Aktivität in einen selektiv wirksamen Katalysator umgewandelt werden kann. Myoglobin aus Pottwalen, das ursprünglich ein Protein zum Sauerstofftransport ist, konnte so modifiziert werden, daß es als ein oxidaseartiges Enzym wirkt. An jeden der drei zur Oberfläche hin ausgerichteten Histidinreste am Myoglobin wurde eine katalytisch wirksame, Ruthenium-übertragende Gruppe ($[Ru(NH_3)_5]^{3+}$) gebunden. Dieses „bioanorganische, halbsynthetische" Enzym kann Sauerstoff reduzieren, während gleichzeitig andere Komponenten, wie z. B. Ascorbat, oxidiert werden. Der Komplex wirkt ähnlich effektiv wie Ascorbatoxidase bei der Oxidation der Ascorbinsäure. Weitere organo-metallische Komplexe, wie z. B. das Bis(phosphin)Rhodium, sind ebenfalls denkbare Bausteine zum Aufbau halbsynthetischer Enzyme.

Ein noch ehrgeizigeres Projekt ist die *de novo* Planung und der Aufbau eines Enzyms. Daran wird intensiv gearbeitet, obgleich sich derzeit, wie oben schon kurz dargelegt, aus der Primärsequenz eines Proteins dessen dreidimensionale Struktur nicht genau vorhersagen läßt. Hier liegt für einen bahnbrechenden Fortschritt auch das Hauptproblem. Bislang gelang es mehreren Arbeitsgruppen, kurze Peptidketten zu synthetisieren, die auch in Teilen eine β-Faltung oder α-Helix besitzen. Bevor allerdings synthetische Enzyme erhalten werden können, muß es möglich sein, Bindungszentren für einfache organische Moleküle aufbauen zu können. Erst wenn dies gelungen ist, können komplexere Strukturen mit katalytischer Aktivität in Arbeit genommen werden. Einige Fortschritte in diese Richtung wurden zwar bereits erzielt, aber es läßt sich nur schwer vorhersagen, welcher Zeitraum zwischen diesen ersten Beispielen und dem Aufbau eines vollständig neuen Enzyms verstreichen wird (van Brunt, 1986).

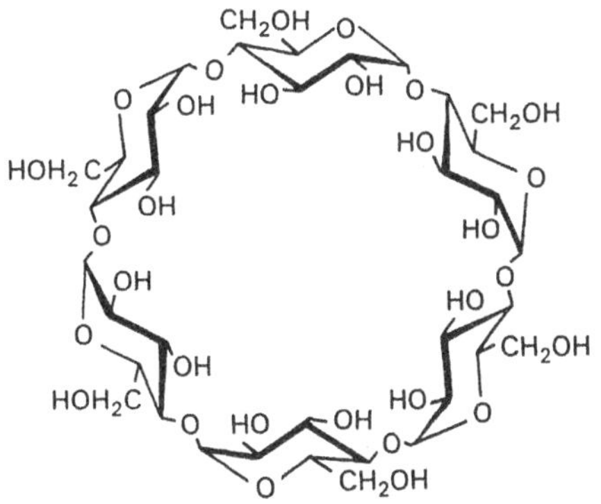

Abb. 10.5. Die Struktur von Cyclomaltohexaose (α- Cyclodextrin).

Die Entwicklung moderner organischer Synthesemethoden hat Möglichkeiten zum Aufbau von Enzymanaloga, die keine Proteine sind, eröffnet. Eines der am intensivsten untersuchten Systeme basiert auf den Schardinger Dextrinen (Suckling, 1984). Diese Verbindungen sind natürlich vorkommende, cyclische Oligosaccharide, die auf $\alpha 1 \rightarrow 4$ verknüpften D-Glucoseeinheiten basieren und kristalline Festkörper ausbilden können. Die drei enzymtechnisch interessanten Molekültypen sind Cyclomaltohexaose (α-Cyclodextrin, Abb. 10.5), Cyclomaltoheptaose (β-Cyclodextrin) und Cyclomaltooctaose (γ-Cyclodex trin). Sie enthalten sechs, sieben, bzw. acht Glucosereste. Die Zuckerreste orientieren sich so, daß sich eine zylindrische Struktur ausbildet, wobei das Innere relativ hydrophobe Eigenschaften besitzt und alle Hydroxylgruppen an den beiden Molekülrändern herausragen. Die Hohlräume, die sich innerhalb dieser Moleküle ausbilden, verjüngen sich etwas. Der Innendurchmesser beträgt ca. 4.5–8.5 Ångström (ansteigend vom α- zum γ-Dextrin), die Höhe ca. 7 Ångström. Dies bedeutet, daß alle drei Cyclodextrine einen Benzolring in den Innenraum aufnehmen können, daß

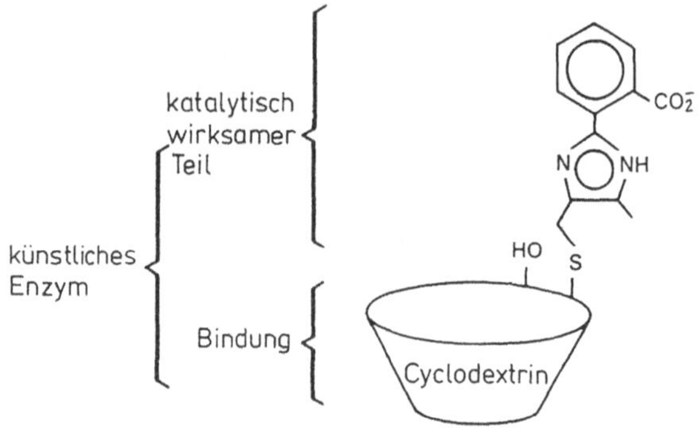

Abb. 10.6. Die Struktur von β-Benzym, einem Chymotrypsin-Analogon (aus Bender et al., 1986).

jedoch jegliche Substitution am aromatischen Ring die Aufnahme in kleinere Dextrine verhindert. Cyclodextrine können also als hydrophobes Bindungszentrum für Moleküle bestimmter Größe agieren und sollten, wenn noch passende reaktive Gruppen kovalent gebunden sind, als Enzymanaloga wirken können. Tatsächlich können bereits die Zuckeralkoholgruppen die Hydrolyse bestimmter Ester, wie z. B. des *p*- Nitrophenyl-Ester der Ferrocen-Acrylsäure, um den Faktor 10^5 beschleunigen.

Erstaunliche Resultate konnten mit β-Cyclodextrin, an dessen „Rand" *O*-[4(5)-Mercaptomethyl-4(5)-methylimidazol-2- yl]benzoat kovalent gebunden war, erzielt werden (Abb. 10.6). Dieses Derivat verfügt über eine Hydroxylgruppe, einen Imidazolring und eine Carboxylat-Gruppe und ahmt das aktive Zentrum im Chymotrypsin nach. An der katalytischen Wirkung des Chymotrypsin sind die Hydroxylgruppe des Serin-195, der Imidazolring des Histidin-57 und die Carboxylat-Gruppierung des Aspartat-102 beteiligt. Das synthetische Enzym entfaltet seine höchste Wirksamkeit bei pH 10 und höher. Es kann die Hydrolyse bestimmter Ester mindestens genauso gut katalysieren wie Chymotrypsin. Weiterhin zeigt dieses künstliche Enzym, das unter der Bezeichnung β-Benzym bekannt ist, ein kinetisches Verhalten, das sich mit einer Michaelis-Menten Gleichung beschreiben läßt und ist gegen Wärme- und Alkali- Einwirkung stabiler als sein natürliches Gegenstück (Bender et al., 1986). An Beispielen wie dem β-Benzym zeigt sich, daß auch für viele einfache hydrolytisch wirksame Enzyme die Konstruktion von kleinen, aber ebenso wirksamen Molekülen, möglich sein sollte. Allerdings müssen für eine erfolgreiche Imitation detaillierte Kenntnisse über das aktive Zentrum vorliegen. Wegen ihrer einfachen Struktur sollten die Enzymanaloga auf Cyclodextrinbasis leichter zugänglich und stabiler sein als die natürlichen Enzyme.

Das Prinzip, für den Aufbau selektiver Bindungszentren cyclische Strukturelemente zu verwenden, wurde auch auf andere Molekültypen ausge-

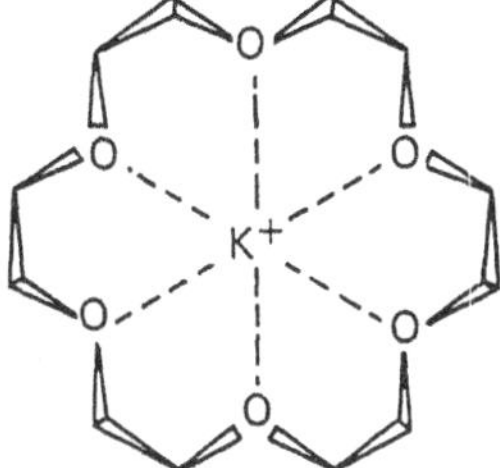

Abb. 10.7. Die Struktur des Ethers [18]-Krone-6.

dehnt. So können z. B. auch Kronenether (Abb. 10.7) und verwandte Verbindungen spezifische chemische Gruppen binden. Durch entsprechende Modifikationen der zugrunde liegenden Strukturen lassen sich neuartige Bindungszentren mit katalytischer Wirksamkeit aufbauen. Allerdings können mit Kronenetherderivaten noch keine wirksamen synthetischen Enzyme, wie das β-Benzym, aufgebaut werden.

Die Idee, mit relativ einfachen organischen Molekülen das aktive Bindungszentrum eines Enzyms nachzuahmen, ist im Prinzip erfolgreich. Vermutlich werden bald weitere halbsynthetische, enzymartig wirkende Katalysatoren zur Verfügung stehen.

10.5 Die Regenerierung von Coenzymen

Die meisten der industriellen enzymkatalysierten Reaktionen sind Hydrolysen. Typischerweise arbeiten diese Reaktionen, neben Wasser, mit einem einzigen Substrat und benötigen kein Coenzym. Für komplexere Reaktionen mit Gruppenübertragungen muß meist ein geeignetes Coenzym zugesetzt werden (Carrea und Riva, 1986). Bei Oxidations/Reduktions-Reaktionen ist $NAD(P)^+/NAD(P)H$ am weitesten verbreitet, bei Phosphorylierungen ATP/ADP/AMP . Diese Coenzyme sind sehr teuer. Ein Verfahren im industriellen Maßstab unter Beteiligung dieser Coenzyme ist so lange unwirtschaftlich, bis sich eine Möglichkeit findet, die Coenzyme zurückzuhalten. Die Abtrennung eines Coenzyms von den Reaktionsprodukten im Zuge der Aufarbeitung liefert meist nur ungenügende Resultate. Der einzige Ausweg ist wohl, das Coenzym in seiner aktiven Form im Reaktor zurückzuhalten. An dieses Vorhaben sind allerdings zwei Probleme geknüpft. Zum einen müssen die Moleküle irgendwie im Reaktor zurückbehalten werden können und zum anderen muß die Regenerierung des aktiven Zustands möglich sein.

Die Techniken, ein Coenzym im Reaktionsraum zurückzuhalten, sind begrenzt. Im Prinzip ist es nur möglich, die Moleküle auf einem hochmolekularen Trägermaterial zu immobilisieren. Coenzyme können auf vielerlei Wegen immobilisiert werden. So wurde z. B. NAD^+ schon an der N1, an der

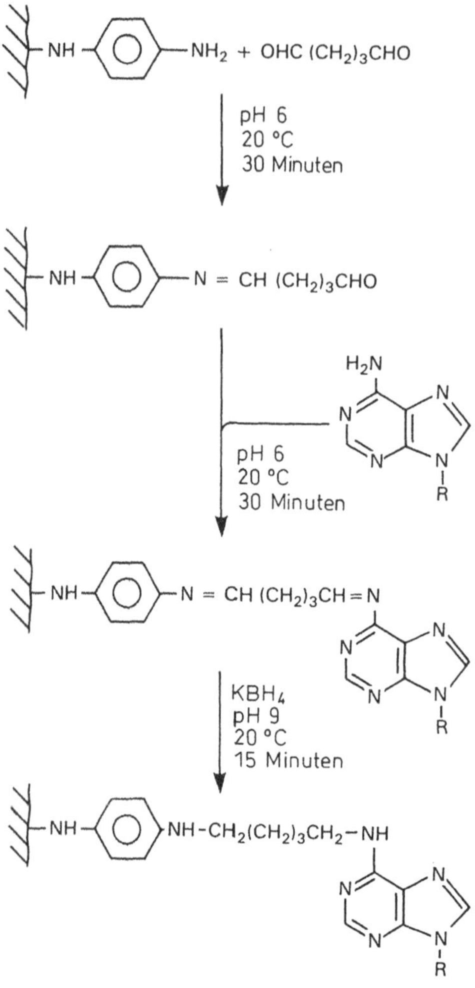

$-NH-C_6H_4-NH_2 + OHC(CH_2)_3CHO$

pH 6
20 °C
30 Minuten

$-NH-C_6H_4-N=CH(CH_2)_3CHO$

H_2N (Adenin, N–R)

pH 6
20 °C
30 Minuten

$-NH-C_6H_4-N=CH(CH_2)_3CH=N$ (Adenin, N–R)

KBH_4
pH 9
20 °C
15 Minuten

$-NH-C_6H_4-NH-CH_2(CH_2)_3CH_2-NH$ (Adenin, N–R)

Abb. 10.8. Die Immobilisierung einer Verbindung mit einer Adenin-Gruppe.

6-Amino- bzw. an der C8- Position im Adenin-Ring und auch an der Riboseeinheit derivatisiert. Die Derivatisierung der 6-Amino-Gruppe am Adeninring scheint die besten Ergebnisse, sowohl für die $NAD(P)^+$-Gruppe als auch für die ATP/ADP/AMP Nucleotide zu liefern. Einerseits bleibt die Aktivität des Coenzyms erhalten, und andererseits sind an der primären Aminogruppe konventionelle Immobilisierungsmethoden möglich. Die Coenzyme wurden auf mehreren Materialien immobilisiert. Als am besten geeignet erwiesen sich wasserlösliche Trägermaterialien. Sie beeinflussen die enzymkatalysierten Reaktionen am wenigsten. Die chemischen Aspekte eines typischen Immobilisierungsvorgangs über die 6-Amino-Position am Adeninring zeigt Abb. 10.8.

Die Immobilisierung der Coenzyme auf hochmolekulare Trägermaterialien wirkt sich auf den gesamten weiteren Prozeß aus. Es liegt auf der Hand, daß die Reaktionswahrscheinlichkeit sinkt, wenn das Enzym ebenfalls an einen Träger immobilisiert vorliegt, d. h. wird ein immobilisiertes Coenzym eingesetzt, so ist die Immobilisierungsmethode für das Enzym vorgegeben. Die meisten Enzymreaktoren, die mit einem immobilisierten Coenzym arbeiten, basieren auf Ultrafiltrationssystemen (Schmidt et al., 1986). Hierbei werden sowohl das freie Enzym in Lösung als auch das hochmolekulare Coenzymderivat in einer Ultrafiltrationszelle zurückgehalten. Diese Methode funktioniert zwar sehr gut, schränkt aber die Reaktorkonstruktion ein. Ein anderer Ansatz ist, das Coenzym direkt auf das Enzym zu immobilisieren (Kap. 9). Diese Methode ist derzeit allerdings noch keine praktisch durchführbare Alternative.

Die Coenzymregenerierung läßt sich in zwei Kategorien aufteilen: Den Typ des Redoxenzyms (z. B. bei $NAD(P)^+/NAD(P)H$) und den des Gruppentransferenzyms (z. B. ATP). Von beiden Typen sind Beispiele für gelungene Regenerierungen bekannt. Das $NAD(P)^+/NAD(P)H$-Coenzym läßt sich chemisch, elektrochemisch oder enzymatisch regenerieren. Im Rahmen der chemischen Regenerierung wird dem Rohstoffstrom kontinuierlich eine Verbindung mit einem passenden Redoxpotential zugemischt. Diese Vorgehensweise mag zwar wirkungsvoll sein, besonders nachteilig daran ist jedoch, daß die zusätzliche Komponente und das daraus entstehende Produkt während der Aufarbeitung wieder entfernt werden müssen. Die elektrochemische Regenierung erwies sich an Modellsystemen ebenfalls als erfolgreich. Leider beschränken Nebenreaktionen diese Methode häufig; auch viele weitere Probleme müssen noch gelöst werden. Auf lange Sicht verspricht diese Technik allerdings gute Erfolge. Die einzige praktische Lösung besteht derzeit in der enzymatischen Regenerierung. Dies bedeutet zwar, daß zusätzlich zum Substrat ein weiteres Enzym im Reaktor vorhanden ist, stellt aber kein unüberwindliches Problem dar. Für die NADH-Regenerierung steht die Formiat-Dehydrogenase zur Verfügung. Dieses Enzym bildet aus immobilisiertem NAD^+ und Formiat NADH, CO_2 und H^+-Ionen (Abb. 10.9). Sowohl CO_2 als auch H^+ lassen sich aus dem Produktstrom leicht entfernen, so daß keine Verunreinigung zurückbleibt. Das Formiat- Dehydrogenase-

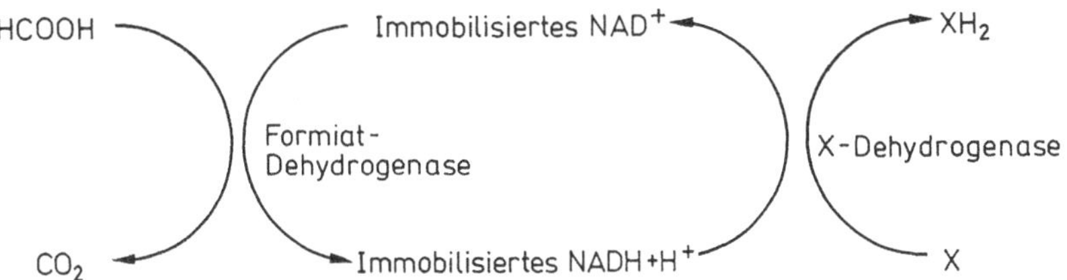

Abb. 10.9. Die Regenerierung von NADH mit der Formiat- Dehydrogenase.

System wird bereits industriell eingesetzt (s. Kap. 7). Auf lange Sicht sind auch die Chancen für andere Methoden, wie z. B. der elektrochemischen Regenerierung, gut.

Die Regenerierung von ATP ist derzeit nur enzymatisch möglich. Die elektrochemische Regenerierung ist wegen des Coenzym-Typs indiskutabel und eine chemische Regenerierung erscheint unwahrscheinlich. Für die Regenerierung von ATP sind im Prinzip zwei Enzyme, nämlich Carbamat-Kinase und Acetat-Kinase, geeignet. Der Vorteil der Carbamat-Kinase besteht darin, daß sich das Substrat Carbamoyl-Phosphat *in situ* aus Cyanat und Phosphat erhalten läßt. Die Gleichgewichtslage dieser Reaktion liegt allerdings normalerweise nicht auf der Produktseite. Die Carbamat-Kinase arbeitet mit immobilisierter ADP nicht besonders gut; deshalb hat sich diese Methode bislang als wenig erfolgreich dargestellt. Die Enzymwirkung wird besser, wenn mit freiem ATP/ADP gearbeitet wird, allerdings wird das Coenzym dabei immer noch aus dem Reaktor ausgewaschen. Die Eleganz des Carbamat-Systems liegt darin, daß das neben dem ATP entstehende Carbamat spontan zu CO_2 und Wasser weiterreagiert (Abb. 10.10). Ein funktionierendes ATP-Regenerierungs- System ist die Acetat-Kinase mit dem Substrat Acetyl-Phosphat. Dieses System arbeitet erfolgreich bei der Synthese von Glucose-6- phosphat aus Glucose mit Hilfe des Enzymes Hexokinase (Abb. 10.11). Leider reagiert das Produkt der Regenerierungsreaktion, Acetat, nicht spontan zu flüchtigen Produkten, wie dies beim Carbamat der Fall ist.

Zur Regenerierung sowohl von NAD(P)$^+$/NAD(P)H als auch von ATP existieren einigermaßen zufriedenstellende Möglichkeiten. Leider gibt es jedoch einige Rückschläge. Bevor die Probleme nicht gelöst sind, werden Coenzyme bei enzymkatalysierten Verfahren im industriellen Maßstab die Ausnahme bleiben.

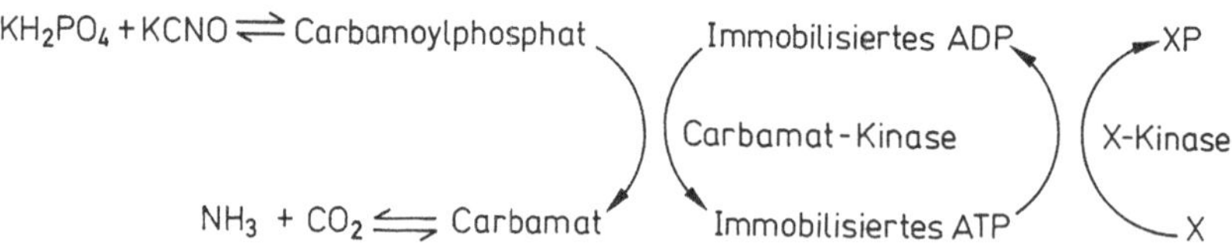

Abb. 10.10. Die Regenerierung von ATP mit der Carbamat-Kinase.

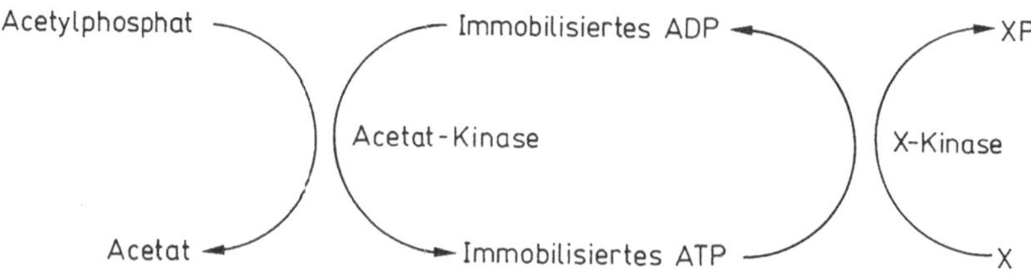

Abb. 10.11. Die Regenerierung von ATP mit der Acetat-Kinase.

10.6 Schlußbemerkungen

Dieses Kapitel soll einige der Möglichkeiten nahebringen, die in der Enzymtechnologie enthalten sind. Auch andere Gebiete, die hier nicht behandelt werden konnten, sind ähnlich vielversprechend. Ob sich diese Techniken im speziellen oder die Enzymtechnologie im allgemeinen weiterentwickeln werden, hängt stark vom vorherrschenden wirtschaftlichen Klima ab. Bei der Entwicklung neuer Techniken und Verfahren sind der Vorstellungskraft und der Erfindungsgabe von Wissenschaftlern und Ingenieuren derzeit keine Grenzen gesteckt. Die Enzymtechnologie hat sich in den letzten zwei Jahrzehnten einen festen Platz erobert und sowohl die grundsätzlichen Wachstumsaussichten als auch die Chancen der Einführung neuer Anwendungen sind ausgesprochen gut.

Anhang 1

Die Enzymnomenklatur gemäß den Vorschlägen der Enzymkommission

Die ,International Union of Biochemistry' hat für Fragen der Nomenklatur und zur Klassifizierung der Enzyme die Enzymkommission berufen. Diese Kommission veröffentlicht regelmäßig die aktualisierte Liste der empfohlenen und systematischen Enzymbezeichnungen sowie der zugehörigen EC-Numerierung (Enzym Commission numbers). In diesem Werk wurden (absichtlich) die empfohlenen Enzymbezeichnungen verwendet. Wir hängen jedoch nicht engstirnig an den Regeln, deshalb wurde hin und wieder eine weithin akzeptierte Bezeichnung bevorzugt. So wurde z. B. die Bezeichnung „Amyloglycosidase" anstatt „Glucan-1,4-α-Glucosidase" verwendet. In Tabelle A.1.1 sind die empfohlenen und die systematischen Bezeichnungen, sowie die zugehörigen EC-Nummern von allen Enzymen, die in diesem Buch zitiert wurden, zusammengestellt. Eine vollständige Auflistung alternativer Bezeichnungen sowie Details von katalysierten Reaktionen können dem Werk *Enzyme Nomenclature* (Webb, 1984) entnommen werden.

Tabelle A.1.1. Die Enzymnomenklatur gemäß der Enzymkommission

Empfohlene Bezeichnung[1]	Nummer der Enzymkommission[1]	Systematische Bezeichnung[1]
Acetat-Kinase	2.7.2.1	ATP: Acetat-Phosphotransferase
Acetylcholinesterase	3.1.1.7	Acetylcholin-Acetylhydrolase
Alkohol-Dehydrogenase	1.1.1.1	Alkohol: NAD^+-Oxidoreductase
Alkohol-Oxidase	1.1.3.13	Alkohol: Sauerstoff-Oxidoreductase
Alginat-Lyase	4.2.2.3	Poly(1,4-β-D-mannuronid)-Lyase
Alkalische Phosphatasen	3.1.3.1	Orthophosphormonoester-Phosphohydrolase (Optimum im Basischen)
Alkalische Proteasen	3.4.21.14	Mikrobielle Serin-Protease[2]
Amidase	3.5.1.4	Acylamid-Amidohydrolase
Amin-Oxidase (enthält Kupfer)	1.4.3.6	Amin: Sauerstoff-Oxidoreductase (desaminierend; enthält Cu)
L-Aminosäure-Oxidase	1.4.3.2	L-Aminosäure: Sauerstoff-Oxidoreductase (desaminierend)
Amin-Acylase	3.5.1.14	N-Acyl L-Aminosäure-Amidohydrolase
α-Amylase	3.2.1.1	1-4-α-D-Glucan-Glucanohydrolase
β-Amylase	3.2.1.2	1-4-α-D-Glucan-Maltohydrolase
γ-Amylase s. Glucan-1,4-α-Glucosidase		
Amyloglucosidase s. Glucan-1,4-α-Glucosidase		
L-Ascorbat-Oxidase	1.10.3.3	L-Ascorbat: Sauerstoff-Oxidoreductase
Asparaginase	3.5.1.1	L-Asparagin-Amidohydrolase
Aspartase s. Aspartat-Ammoniaklyase		
Aspartat-Aminotransferase	2.6.1.1	L-Aspartat: 2-Oxoglutarat-Aminotransferase
Aspartat-Ammoniaklyase	4.3.1.1	L-Aspartat Ammoniaklyase
Bromelain	3.4.22.4	Cystein-Protease[2]
Carbamat-Kinase	2.7.2.2	ATP: Carbamat-Phosphotransferase

Tabelle A.1.1 (*Fortsetzung*)

Empfohlene Bezeichnung[1]	Nummer der Enzymkommission[1]	Systematische Bezeichnung[1]
Katalase	1.11.1.6	Wasserstoffperoxid: Wasserstoffperoxid-Oxidoreductase
Catechol-Oxidase	1.10.3.1	1,2-Benzendiol: Sauerstoff-Oxidoreductase
Cellobiase s. β-Glucosidase		
Cellulase	3.2.1.4	1,4-(1,3;1,4)-β-D-Glucan-4-Glycanohydrolase
Cholesterol-Esterase	3.1.1.13	Sterolester-Acylhydrolase
Cholesterol-Oxidase	1.1.3.6	Cholesterol: Sauerstoff-Oxidoreductase
Chymosin	3.4.23.4	Aspartin-Protease[2]
Chymotrypsin	3.4.21.1	Serin-Protease[2]
Creatinase s. Creatinin-Deiminase		
Creatinin-Deiminase	3.5.4.21	Creatinin Iminohydrolase
Cytochrome P-450		
α-Dextrin-*endo*-1,6-α-Glucosidase	3.2.1.41	α-Dextrin-6-Glucanohydrolase
DNA-regulierte DNA-Polymerase	2.7.7.7	Deoxyribonucleosidtriphosphat: DNA-Deoxynucleotidtransferase (DNA-spezifisch)
DNA-regulierte RNA-Polymerase	2.7.7.6	Nucleosidtriphosphat: RNA-Nucleotidtransferase (DNA-spezifisch)
DNA-Ligase s. Polydeoxyribonucleotid-Synthase (ATP)		
DNA-Polymerase s. DNA-regulierte DNA-Polymerase		
DNA Uracil-N-Glycosidase		
Diaminoxidase s. Amin-Oxidase (enthält Kupfer)		
Diastatisches Enzym s. α-Amylase		
Dihydropyrimidinase	3.5.2.2	5,6-Dihydropyrimidin-Aminohydrolase
Formiat-Dehydrogenase	1.2.1.2	Formiat: NAD^+-Oxidoreductase

Tabelle A.1.1 (*Fortsetzung*)

Empfohlene Bezeichnung[1]	Nummer der Enzymkommission[1]	Systematische Bezeichnung[1]
β-Fructofuranosidase	3.2.1.26	β-D-Fructofuranosid-Fructohydrolase
L-Frucose-Isomerase		
α-Galactosidase	3.2.1.22	α-D-Galactosid-Galactohydrolase
β-Galactosidase	3.2.1.23	β-D-Galactosid-Galactohydrolase
Galactosid-Acetyltransferase	2.3.1.18	Acetyl-CoA: β-D-Galactosid-6-Acetyltransferase
Glucan-1,4-α-Glucosidase	3.2.1.3	1,4-α-D-Glucan-Glucohydrolase
Glucoamylase s. Glucan-1,4-α-Glucosidase		
Glucose-6-phosphat-Dehydrogenase	1.1.1.49	D-Glucose-6-phosphat: $NADP^+$-1-Oxidoreductase
Glucose-Oxidase	1.1.3.4	β-D-Glucose: Sauerstoff-1-Oxidoreductase
Glucose-Isomerase s. Xylose-Isomerase		
α-Glucosidase s. Glucan-1,4-α-Glucosidase		
β-Glucosidase	3.2.1.21	β-D-Glucosid-Glucohydrolase
β-Glucuronidase	3.2.1.31	β-D-Glucuronosid-Glucuronosohydrolase
Glutamat-Dehydrogenase	1.4.1.2	L-Glutamat: NAD^+-Oxidoreductase (desaminierend)
Hexokinase	2.7.1.1	ATP: D-Hexose-6-Phosphotransferase
Histidin-Ammoniaklyase	4.3.1.3	L-Histidin-Ammoniaklyase
Hyaluronidase s. Hyaluron-Glucosaminidase		
Hyaluron-Glucosaminidase	3.2.1.35	Hyaluronat-4-Glycanohydrolase
Hydantoinase s. Dihydropyrimidinase		
20-β-Hydroxysteroid-Dehydrogenase s. (*R*)-20-Hydroxysteroid-Dehydrogenase		
(*R*)-20-Hydroxysteroid-Dehydrogenase	1.1.1.53	(20*R*)-17α,20,21-Trihydroxysteroid: NAD^+-Oxidoreductase

Empfohlene Bezeichnung[1]	Nummer der Enzymkommission[1]	Systematische Bezeichnung[1]
Inulinase	3.2.1.7	2,1-β-D-Fructan-Fructanohydrolase
Invertase s. β-Fructofuranosidase		
Klenow-Enzym s. DNA-regulierte DNA-Polymerase[3]		
β-Lactamase	3.5.2.6	β-Lactamhydrolase
Lactase	3.2.1.108	Lactose-Galactohydrolase
L-Lactat-Dehydrogenase	1.1.1.27	(*S*)-Lactat: NAD^+-Oxidoreductase
Lactoperoxidase s. Peroxidase		
Ligninase		
Mannan-*endo*-1,4-β-Mannosidase	3.2.1.78	1,4-β-D-Mannan-Mannohydrolase
Methanol-Dehydrogenase s. Alkoholoxidase		
Mikrobielle Aspartat-Protease	3.4.23.6	Aspartin-Protease[2]
Mikrobielle Metalloprotease	3.4.24.4	Metall-Protease[2]
Mikrobielle Serin-Protease	3.4.21.14	Serin-Protease[2]
NADH-spezifische FMN-Oxidoreductase s. NAD(P)H-Dehydrogenase (FMN)		
NADPH-Dehydrogenase	1.6.99.1	NADPH: (Akzeptor)-Oxidoreductase
NAD(P)H-Dehydrogenase (FMN)	1.6.8.1	NAD(P)H: FMN-Oxidoreductase
NADPH-spezifische FMN-Oxidoreductase s. NAD(P)H-Dehydrogenase (FMN)		
Neutrale Protease (bakteriell) s. Mikrobielle Metalloproteasen		
Nitrilase	3.5.5.1	Nitril-Aminohydrolase
Old Yellow-Enzym s. NADPH-Dehydrogenase		
Pankreas-Lipase s. Triacylglycerol-Lipase		
Pankreas-Proteinase s. Chymotrypsin, Trypsin		

Tabelle A.1.1 (*Fortsetzung*)

Empfohlene Bezeichnung[1]	Nummer der Enzymkommission[1]	Systematische Bezeichnung[1]
Papain	3.4.22.2	Cystein Protease[2]
Pectinesterase s. Polygalacturonase		
Penicillin G-Acylase s. Penicillin-Amidase		
Penicillin V-Acylase s. Penicillin-Amidase		
Penicillin-Amidase	3.5.1.11	Penicillin-Amidohydrolase
Penicillinase s. β-Lactamase		
Pentosanase s. Mannan-*endo*-1,4-β-Mannosidase		
Pepsin	3.4.23.1	Aspartin-Protease[2]
Peroxidase	1.11.1.7	Donor: Wasserstoffperoxid-Oxidoreductase
Plasminogen-Aktivator	3.4.21.31	Serin-Protease[2]
Polydeoxyribonucleotid-Synthase (ATP)	6.5.1.1	Poly (deoxyribonucleotid): Poly (deoxyribonucleotid)-Ligase (AMP-bildend)
Polygalacturonase	3.2.1.15	Poly (1,4-α-D-galacturonid)-Glycanohydrolase
Polyphenol-Oxidase s. Catechol-Oxidase		
Pullulanase s. α-Dextrin-*endo*-1,6-α-Glucosidase		
Rennin (Kalb) s. Chymosin		
Rennin (Mucor) s. Mikrobielle Aspartat-Protease		
Restriktionsendonuclease s. Type II site-specific-Deoxyribonuclease		
Reverse Transcriptase s. RNA-regulierte DNA-Polymerase		

Tabelle A.1.1 (*Fortsetzung*)

Empfohlene Bezeichnung[1]	Nummer der Enzymkommission[1]	Systematische Bezeichnung[1]
Ribonuclease H	3.1.26.4	Endoribonuclease-produzierende 5′-Phosphomonoester[2]
RNA-regulierte DNA-Polymerase	2.7.7.49	Deoxynucleosidtriphosphat: DNA-Deoxynucleotidyltransferase (RNA-orientiert)
Subtilisin s. Mikrobielle Serin-Proteasen		
Thiogalactosid-Transacetylase s. Galactosid-Acetyltransferase		
Triacylglycerol-Lipase	3.1.1.3	Triacylglycerol-Acylhydrolase
Trypsin	3.4.21.4	Serin-Protease[2]
Type II-Restriktionsendonuclease s. Type II site-specific-Deoxyribonuclease		
Type II site-specific-Deoxyribonuclease	3.1.21.4	Endodeoxyribonuclease-produzierende 5′-Phosphomonoester[2]
Urease	3.5.1.5	Harnstoff-Amidohydrolase
Urat-Oxidase	1.7.3.3	Urat: Sauerstoff-Oxidoreductase
Uronsäure-Oxidase s. Urat-Oxidase		
Uricase s. Urat-Oxidase		
Urokinase s. Plasminogen-Aktivator		
Xylose-Isomerase	5.3.1.5	D-Xylose-Ketolisomerase

[1] Aus dem Werk „Enzym Nomenklatur" (Webb 1984).
[2] Diese Enzyme besitzen keine eigenen systematischen Bezeichnungen. Es wird der Reaktionstyp bzw. der Katalysetyp angegeben.
[3] Das Klenow-Enzym ist ein Fragment der DNA-regulierten DNA-Polymerase I, das durch begrenzte Proteolyse erhalten werden kann.

Anhang 2

Die Verweilzeitverteilung

Für ein durch einen Reaktor strömendes Medium stützen sich die Gleichungen zur Bestimmung der Produktionsleistung meist auf eine der zwei folgenden Annahmen:

(1) die Flüssigkeit im Reaktor ist ideal vermischt. Die Zusammensetzung ist also an jeder Stelle identisch und entspricht der Zusammensetzung im Auslaßstrom (kontinuierlich betriebener idealer Rührkessel, engl.: continuous stirred tank reactor, CSTR),

oder

(2) die zur gleichen Zeit in den Reaktor eintretenden Volumenelemente durchfließen den Reaktor mit konstanter Geschwindigkeit und verlassen ihn zur gleichen Zeit (Rohrreaktor mit idealemFließverhalten, engl.: plug flow reactor, PFR).

Diese Reaktortypen repräsentieren Idealzustände. In der Praxis muß man im PFR immer mit einem gewissen Grad an Rückvermischung und im CSTR mit Totzonen rechnen. Die Abweichung vom Idealverhalten muß vor allem dann quantitativ erfaßt werden, wenn ein neuer Reaktortyp eingesetzt werden soll.

Das S-Diagramm

Das Volumen des mit einer Flüssigkeit gefüllten Reaktorkessels sei V und der volumetrische Fluß durch den Reaktor sei Q. Zur Ermittlung der Verweilzeit-Summenkurven $\mathrm{S}(t)$ wird z. B. die Konzentration einer Komponente im einströmenden Medium plötzlich verändert (z. B. durch die Zugabe eines Farbstoffes). Verfolgt man den Konzentrationsverlauf dieser Komponente direkt am Austritt aus dem Reaktor, so läßt sich der Vermischungsgrad im Reaktor bestimmen. Die Menge an Farbstoff (S), die im Auslaßstrom zu einem bestimmten Zeitpunkt (t) nach der Injektion gemessen wird, kann als $S(t)$ angegeben werden. Die Auftragung von $S(t)$ gegen

$(Qt)/V$ wird als Summenkurven-Diagramm (S-Diagramm) bezeichnet. Charakteristische Verläufe für einen PFR sind in Abb. A. 2.1 zu sehen. Der Verlauf der S-Diagramme hängt von der relativen Fließgeschwindigkeit der einzelnen Volumenelemente durch den Reaktor, also der Verweilzeitverteilung, ab.

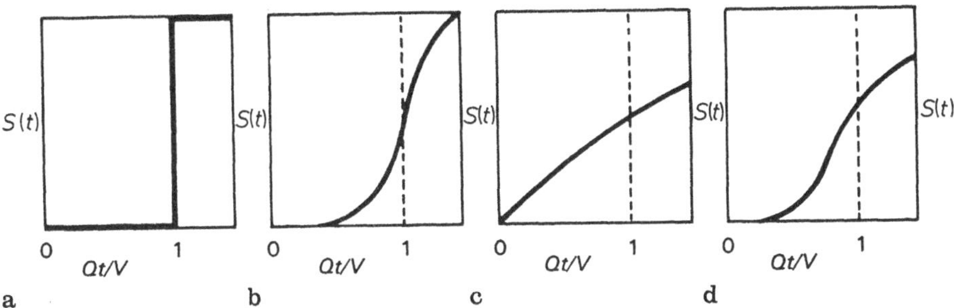

Abb. A.2.1. Charakteristische Verweilzeit-Summenkurven für (a) ideales Fließverhalten, (b) Durchfluß mit einer gewissen Rückvermischung, (c) ideale Vermischung, (d) Vermischung mit Totzonen.

Abweichung vom Idealverhalten

Bei einem idealen kontinuierlich durchströmten Rührkessel kann die Austrittskonzentration (C_i) für eine Markierungssubstanz, die dem Einlaßstrom in einem Schritt (C_0) zugegeben wurde, wie folgt beschrieben werden:

$$QC_i + V\frac{\mathrm{d}c}{\mathrm{d}t} = QC_0$$

Durch Integration ergibt sich

$$\frac{C_i}{C_0} = 1 - \exp(-Qt\ /\ V)$$

Diese Gleichung gibt das relative Signal am Austritt in Abhängigkeit von der Zeit an. Trägt man $\ln S$ gegen t auf, so erhält man eine Gerade mit der Steigung $Q\ /\ V$ und dem Achsenabschnitt ‚null'. Bei Abweichungen vom idealen Vermischungsverhalten lassen sich zwei einfache Fälle unterscheiden:

(a) ein kontinuierlich durchströmter Rührkessel mit kurzen Kreisläufen und einer gewissen Totzone. Dieses Verhalten ist in Abb. A. 2.2 schematisch dargestellt. Hierbei wird eine Situation betrachtet, in der ein Teil des Zulaufes (f_i) die Mischungszone erreicht, der restliche Teil jedoch den Kessel ohne Vermischung passiert. Ein gewisser Teil des Materials, das die Vermischungszone erreicht, wird in einer Totzone gefangen (f_2). Die Gleichung für die Vermischungszone kann wie folgt formuliert werden:

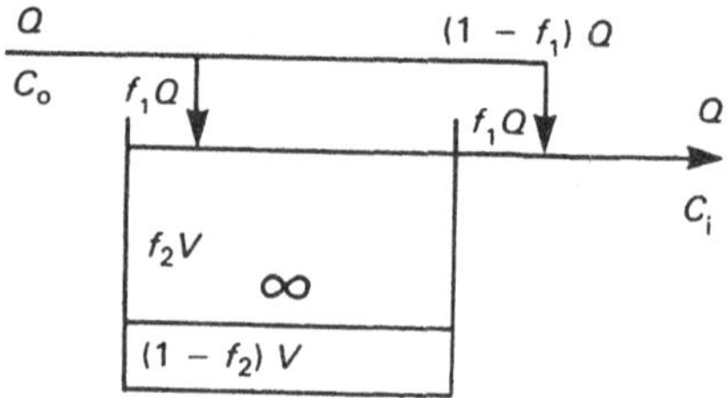

Abb. A.2.2. Vereinfachte Darstellung eines Reaktors, der sowohl Zonen ohne Durchmischung als auch Totzonen aufweist.

$$f_1QC_0 = f_1QC + f_2V\frac{\mathrm{d}c}{\mathrm{d}t}$$

Die Intergration ergibt

$$\frac{C_\mathrm{i}}{C_0} = \exp(-f_1Qt \;/\; f_2V)$$

Die Kombination mit der Gleichung für den Auslaßstrom führt zu

$$S(t) = (1 - f_1) + \exp(-f_1Qt \;/\; f_2V)$$

Aus der Auftragung $\ln[S(t)]$ gegen $Qt\,/\,V$ können die Parameter berechnet werden. Die Geradensteigung entspricht $-f_1/f_2$ und der Achsenabschnitt $\ln[S(t)]$. Gilt $f_1 = 1 = f_2$, so liegt eine ideale Vermischung vor.

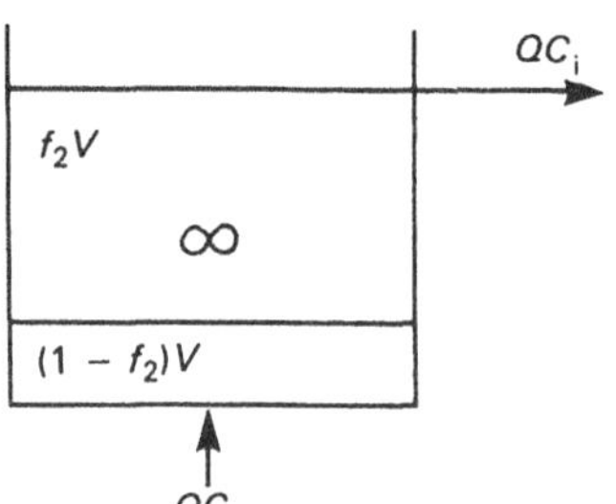

Abb. A.2.3. Ein Reaktor mit nacheinander angeordneter idealer Strömung und idealem Vermischungszustand.

(b) Der Reaktor hat sowohl Merkmale eines kontinuierlich betriebenen Rührkessels als auch die eines Rohrreaktors mit Kolbenströmung. Hier wird angenommen, daß ein Teil des Gesamtvolumens ideal vermischt vorliegt. Die Volumenelemente fließen nacheinander durch das verbleibende Volumen und die Verweilzeitverteilung ist, unabhängig vom betrachteten Volumenelement, überall die gleiche (Abb. A. 2.3). Die Zusammensetzung des Volumenelementes ($C_i\,/\,C_0$) ergibt sich zu

$$\frac{C_\mathrm{i}}{C_0} = \exp\left(\frac{-1}{f_2}\cdot\frac{Qt}{V} - (1 - f_2)\right)$$

Trägt man nun $\ln[S]$ gegen $(Qt)/V$ auf, so ergibt sich sowohl aus der Steigung als auch aus dem Achsenabschnitt f_2. f_2 gibt den Anteil des Reaktors mit idealen Mischungsverhältnissen an.

Zusammenfassung

Es konnte nur eine von vielen möglichen Bestimmungsmethoden für den Vermischungsgrad eines Reaktors behandelt werden. Die hier angesprochene Methode ist vor allem dann vorteilhaft, wenn die Reaktionsführung in einem Fließbettreaktor (Verhalten liegt zwischen dem eines idealen Rührkessel und dem eines idealen Rohrreaktors) oder in einem Reaktor mit Rückführung durchgeführt werden soll.

Anhang 3

Die Planung enzymunterstützter Analysen

In Kapitel 4 wurden einige Prinzipien der Enzymkinetik diskutiert. Es wurde gezeigt, wie die Michaelis-Konstanten aus den Daten für Geschwindigkeits- bzw. Reaktantenkonzentrationen berechnet werden können. Für sinnvolle Meßwerte muß mehreres beachtet werden. Wie bei jeder Bestimmung der Reaktionsgeschwindigkeit, muß sich die Konzentrationsänderung von Reaktant bzw. Produkt mit der Zeit verfolgen lassen. Wegen enzymspezifischer Eigenheiten verkompliziert sich bei den enzymkatalysierten Reaktionen dieser Schritt.

Die Ableitung der Michaelis–Menten–Gleichung in Kapitel 4 beruht auf zwei Annahmen. Erstens wurde für die Konzentrationsänderung von Enzym bzw. Reaktanten ein Geschwindigkeitsgesetz nullter Ordnung zugrunde gelegt, also

$$\frac{\mathrm{d}[ER]}{\mathrm{d}t} = 0$$

In der Praxis muß die Anfangsgeschwindigkeit gemessen werden. Unter diesen Bedingungen entspricht die Konzentration an ER dem wahren Wert für die Reaktantenkonzentration R, d. h. es gilt die folgende Beziehung

$$[ER] = \frac{[E]\,[R]}{K_\mathrm{m}}$$

$[E]$ entspricht der Konzentration an freiem Enzym. Mit fortschreitender Reaktion sinkt die Konzentration von R und somit auch die Reaktionsgeschwindigkeit.

Zweitens wird angenommen, daß für das Enzym die folgende Massenbilanz gilt

$$[E_\mathrm{tot}] = [E] + [ER]$$

Ändert sich $[E_\mathrm{tot}]$ während der Reaktion, so werden anomale Ergebnisse erhalten. Die Enzymprotein-Konzentration kann sich zwar nicht verändern, jedoch kann der Anteil an aktivem Enzym als Folge von Denaturierungsvorgängen absinken. Um an realistische Daten zur Bestimmung von V_max und K_m zu gelangen, muß die Reaktionsgeschwindigkeit zum Zeitpunkt ‚null' korrekt bestimmt werden. Sie kann nicht aus nur einem Punkt abgeleitet werden, daher muß auf einen etwas späteren Zeitpunkt extrapoliert werden. Für genaue Werte muß dabei sichergestellt sein, daß sich die Konzentration an aktivem Enzym während dieses Zeitraums nicht verändert. Diese Forderung läßt sich anhand eines Tests, den Selwyn 1965 entwickelte, relativ leicht überprüfen.

Betrachtet man die Produktkonzentration als eine Funktion von $[E_{tot}]$ multipliziert mit der Reaktionszeit, so können die experimentellen Bedingungen so gewählt werden, daß die Reaktion für eine hohe Enzymkonzentration über einen kurzen und für eine niedrige Enzymkonzentration über einen längeren Reaktionszeitraum bis zur gleichen Produktkonzentration abläuft. Ist das Enzym während des gesamten Reaktionszeitraumes stabil, so deckt sich die Auftragung von E_0t gegen den partiellen Umsatzgrad X mit dem vorgegebenen Verlauf (Abb. A. 3.1). Ist das Enzym instabil so deckt sich die Auftragung nicht mit dem vorgegebenen Verlauf (s. Abb. A. 3. 1b). Ist die Enzymstabilität über den Analysenzeitraum bestimmt, so muß in einem nächsten Schritt der Reaktionsfortschritt mit der Zeit ermittelt werden.

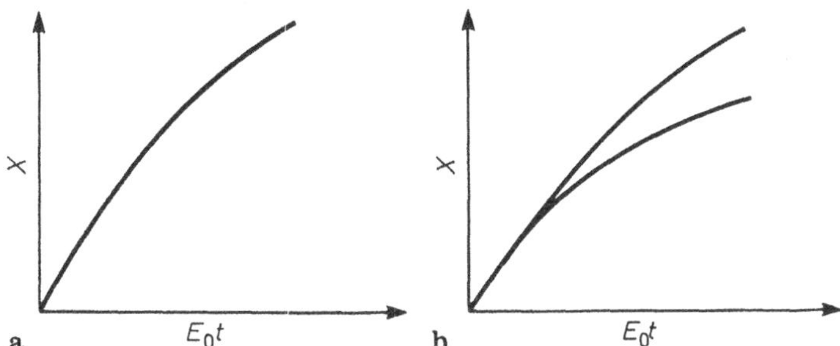

Abb. A.3.1. Test zur Enzyminaktivierung (nach Selwyn). Auftragung von X(partieller Umsatz) gegen E_0t (willkürliche Einheiten). (a) Die Daten für verschiedene Enzymkonzentrationen E_0 decken sich mit dem vorgegebenen Kurvenzug. Das Enzym wird nicht inaktiviert (b) Die Daten für verschiedene Enzymkonzentrationen E_0 decken sich nicht mit dem vorgegebenen Kurvenzug. Wegen der Inaktivierung ist bei geringeren Ausgangskonzentration die Reaktionszeit bis zu einer vorgegebenen Produktkonzentration deutlich verlängert.

Für eine enzymunterstützte Analyse kann die Art und Weise, wie der Reaktionsfortschritt aufgezeichnet wird, von Bedeutung sein. Manchmal läßt sich die Reaktion kontinuierlich, z. B. spektrometrisch oder auch mittels anderer Sensoren, verfolgen. Dann kann der Reaktionsfortschritt direkt auf einen Schreiber übertragen werden. Lassen sich Reaktanten bzw. Produkte nicht direkt messen, so muß möglicherweise eine zweite Reaktion angekoppelt werden, deren Produkt sich dann analysieren läßt. Unter der Bedingung, daß die erste Reaktion den geschwindigkeitsbestimmenden Schritt darstellt, entspricht die Geschwindigkeit, mit der das zweite Produkt erscheint, der ‚korrekten' Reaktionsgeschwindigkeit. Ist eine solche Analytik nicht möglich, läßt sich der entsprechende Graph für den Reaktionsfortschritt relativ leicht lediglich über eine Variation der eingesetzten Enzymkonzentration erhalten. Die Reaktantenkonzentrationen hängen vom kinetischen Verhalten des Enzyms ab und müssen möglicherweise durch anfängliches Probieren ausgewählt werden (Kap. 4).

Ist eine direkte Analyse nicht möglich, so können die Analysen mit der indirekten Methode (Probenziehen) durchgeführt werden. Die Reaktion wird in der gezogenen Probe gestoppt und das Produkt/Reaktanten-Konzentrationsverhältnis mit konventionellen Analysentechniken bestimmt. Verglichen mit der direkten Analyse ist dieses Verfahren zeitraubender und die Bestimmung von Daten nahe am Zeitpunkt ‚null' ist wegen zeitlicher Einschränkungen äußerst schwer. Dies ist auch der größte Nachteil des indirekten Verfahrens. Bei der indirekten Methode steht man also dem Problem gegenüber, daß die Anfangsgeschwindigkeit aus Datenmaterial bestimmt werden muß, das erst Informationen ab einem gewissen Zeitintervall nach Reaktionsbeginn liefert (Abb. A. 3.2). Legt man in solchen Fällen einfach eine Tangente an den Graph durch den Zeitpunkt ‚null', so können sich für den Wert von v signifikante Fehler ergeben. Bei dieser Extrapolationsmethode müssen zur Bestimmung einer realistischen Anfangsgeschwindigkeit genügend viele Meßpunkte vorhanden sein.

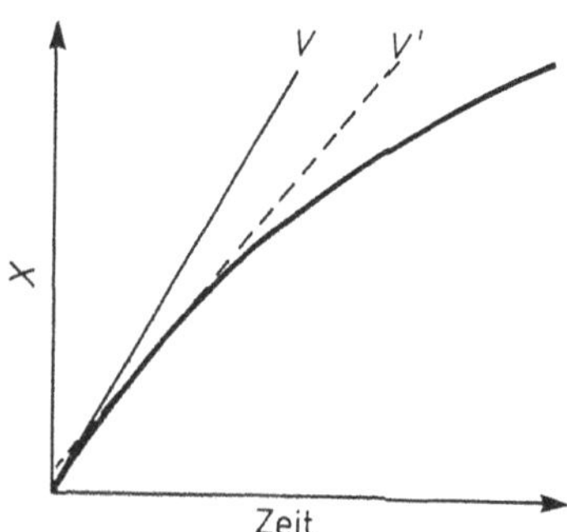

Abb. A.3.2. Anteilige Umsetzung als Funktion der Zeit. Zu sehen ist die Abweichung vom wahren Wert von v, die sich aus der Annahme einer falschen Asymptote (v') ergibt.

Die Fehler, die sich mit dem Anlegen von Tangenten nach Augenmaß einschleichen, lassen sich vermeiden, wenn die Daten an eine integrierte Geschwindigkeitsgleichung angepaßt werden. Eine Möglichkeit ist das Prinzip der direkt linearen Auftragung (Kap. 4). Die integrierte Michaelis-Menten-Gleichung lautet

$$V_{\text{max}} \cdot t = [R_0] - [R] + K_{\text{m}} \ln\{[R_0] / [R]\}$$

wobei

V_{max} = maximale Geschwindigkeit
$[R_0]$ = Reaktantenkonzentration zum Zeitpunkt ‚null'
$[R]$ = Reaktantenkonzentration
K_m = Michaelis-Konstante

Mit den Produktkonzentrationen erhält man folgenden Zusammenhang

$$V_{max} \cdot t = [P] + K_m \ln\{[P_{ggw}]/([P_{ggw}] - [P])\}$$

wobei gilt

$[P_{ggw}]$ = Produktkonzentration im Gleichgewichtszustand (=$[R_0]$ bei einer irreversiblen Reaktion)
$[P]$ = Produktkonzentration

Für jeden Zeitpunkt t_i existiert eine entsprechende Produktkonzentration $[P_i]$. Es gilt also

$$V_{max} \cdot t_i = [P_i] + K_m \ln\{[P_{ggw}] / ([P_{ggw}] - [P_i])\}$$
$$V_{max} \cdot t_j = [P_j] + K_m \ln\{[P_{ggw}] / ([P_{ggw}] - [P_j])\}$$

Dividiert man durch t_i bzw. durch t_j und setzt gleich, so ergibt sich

$$\frac{1}{t_i}([P_i] + K_m \ln\{[P_{ggw}] / ([P_{ggw}] - [P_i])\} = \frac{1}{t_j}([P_j] + K_m \ln\{[P_{ggw}] / ([P_{ggw}] - [P_j])\})$$

Der obige Ausdruck läßt sich nach K_m auflösen zu

$$K_{mij} = \frac{t_j[P_i] - [P_j]t_i}{t_i \ln\{[P_{ggw}] / [P_{ggw}] - [P_j])\} - t_j \ln\{[P_{ggw}] / ([P_{ggw}] - [P_i])\}}$$

Der zugehörige Wert für V_{maxij} ergibt sich, wenn der Wert für K_m in die ursprüngliche integrierte Geschwindigkeitsgleichung eingesetzt wird.

$$V_{maxij} = \frac{[P_i] + K_{mij} \ln\{[P_{ggw}] / ([P_{ggw}] - [P_i])\}}{t_i}$$

Für jedes gemessene Datenpaar lassen sich also K_{mij} und V_{maxij} berechnen. In Kap. 4 wurde die Bestimmung von K_m und V_{max} mittels der integrierten Michaelis-Menten-Gleichung diskutiert und auch die Unzulänglichkeiten dieser Methode angespochen. Setzt man jedoch die berechneten Werte in die ursprüngliche Michaelis-Menten-Gleichung ein, so kann die Anfangsgeschwindigkeit bei bekannter Substratkonzentration abgeschätzt werden, d. h.

$$V_{ij} = (V_{maxij}[P_{ggw}]) / (K_{mij} + [P_{ggw}])$$

Der Mittelwert von allen berechneten v-Werten stellt die beste Abschätzung für die Anfangsgeschwindigkeit dar. Bei dieser Methodik reagieren zwar die einzelnen Werte für K_m und V_{max} auf Fehler in den Annahmen, die Abschätzung für die Anfangsgeschwindigkeit bleibt davon allerdings bemerkenswert unberührt.

Sowohl diese als auch die direkte Auftragungs-Methode lassen sich graphisch durchführen. Ein Computer erleichtert die Arbeit aber erheblich. Auf den folgenden Seiten sind hilfreiche Programme in Basic aufgelistet.

Literatur

Einheiten und Symbole

Perry R. H., Green D. (Hrsg.) (1984) Perry's Chemical Engineering Handbook, 6th edn. McGraw Hill, New York

Kapitel 1

Atkinson B. (1974) Biochemical Reactors. Pion Ltd., London

Bjurstrom E. (1985) Biotechnology Chem. Engin. 126- -158

Dunnill P. (1980) The current status of enzyme technology. In: Dunnill P., Wisemann A., Blakebrough N. (Hrsg.) Enzymic and Non-Enzymic Catalysis. Ellis Horwood, Chichester, S. 28–53

Harnisch H., Wohner G. (1985) The importance of biotechnology for industrial chemistry Ger. Chem. Engin. 8, 139–146

Katchalski-Katzir E., Freeman A. (1982) Enzyme engineering reaching maturity Trends in Biochem. Sci. 7, 427–431

Klibanov A. (1983) Immobilized enzymes and cells as practical catalysts Science 219, 722–727

Lewis C., Kristiansen B. (1985) Chemicals manufacture via biotechnology – the prospects for Western Europe. Chemistry and Industry, 571–576

Lilly M. D. (1977) A comparison of cells and enzymes as industrial catalysts. In: Bohak Z., Sharon N. (Hrsg.) Biotechnological Applications of Proteins and Enzymes. Academic Press, New York, S. 127-140

Reichelt J. R. (1983) Toxicology in Industrial Enzymology. In: Godfrey A., Reichelt J. (Hrsg.). The Nature Press, Byfleet, S. 138–156

Rétey J. (1990) Reaktionsselektivität von Enzymen durch negative Katalyse oder wie gehen Enzyme mit hochreaktiven Intermediaten um? Angew. Chem. 102, 373–378

Kapitel 2

Booth I. R., Higgins C. F. (Hrsg.) (1986) Regulation of Gene Expression – 25 Years on. Cambridge University Press, Cambridge

Davis B. D., Tai P-C. (1980) The mechanism of protein secretion across membranes Nature 283, 433–438

de Duve C. (1985) A Guided Tour of the living cell. Scientific American Books, New York

Freedman R. B., Hawkins H. C. (Hrsg.) The Enzymology of Post-Translational Modification of Proteins, Vol. 1, Academic Press, London

Gilbert W., Villa-Komaroff L. (1980) Fremde Proteine aus Bakterien. Spektrum der Wissenschaft 6, 98–108

Godfrey T., Reichelt J. R. (1983) Introduction to industrial enzymology. In: Godfrey A., Reichelt J. (Hrsg.) Industrial Enzymology. The Natur Press, Byfleet, S. 1–7

Hackett P. B., Fuchs J. A., Messing J. W. (1984) An introduction to recombinant DNA techniques. The Benjamin Cummings Publishing Company, Inc., Menlo Park, CA
Holland I. B., Mackman N., Nicaud J-M. (1986) Secretion of proteins from bacteria Biotechn. 4, 427–431
Old R. W., Primrose S. B. (1985) Principles of Gene Manipulation, 3rd edn. Blackwell Scientific, Oxford
Walter P., Gilmore R., Blobel G. (1984) Protein translocation across the endoplasmic reticulum Cell 38, 5–8
Webb E. C. (Hrsg.) (1984) Enzym Nomenclature, 1984 Academic Press, London

Kapitel 3

Bonnerjea J., Oh S., Hoare M., Dunnill P. (1986) Protein purification: the right step at the right time Biotechn. 4, 954–958
Chase H. A. (1984) Affinity separations utilizing immobilized monoclonal antibodies – a new tool for the biochemical engineer Chem. Eng. Sci. 39, 1099–1125
Colowick S. P., Kaplan N. O. (Hrsg.) (1971) Enzyme purification and related techniques. In: Methods in Enzymology, Vol. 22, Academic Press, London
Dean P. D. G., Johnson W. S., Middle F. A. (Hrsg.) (1985) Affinity Chromatography – A Practical Approach. IRL Press, Oxford
Dunnill P. (1983) Trends in downstream processing of proteins and enzymes Process Biochem. 18, 9–13
Dwyer J. L. (1984) Scaling up of bio-product separation with high performance liquid chromatography Biotechnol. 2, 957- -964
Egerer P. (1986) Chromatographische Methoden in der Aufarbeitung von Naturstoffen. In: Crueger W., Esser K., Präve P., Schlingmann M., Thauer R., Wagner F. (Hrsg.) Jahrbuch Biotechnologie 1986/87, Hanser Verlag München
Kroner K. H., Hustedt H. and Kula M. R. (1984 *a*) Extractive enzyme recovery: economic considerations Process Biochem. 19, 170–179
Kroner K. H., Schutte H., Hustedt H., Kula M- R. (1984*b*) Cross-flow filtration in the downstream processing of enzymes Process Biochem. 19, 67–74
Lee S.-M., Ross J. T., Gustafson M. E., Wroble M. H., Muschik G. M. (1986) Large scale recovery and purification of L-asparaginase from Erwinia carotovora. Appl. Biochem. Biotechnol. 12, 229–247
Scopes R. K. (1982) Protein Purification: Principles and Practice. Springer Verlag, New York
Waterfield M. D. (1986) Separation of mixtures of proteins and peptides by high performance liquid chromatography. In: Darbee A. (Hrsg.) Practical Protein Chemistry. Wiley & Sons, Chichester, S. 181–205

Kapitel 4

Buchholz K., Ehrenthal E., Gloger M., Hennrich N., Jaworek D., Kasche V. Klein J., Kramer D. M., Kula M. R., Manecke G. Palm D. Schlunsen J., Wagner F. (1979) Characteristic properties and summary of determination methods In: Buchholz K. (Hrsg.) Characterisation of Immobilized Biocatalysts. Verlag Chemie, Weinheim, S. 1–48
Bühler H. (1985) Messen in der Biotechnologie. Hüthig Verlag Heidelberg
Brauer H. (1991) Bioverfahrenstechnik. In: Klämbt D., Kreiskott H., Streit B. (Hrsg.) Angewandte Biologie. VCH Verlagsgesellschaft, Weinheim
Cornish-Bowden A. (1979) Fundamentals of Enzyme Kinetics. Butterworth, London
Eisenthal R., Wharton C. (1981) Molecular Enzymology, Blackie, London
Eisenthal R., Cornish-Bowden A. (1974) The direct linear plot Biochem. J. 139, 715–720

Fersht A. (1977) Enzyme Structure and Mechanism. W. H. Freeman, Reading
Gaden E. L. (1984) Produktionsverfahren. In: Gruss P., Herrmann R., Klein A., Schaller H. (Hrsg.) Industrielle Mikrobiologie. Spektrum der Wissenschaft Verlagsgesellschaft, Heidelberg
Hempel D. C. (1986) Grundlagen des Scale up für biotechnologische Prozesse in Rührfermentern. In: Crueger W., Esser K., Präve P., Schlingmann M., Thauer R., Wagner F. (Hrsg.) Jahrbuch Biotechnologie 1986/87, Hanser Verlag, München
Morris J. G. (1974) A Biologists Physical Chemistry. Edward Arnold, London
Palmer T. (1981) Understandig Enzymes. Ellis Horwood, Chichester
Vieth W. R., Venkatasubramanian K., Constinides A., Davidson B. (1976) Design and analysis of immobilised- enzyme flow reactors. In: Wingard L. B., Katchalski-Katzir E., Goldstein C. (Hrsg.) Appl. Biochem. and Bioeng.. Academic Press, New York, S. 221–327
Vieth W. R., Venkatasubramanian K. (1973) Enzyme engineering – IV: Process engineering for immobilised enzyme systems Chemtech 1, 30–40
Weetall H. H., Pitcher W. H. (1986) Scaling up an immobilised enzyme system Science 232, 1396–1403

Kapitel 5

Beutler E. (1981) Enzyme replacement therapeutic Trends in Biochem. Sci. 6, 95–97
Chang T. M. S. (1977) Artificial kidney, artificial liver, and detoxifier based on artificial cells, immobilised proteins and immobilised enzymes. In: Chang T. M. S. (Hrsg.). Biomedical Applications of Immobilised Enzymes and Proteins. Plenum Press, London, S. 281–295
Cooney D. A., Rosenbluth R. J. (1975) Enzymes as therapy agents Adv. in Parmacology and Chemotherapy 12, 185- 289
Flint E. J., DeGiovanni J., Cadigan P. J., Lamb P., Pentecost B. L. (1982) Effect of GL-enzyme (a highly purified form of hyaluronidase) on mortality after myocardial infarction Lancet i, 871–874
Goodchild M. C., Dodge J. A. (1985) Cystic Fibrosis: Manual of Diagnosis and Management, 2nd edn.. Baillière Tindall, London, S. 92–97
Hers H. G., de Barsy T. (1973) Type II glycogenosis (acid maltase deficiency). In Hers H. G., van Hoof F. (Hrsg.) Lysosomes and Storage Deseases. Academic Press, London, S. 197–216
Lagerlof E., Nathorst-Westfelt B., Eckstrom B., Sjoberg B. (1975) Production of 6-amino penicillanic acid with immobilised *Escherichia coli* acylase. In: Mosbach K. (Hrsg.) Methods in Enzymology, Vol. 44. Academic Press, London, S. 759–768
Maciag T., Mochan B., Kelly P., Pye E. K. Iyengar M. R. (1977) Plasminogen activators for therapeutic applications. In: Chang T. M. S. (Hrsg.) Biomedical Applications of Immobilised Enzymes and Proteins, Vol. 2. Plenum Press, London, S. 303–316
Sofer S. S. (1979) Hepatic microsomal enzymes: potential applications Enzyme Microb. Technol. 1, 3–8
Tager J. M. (1985) Biosynthesis and deficiency of lysosomal enzymes Trends in Biochem. Sci. 10, 324–326
Voller A., Bidwell D. E., Bartlett A. (1979) The Enzyme Linked Immunosorbant Assay (E. L. I. S. A.) Vols. 1 and 2. Dynatech Laboratories, Billinghurst
Ward O. P., Young C. S. (1990) Reductive biotransformations of organic compounds by cells or enzymes of yeast. Enzyme Microb. Technol. 12, 482–493
Yamada H., Shimizu S. (1988) Mikrobielle und enzymatische Verfahren zur Produktion biologisch und chemisch wertvoller Verbindungen. Angew. Chem. 100, 640–661

Kapitel 6

Assolant-Vinet C.H., Coulet P.R. (1986) New immobilized enzyme membranes for tailor-made biosensors. Anal. Lett. 19, 875–885

Atkinson B. (1985) Immobilised cells their application and potential In: Webb C., Black G.M., Atkinson B. Process Engineering Aspects of Immobilised Cell Systems. I. Chem. E., Rubgy, S. 3–34

Bahulekar R., Ayyangar N.R., Ponrathnam S. (1991) Polyethyleneimine in immobilization of biocatalysts. Enzyme Microb. Technol. 13, 858–868

Bartlett P.N., Whitaker R.G. (1987) Electrochemical immobilization of enzymes. J. Electroanal. Chem. Interfacial Electrochem. 224, 27–35

Buchholz K. (1982) Reaction engineering parameters for immobilised biocatalysts. In: Fiechter A. (Hrsg.) Adv. Biochem. Engin., Vol. 24. Springer Verlag, Berlin, S. 39–71

Campanella L., Tomassetti M., Sammartino M.P. (1989) Enzyme-entrapping membranes for enzyme sensors. Sens. Actuators 16, 235–245

Cheetham P.S.J. (1983) The application of immobilised cells and biochemical reactions in biotechnology – principles of enzyme engineering. In: Wisemann A. (Hrsg.) Principles of Biotechnology. Surrey University Press, Guildford, S. 172–208

Cornish-Bowden A. (1979) Fundamentals of Enzyme Kinetics. Butterworth, London

Furui M., Yamashita K. (1985) Diffusion coefficients in immobilised cell catalysts J. Ferment. Technol. 63, 167–173

Goldstein L. (1976) Kinetic behaviour of immobilised enzyme systems. In: Mosbach K. (Hrsg.) Methods in Enzymology, Vol. 44. Academic Press, New York, S. 397–443

Goldstein C., Katchalski-Katzir E. (1976) Immobilised enzymes – a survey. In: Wingard L.B., Katchalski-Katzir E., Goldstein L. (Hrsg.),Appl. Biochem. Bioengineering Vol. 1. Academic-Press, New York, S. 1–22

Hannoun B.J.M., Stephanopoulos G. (1986) Diffusion coefficients of glucose and ethanol in cell free and cell occupied calcium alginate Biotechn. Bioeng. 28, 829– 835

Hartmeier W. (1986) Immobilisierte Biokatalysatoren. Springer Verlag, Berlin

Horvath C., Engasser J-M. (1974) External and internal diffusion in heterogeneous enzyme systems Biotech. Bioeng. 16, 909–923

Marty J.L., Sode K., Karube I. (1990) Amperometric determination of choline and acetylcholine with enzymes immobilized in a photocross-linkable polymer. Anal. Chim. Acta 228, 49–53

McCabe W.L., Smith J.C., Harriott P. (1985) Unit Operations of Chemical Engineering. Mc Graw Hill, New York

Messing R.A. (1985) Immobilization techniques – enzymes. In: Moo-Young M. (Hrsg.) Comprehensive Biotechnology, Vol. 2. Pergamon, Oxford, S. 191–201

Trevan M.D. (1980) Immobilised Enzymes. John Wiley, Chichester

Vieth W.R., Venkatasubramarian K. (1973) Enzyme engineering – III: Properties of immobilised enzyme systems Chem Tech 1, 18–29

Wiseman A. (1978) Stabilisation of enzymes. In: Wiseman A. (Hrsg.) Topics in Enzyme and Fermentation Biotechnology, Vol. 2. Ellis-Horwood, Chichester, S. 280–303

Woodward J. (Hrsg.) (1985) Immobilised Cells and Enzymes: A Practical Approach. IRL Press, Oxford

Kapitel 7

Adler-Nissen J. (1986) Enzymic Hydrolysis of Food Proteins. Elsevier Applied Science, Barking

Antrim R. C., Kolilla W., Schnyder B. J. (1979) Glucose isomerase production of high fructose syrups. In: Wingard L. B., Katchalski-Katzir E., Goldstein L. Applied Biochemistry and Bioengineering, Vol. 2. Academic Press, New York, S. 97–155

Barfoed H. C. (1983) Detergents. In: Godfrey A., Reichelt J. (Hrsg.) .Industrial Enzymology. The Nature Press, Byfleet, S. 284- -293

Beppu T. (1983) The cloning and expression af chymosin genes in microorganisms Trends. In Biotechnol. 1, 85–89

Coker L. E., Venkatasubramanian H. J. (1985) Starch conversion processes. In: Moo-Young M. Comprehensive Biotechnology, Vol. 3. Pergamon Press, Oxford, S. 777–778

Daniels M. J. (1985) An industrial scale immobilised enzyme system. In: Webb C., Black G. M., Atkinson B., (Hrsg.) Process Engineering Aspects of Immobilised Cell Systems. I. Chem. E., Rugby

Feldman K. A., Lovett J. S., Tsao G. T. (1988) Isolation of the cellulase enzymes from the thermophilic fungus *Thermoascus aurantiacus* and regulation of enzyme production. Enzyme Microb. Technol. 10, 262–270

Gaden E. L., Mandels M. H.., Reese E. T., Spano L. A. (Hrsg.) (1976) Enzymatic conversion of cellulosic materials: technology and applications. In: Biotechnology and Bioengineering Symposium 6. John Wiley, New York

Gekuas V., Lopez-Leiva M. (1985) Hydrolysis of lactose: a literature review Process Biochem. 20, 2–12

Godfrey A. (1983) Brewing. In: Godfrey A., Reichelt J. (Hrsg.) Industrial Enzymology. The Nature Press, Byfleet, S. 221-259

Klibanov A. M., Tu T-M., Scott K. P. (1983) Peroxidase-catalysed removal of phenols from coal-conversion waste waters Science 221, 259–260

Marshall W. G. A., Denault L. J., Glenister P. R., Dower J. (1982) Enzymes in brewing Brewers Digest 57, 14–22

Park Y. K., Martins S. H., Sato H. H. (1983) Enzymatic removal of starch from sugar cane during sugar cane processing Process Biochem. 20, 57–59

Rutloff H. (1989) Neuere Entwicklungen zum Einsatz von Enzymen bei der Lebensmittelproduktion. In: Kroner K.-H., Lösche K., Schmid R. D. (Hrsg.) Enzyme in der Lebensmitteltechnologie. GBF Monographien Bd. 11, 107–121, VCH Verlagsgesellschaft, Weinheim

Taylor M. J., Olson N. F., Richardson T. (1979) Coagulation of skim milk with immobilised proteases Process Biochem. 14, 10–16

Wandrey C., Wichmann R. (1985) Coenzyme regeneration in membrane reactors Biotechnology Ser. 5, 177–208

Ward O. P. (1985) Hydrolytic enzymes. In: Moo-Young M. (Hrsg.) Comprehensive Biotechnology, Vol. 3. Pergamon Press, Oxford, S. 819–836

Wiseman A. (Hrsg.) (1985) Handbook of Enzyme Biotechnology, 2nd edn.. Ellis Horwood, Chichester

Yokotsuka T. (1985) Traditional fermented soybean foods. In: Moo-Young M. (Hrsg.), Comprehensive Biotechnology Vol. 3. Pergamon Press, Oxford, S. 395–428

Kapitel 8

Bergmeyer H. U. (Hrsg.) Methods of Enzymatic Analysis, 3rd edn. V. C. H., Weinheim

Bowers L. D., Carr P. W. (1978) Immobilised enzymes in analytical chemistry Adv. Biochem. Engin. 15, 89–129, Springer-Verlag, New York

Brooks S. L., Higgins I. J., Newman J. D., Turner A. P. F. (1991) Biosensors for process control. Enzyme Microb. Technol. 13, 946–955

Cammann K., Lemke U., Rohen A., Sander J., Wilken H., Winter B. (1991) Chemo- und Biosensoren — Grundlagen und Anwendungen. Angew. Chem. 103, 519–532

Caras S., Janata J. (1980) Field effect transistor sensitive to penicillin Analyt. Chem. 52, 1935–1937

Danielsson B. (1985) Enzyme probes. In: Moo-Young M. (Hrsg.) Comprehensive Biotechnology, Vol. 4. Pergamon Press, Oxford, S. 395–422

Danielsson B., Mattiasson B., Karlsson R., Winqvist F. (1979) The use of an enzyme thermistor in continuous measurements and enzyme reactor control Biotech. Bio engin. 21, 1749–1766

Guibault G. (1984) Analytical Uses of Immobilised Enzymes. Marcel Dekker, New York

Guibault G. G., Luong J. H. (1989) Biosensors: current status and future possibilities. Sel. Electrode Rev. 11, 3–16

Hubble J. (1986) The effect of operating conditions on the response of a differential enzyme thermistor J. Chem. Technol. Biotechnol. 36, 487–493

Ichirose N. (1986) Biosensors today and tomorrow J. Electronic Engineering 23, 80–87

Karube I., Sode K. (1988) Enzyme and microbial sensor. NATO ASI Ser., Ser. C. 226 (Anal. Uses Immobilized Biol. Compd. Detect., Med. Ind. Uses) 115–130

Lowe C. R., Goldfinch M. J., Lias R. J. (1983) Some novel biomedical sensors Biotech 83. Online Publications Ltd., Northwood, S. 633-641

Mosbach K., Danielsson B. (1981) Thermal bioanalyses in flow streams: enzyme thermistor devices Analyt. Chem. 53, 83A–94A

Moss S. D., Johnson C. C., Janata J. (1978) Hydrogen, calcium, and potassium ion selective FET transducers: a preliminary report, I. E. E. Transactions in Biomedical Engin. BME 25, 49–54

Pedersen H., Horvath C. (1981) Open tubular heterogeneous enzyme reactors in continuous-flow analysis. In: Wingard L. B., Katchalski-Katsir E., Goldstein L. (Hrsg.) Appl. Biochem. Bioeng., Vol. 3. Academic Press, New York, S. 2–96

Plotkin E. V., Higgins I. J., Hill H. A. O. (1981) Methanol dehydrogenase bioelectrochemical fuel cell and alcohol detector Biotechn. Letters 3, 187–192

Rechnitz G. A. (1988) Biosensors. Chem. Eng. News 66, 31–36

Scheller F., Schubert F., Pfeiffer D., Hintsche R., Dransfeld I., Renneberg R., Wollenberger U., Riedel K., Pavlova M. et al. (1989) Research and development of biosensors. A review. Analyst (London) 114, 653–662

Turner A. P. F., Aston W. J., Higgins I. J., Bell J. M., Colby J., Davis G., Hill H. A. O. (1984) Carbon monoxide: acceptor oxidoreductase from *Pseudomonas thermocarboxydovorans* strain C2 and its use in a carbon monoxide sensor Anal. Chim. Acta 163, 161–174

Weaver J. C., Burns S. K. (1981) Potential impacts of physics and electronics on enzyme based analysis. In: Wingard L. B., Katchalski-Katzir E., Goldstein L. (Hrsg.) Appl. Biochem. Bioengin., Vol. 3. Academic Press, New York, S. 271–308

Williams B. L., Wilson K. (1975) Principles and Techniques of Practical Biochemistry. Edward Arnold, London

Williams D. L., Doig A. R.., Korosi A. (1970) Electrochemical-enzymatic analysis of blood glucose and lactate Analyt. Chem. 42, 118-121

Winqvist F., Danielsson B., Lurdstrom I., Mosbach K. (1982) Use of hydrogen sensitive Pd-MOS materials in biochemical analysis Appl. Biochem. Biotechnol. 7, 135–139

Wirth P. (1989) Biosensors in the food industry. GBF Monogr. Ser., Volume Date 1988 11, 271–276
Yanchinsky S. (1982) Biochips speed up chemical analysis New Scientist 93, 236

Kapitel 9

Clarke P. H. 1980) Experiments in microbial evolution: new enzymes, new metabolic activities Proceed. Royal Soc., London B207, 385–404
Danno G. (1970) Studies on D-Glucose-isomerizing enzyme from *Bacillus coagulans*, strain HN-68 Agricult. Biol. Chem. 34, 1805–1814
Estell D. A., Graycar T. P., Wells J. A. (1985) Engineering an enzyme by site-directed mutagenesis to be resistant to chemical oxidation J. Biol. Chem. 260, 6518- -6521
Gacesa P., Venn R. F. (1979) The preparation of stable enzyme-coenzyme complexes with endogenous catalytic activity Biochem. Journ. 177, 369–372
Gait M. J. (Hrsg.) (1984) Oligonucleotide Synthesis – A Practical Approach. IRL Press, Oxford
Gronenborn B., Messing J. (1978) Methylation of single- stranded DNA *in vitro* introduces a new restriction endonuclease cleavage site Nature 272, 375–377
Jacobsen H., Klenow H., Overgaard-Hansen K. (1974) The N-terminal amino-acid sequences of DNA polymerase I from *Escherichia coli* and of the large and small fragments obtained by proteolysis European J. Biochem. 45, 623–629
Kaiser E. T. (1988) Katalytische Aktivität von Enzymen mit modifiziertem aktivem Zentrum. Angew. Chem. 100, 945–955
Kaiser E. T., Lawrence D. S. (1984) Chemical mutation of enzyme active sites Science 226, 505–511
Schellenberger V., Jakubke H.–D. (1991) Proteasekatalysierte kinetisch kontrollierte Peptidsynthese. Angew. Chem. 103, 1440–1452
Smith M. (1982) Site-directed mutagenesis Trends in Biochem. Sci. 7, 440-442
Thomas P. G., Russell A. J., Fersht A. R. (1985) Tailoring the pH dependence of enzyme catalysis using engineering Nature 318, 375–376
Wada H., Imamura I., Sako M., Katagiri S., Tarui S., Nishimura H., Inada Y. (1990) Antitumor enzyme: polyethylene glycol–modified asparaginase. Annals NY Acad. Sci. 613, 95–108

Kapitel 10

Bender M. L., D'Souza, V. T., Lu X. (1986) Miniature organic models of chymotrypsin based on α-, β- and γ-cyclodextrins Trends in Biotechnol. 4, 132–135
van Brunt J. (1986) Protein architecture: designing from the ground up. Biotechnol. 4 277-283
Chen C.-S., Sih C. J. (1989) Enantioselektive Biokatalyse in organischen Solventien am Beispiel Lipase-katalysierter Reaktionen. Angew. Chem. 101, 711–724
Carrea G., Riva S. (1986) Applications of cofactor dependent enzymes in organic synthesis Chimicaoggi 3, 17–21
Dordick J. S. (1989) Enzymatic catalysis in monophasic organic solvents. Enzyme Microb. Technol. 11, 194–209
Hunkapiller M. W., Hood L. E. (1983) Protein sequence analysis: automated microsequencing Science 219, 650– 659
King J. (1986) Genetic analysis of protein folding pathways. Biotechnol. 4, 297–359
Klibanov A. M. (1986) Enzymes that work in organic solvents Chemtech, 354–359

Khmelnitsky Y. L., Levashov A. V., Klyachko N. L., Martinek K. (1988) Engineering biocatalytic systems in organic media with low water content. Enzyme Microb. Technol. 10, 710–724

Luisi P. L., Laane C. (1986) Solubilization of enzymes in apolar solvents via reverse micelles Trends in Biotechnol. 4, 153–160

Sanger F., Nicklen S., Coulson A. R. (1977) DNA sequencing with chain-terminating inhibitors Proc. Nat. Acad. Sci. 74, 5463–5467

Schmidt E., Bossow B., Wichmann R., Wandrey C. (1986) The enzyme membrane reactor – an alternative approach for continuous operation with enzymes Chemistry and Industry 35, 71– 77

Suckling C. J. (1984) Selectivity in synthesis- chemicals or enzymes. In: Suckling C. J. (Hrsg.) Enzyme Chemistry: Impact and Applications. Chapman and Hall, London, S. 78–118

Ulmer K. M. (1983) Protein engineering. Science 219, 666–670

Zaks A., Klibanov A. M. (1984) Enzyme catalysis in organic media at 100°C Science 224, 1249–1251

Anhang 1

Webb E. C. (Hrsg.) (1984) Enzyme Nomenclature, 1984. Academic Press, London

Anhang 2

Levenspiel O. (1972) Chemical Reaction Engineering. John Wiley & Sons, New York

Anhang 3

Allgemeinere Werke

Cornish-Bowden A. (1979) Fundamentals of Enzyme Kinetics. Butterworth, London

Eisenthal R., Wharton C. (1981) Molecular Enzymology. Blackie, Glasgow

Sachverzeichnis